海洋公益性行业科研专项经费项目（200705019）资助

珠江口
咸潮及其预报技术

于福江　朱建荣　王培涛　吴宏旭　等◎著

U0202172

海洋出版社

2019年·北京

内 容 简 介

长期以来，珠江口咸潮入侵已对三角洲地区的生产、生活造成了严重影响，严重制约了珠江三角洲地区社会经济的快速发展，因此对咸潮入侵规律和预测预报技术开展系统深入的研究迫在眉睫。本书在掌握珠江口咸潮历史活动规律的基础上，深入研究了珠江口咸潮入侵的预测预报方法，分析了复杂河网地区地貌特征与海洋动力要素相互作用对咸界变化的影响机制。建立了适用于珠江口地区的河–海一体化三维咸潮数值预报系统，预报产品可为本地区淡水资源的调度、开发与利用提供决策依据。

本书可作为物理海洋学及港口、海岸与近海工程等相关专业的高年级本科生、研究生的教材，也可作为相关领域研究人员的参考用书。

图书在版编目(CIP)数据

珠江口咸潮及其预报技术 / 于福江等著. — 北京：
海洋出版社, 2019.8
ISBN 978-7-5210-0411-3

Ⅰ.①珠… Ⅱ.①于… Ⅲ.①珠江－盐水入侵－河口
治理 Ⅳ.①P641.4②TV882.4

中国版本图书馆CIP数据核字(2019)第184625号

责任编辑：张　荣
责任印制：赵麟苏

海洋出版社 出版发行

http://www.oceanpress.com.cn
北京市海淀区大慧寺路 8 号　　邮编：100081
北京朝阳印刷厂有限责任公司印刷　　新华书店北京发行所经销
2019年10月第1版　　2019年10月第1次印刷
开本：889mm×1194mm　　1／16　　印张：17
字数：380千字　　定价：180.00元

发行部：62132549　　邮购部：68038093　　总编室：62114335
海洋版图书印、装错误可随时退换

《珠江口咸潮及其预报技术》
撰写人员名单

于福江　朱建荣　王培涛　吴宏旭　齐义泉

王　彪　包　芸　董剑希　付　翔　毛庆文

叶四化　仉天宇　侯京明　刘秋兴　孙晓宇

前 言

　　珠江口作为我国南方的一个大型河口，承接了珠江的大量来水来沙，河口三角洲地区水资源丰富，航运便利，物产丰盛，而且毗邻港澳，自然条件十分优越。凭借自身条件优势，改革开放以来，珠江三角洲地区社会经济发展迅速，已崛起成为我国重要的经济中心区域。随着经济的快速发展，人口高度密集，珠江三角洲地区对环境资源的需求越来越大，其中淡水资源供应逐渐趋于紧张。据统计，珠江口当地供水80%以上依赖于上游流域的淡水入境，径流洪枯季季节分配明显不均，其中洪季径流占全年的70%～80%，枯季径流量大为减小，会出现盐水入侵，使得淡水供应更为紧缺。20世纪50年代至2000年，珠江三角洲地区共发生较严重盐水入侵的年份有7年，即1955年、1960年、1963年、1970年、1977年、1993年和1999年。21世纪初，经济快速发展的同时，珠江口咸潮入侵也越来越频繁，而且出现的次数和影响范围呈现出愈发严重的态势。在21世纪初的10年中，特别是2003年、2004年、2005年、2009年和2010年发生了多次连续性的、严重的冬春季节性咸潮，以磨刀门水道为源水的各水厂供水氯离子含量经常高达800 mg/L，最高超出国家饮用水标准（氯离子含量不大于250 mg/L）3倍多。

　　受珠江口地区居民生活及工农业生产用水需求增加、当地供水系统管网取供水能力限制、河口演变加剧等因素影响，珠江口地区供水安全形势依然严峻。咸潮入侵发生越来越频繁的同时，影响范围也越来越向上游扩张。以磨刀门河段为例，1992年咸潮上溯至大涌口；1995年上溯至神湾；1998年上溯到南镇；1999年上溯至全禄水厂，而2003年更是越过全禄水厂；到2004年，咸潮甚至影响到了中山市东部的大丰水厂。为应对日益严重的咸潮入侵，2005年春季开始，珠江委、珠江防总等部门与贵州、广西、广东等省区有关部门单位通力合作展开跨省区调水压咸，在2005—2009年5个枯水期共组织实施了2次应急调水和3次水量统一调度，确保了澳门、珠海等地的供水安全。

　　珠江口咸潮入侵对三角洲地区的生产、生活造成了重要影响，严重制约了珠江三角洲地区社会经济的快速发展，对盐水入侵展开研究迫在眉睫。鉴于此，财政部、原国家海洋局资助了海洋公益性行业科研专项《珠江口咸潮数值预报技术研究》（项目编号：200705019），旨在掌握珠江口咸潮历史活动规律，研究珠江口的盐水入侵预测预报方法，对河口地区的淡水资源开发利用提供科学决策依据。无论是在科学研究方面，还是在实际应用方面，对珠江口盐水入侵展开研究都是很有重要意义的。

本书共分为10章，第1章为绪论，主要介绍珠江口咸潮预报技术研究的意义、研究现状及国内外研究进展情况；第2章为珠江口咸潮活动规律及影响因素分析，主要介绍珠江口咸潮活动的历史规律、咸界影响范围及磨刀门水道咸界运动特征以及对咸潮活动影响因素；第3章为珠江口咸潮入侵统计预报模型，主要介绍取水口盐度过程的统计预报；第4章和第5章主要介绍了珠江口二维、三维咸潮数值预报模型的构建与验证；第6章主要介绍了珠江口地区的潮汐与环流特征；第7章和第8章主要研究了影响珠江口及磨刀门水道咸潮入侵的动力机制；第9章构建了珠江口咸潮数值预报可视化系统；第10章对本专著的研究成果进行了系统的总结，对下一步的科研工作进行了展望。

本书的研究及出版工作得到了海洋公益性行业科研专项项目（200705019）、国家科技支撑计划课题（2013BAB04B02）的资助。值此书出版之际，我们衷心感谢原国家海洋局科学技术司、预报减灾司对本研究工作的大力支持、指导与帮助。感谢广东省水文局为本研究所提供的珠江口区域基础地理信息数据和断面调查资料。感谢项目执行过程中所有参与珠江口咸潮同步观测调查的工作人员。感谢国家海洋环境预报中心公共产品服务部为记录本研究成果所付出的辛勤工作。

珠江口咸潮受复杂的大气、海洋、河口等动力因素及人类活动影响，咸淡水混合及咸潮上溯过程极其复杂，加之珠江河网形态的超级复杂性，仅凭现有的研究还远不能较全面掌握珠江口及河网区的咸潮运动机制，对其进行精准预报还具有一定的难度。本书涵盖理论分析、咸潮活动调查分析、资料统计分析、数值模拟分析及系统开发等，涉及研究层面较广，但限于著者水平，难免有错误和不足之处，敬希读者批评指正。

作者

2018年6月

目　录

第9章　珠江口咸潮数值预报数据的可视化

第10章　结论与展望

第1章
概述

1.1 珠江口咸潮概况及其预报技术研究的意义

河口是河流与海洋交接过渡的区域,由于陆海物质交汇,咸淡水混合,发生各种物理、化学和生物过程,是河口动力学研究的主要区域。盐水入侵是河口特有的自然现象之一,同时,盐水入侵本身也是河口动力过程的一个重要方面,因而对河口盐水入侵的研究是河口海岸学这门学科的一个基本研究内容,有着自身的科学意义。此外,河口地区资源丰富,交通便利,已成为世界上经济最活跃、人口最稠密的地区之一。而近年来,随着社会经济的快速发展,对河口地区的资源开发利用也越来越深入。与此同时,环境污染、港口航道淤积、水体富营养化以及河口盐水入侵等问题也随之而来。[1] 其中,河口盐水入侵直接影响到河口地区的居民生活、农田灌溉、企业生产等的淡水供给,问题尤为显著和紧迫,对河口盐水入侵进行研究具有非常重要的现实意义。[2-3]

珠江水系由西江、北江、东江以及注入珠江三角洲的诸河等组成。干流西江发源于云南省曲靖市乌蒙山余脉马雄山东麓,自西向东南流至广东省三水市思贤滘注入珠江三角洲。珠江三角洲汇集西江、北江、东江入流后,分别从虎门、洪奇门、蕉门、横门、磨刀门、鸡啼门、虎跳门、崖门八大口门注入南海,素有"三江汇流,八口出海"之特征。虎门、蕉门、洪奇门、横门位于珠江口东侧,合称东四口门,其余四大口门位于西侧,称西四口门。东四口门的下泄径流注入伶仃洋而后流入南海;虎跳门、崖门则在黄茅海汇聚后进入南海;磨刀门、鸡啼门直接注入南海。不同年代各个口门分流比不同,1999—2007年的资料统计表明,自虎门由东向西八大口门分流比分别为:12.1%、14.0%、13.2%、16.2%、29.6%、3.7%、4.9%和6.3%,其中磨刀门出口的下泄径流量最大,将近占了珠江径流的1/3。[4]

咸潮入侵是河口特有的自然现象,也是河口咸淡水运动的本质属性。珠江三角洲咸潮活动主要受径流和潮流控制,当南海大陆架高盐水团随着海洋潮汐涨潮流沿着珠江口的主要潮汐通道向上推进,盐水扩散、咸淡水混合造成上游河道水体变咸,即形成咸潮。珠江三角洲地区河道纵横交错,受径流和潮流共同影响,水流往复回荡,极易受咸潮威胁。又如河道采沙、河口地形、河道水深、风场、海平面变化等也会对咸潮造成影响。其中,天文潮潮汐动力影响最稳定且具有一定周期性,珠江三角洲为不规则半日潮,每日均有两次潮涨潮落过程,在每月的朔、望两日,涨潮过程中潮水位将达最大值,咸潮上溯的影响也较大。径流量大小也是影响咸潮的直接因素,进入河口区的上游水量越大,咸潮上溯距离越小,咸潮影响越小。河口地形对于咸潮上溯具有较大的影响,喇叭状的河口一般有利于盐水入侵。风对咸潮活动的影响较大,不同的风力和风向直接影响咸潮的推进速度,若风向与海潮的方向一致可以加快其推进速度,加大其影响范围。但风力风向在各地造成的效果是极不相同的,如东风和东北风可加重洪湾、坦洲一带的咸害,但可减轻三灶东北部的咸害等。海平面上升对咸潮活动的影响是一个非常缓慢的过程,但长期的累积效应也在逐渐显现。

珠江口咸潮入侵对三角洲地区的生产、生活造成了重要影响,严重制约了珠江三角洲地区社会经济的快速发展,对盐水入侵展开研究迫在眉睫。咸潮入侵还会影响到植被生态群落，降低第一生产力，破坏三角洲湿地的营养结构和影响湿地恢复。咸潮除对河口区水文情势和河槽演变有重要影响，还与河口的潮流结构、泥沙运动、浅滩的形成密切相关。因此，无论是在科学研究方面，还是在实际应用方面，对珠江口盐水入侵展开预测、预报技术研究既有重大的科学意义，又有现实的应用价值。

据资料统计，中华人民共和国成立以来珠江三角洲地区多次出现程度较重的大咸潮：

（1）1955年春大旱，珠三角各地从1954的12月7日至1955年5月6日近5个月雨量仅为70～150 mm，仅东莞和中山两县受咸耕地面积就达126 km²和200 km²。

（2）1963年是珠三角历史上少有的春季枯旱年，从1962年10月中旬至翌年3月下旬的无雨或基本无雨天数长达140多天，珠三角旱咸耕地面积达到2 972.7 km²，其中东莞受旱咸耕地达54.7 km²，广州西村水厂曾测得其含氯度达到800 mg/L。该年香港缺水严重，曾实施4 d供水仅4 h的制水措施，香港当局在广东省政府的支持下，先后动用船舶在广东珠江口段取淡水共881.3×10⁴ m³，以济缺水之急。

（3）1999年3月15日及2004年2月4日前后实地调查资料表明，期间珠江三角洲均出现特大咸潮，在1999年3月15日前3 d中，梧州平均流量为930 m³/s，北江石角流量300 m³/s，相应的马口与三水流量为1 400 m³/s。在2004年2月4日前后梧州相应流量为1 205 m³/s，梧州与石角流量为1 392 m³/s，相应的马口与三水流量为1 570 m³/s。经调查，在这两个时段，沙湾水道咸潮前锋已到三善滘，广州水道的白鹤洞水厂已受影响，洪奇沥水道到板沙尾，小榄水道越过中山大丰取水点，磨刀门水道越过中山全禄水厂到达古镇的六沙。海水倒灌，咸潮上溯，给珠江口的澳门、珠海、中山、广州等地造成巨大的经济损失和社会影响，给广大居民的生产、生活带来了诸多困难。

（4）2003—2004年枯水期咸潮活动期间，中山市东西两大主力水厂同时受到侵袭，氯离子含量最高时达到3 500 mg/L，不得不采取低压供水措施，部分地区供水中断近18 h，将供水标准提高到400 mg/L，澳门供水标准提高到800 mg/(L·a)至神湾，1998年到南镇，1991年上溯至全禄水厂，2003年更是越过全禄水厂，2004年中山市东部的大丰水厂也受到影响。2003—2004年枯水期的咸潮上溯，区域内500多万人的生活用水和一大批工业企业生产用水受到不同程度的影响，造成巨大的经济损失。

（5）2009年10月1日至15日珠江流域降雨量总体偏少50%以上，江河来水明显偏枯，西江梧州站来水量持续减少，10月上旬平均流量为1 630 m³/s，比多年同期偏少70%，为1941年以来历史同期最小。受上游降雨偏少影响，珠江流域总体平均降雨量较过往同期偏少35%，而对下游流量具指标性作用的梧州段的流量对比过往年份，包括咸潮最为严重的2005—2006年都要低，上游多个大型水库的蓄水量只有50%。数据显示，2009年9月至今，上游水库蓄水量及咸潮活跃程度比2005—2006年咸潮侵澳时更为严峻。2009年11月6日从珠江防总办获悉，珠江口咸潮进一步加剧，10月30日至11月4日珠海主要取水口平岗泵站已连续4 d无法抽取淡水，珠海水库蓄水大幅减少，当前澳门、珠海的供水安全正面临十分恶劣的局面。随着第二轮补水抵达河口压制咸潮，11月5日平岗泵站有8 h的取水机会，而另一主要取水口联石湾近段时间已被咸潮牢牢盘踞，无淡水可取。由于珠江持续干旱，上游骨干水库蓄水量大幅度减少，可调度水源十分紧张。此外，2010年咸潮强度明显增强，对珠海市取水造成严重影响。2009年咸潮特点主要表现为：强度特别强、范围特别大。近几年来，咸潮一般在11—12月出现，2009年9月15日咸潮提早两个月出现，而且咸界位置较往年上移约10 km，对珠海的各大取水点造成严重影响。截至2010年3月4日，广东省西江、北江三角洲遭遇了4次严重的咸潮袭击。期间，西江下游磨刀门水道的珠海平岗泵站最大含氯度达3 820 mg/L，其中最长连续8 d含氯度超过250 mg/L，珠海、中山、澳门供水受到较大影响；东江三角洲的咸潮上溯已经影响到东江北干流的新塘水厂，以及东江南支流的东莞第二水厂。

人口规模不断扩大、城市化率不断提高、经济快速发展，城镇与工业需水量不断增大。而当地水资源的调节能力相对较低，同时部分城市河段水污染严重，取水点分散，布局不合理，加剧了水资源供需矛盾；加上全球气候变暖导致海平面上升，流域中上游地区经济社会发展导致用水量增加，珠江口地区大量挖沙造成河床下切以及出海航道的疏浚等，这些因素是珠江口三角洲咸潮入侵有不断加剧的趋势，且发生频率会越来越高，凸显了近年来珠江口咸潮的影响。

由于咸潮存在严重的危害性，一直是国内外关注的焦点，《国家"十二五"海洋科学和技术发展规划纲要》中指出，"发展海洋监测预报技术，提高海洋环境保障能力"，明确地将咸潮灾害预报和研究列入"十二五"的工作任务中。但迄今为止，对咸潮的观测和研究还存在很大不足，体现在：①缺乏大范围、较长系列的同步观测资料；②尚未建立能考虑潮流、径流、地形、水深和风场共同作用的综合咸潮数值预报模式；③咸潮预报方法单一，综合应用效果不理想；④尚未建立能够进行可视化分析的咸潮综合预报系统。

1.2 河口咸水入侵研究现状

1.2.1 国外河口盐水入侵研究现状

国外对河口盐水入侵的研究，始于20世纪50—60年代。早期的研究主要是通过观测资料的分析，了解河口盐水入侵现象，研究盐淡水混合类型、盐水入侵距离、盐度、流速分布等。[5-12]Prichard较早对河口咸淡水混合进行了研究，并基于平流-扩散输运机制，提出了河口潮周期平均的动量、盐度平衡控制方程。[5-6]基于这一控制方程，他定量分析了河口流速、盐度分布，首次提出河口环流（重力环流、异重流，即表层向海、底层向陆的二层环流）这一概念。根据河口盐淡水混合特征，他将河口划分为充分混合、部分分层和分层三种类型。Hansen和Rattray通过引入混合系数沿河口线性变化的假设，进一步求解Prichard的河口控制方程，推导出了经典的潮周期平均河口盐度、流速分布的理论解。[11]基于流速分层和盐度分层这两个无量纲系数，Hansen和Rattray提出了一个较为通用的河口分类方法，据此将河口分为四大类型：①充分混合型（余流单一向海）；②部分分层（底部余流出现向陆）；③盐水楔类型（具有明显的重力环流结构）；④高度分层但无明显重力环流结构。[12] Chatwin对河口扩散过程采用不同的假设，重新推导求解了河口动量、盐度控制方程，得到的解析解更加强调了重力环流的输运作用。[13] 同样基于潮周期平均的动量、盐度输运方程，MacCready结合数值求解方法，推导出普适的河口盐度分布解析解，由他的普适解可以得出Hansen和Rattray及Chatwin等的特解。[14] 由于实际河口的河宽与水深沿河道变化，不少学者在控制方程中引入幂函数、指数函数等河势参数描述河道地形的变化，推导出更为符合实际的河口盐度、流速分布。[15-17] 对于河口瞬时盐度分布，Ippen和Harleman、Fischer、Savenije等从河口动量和盐度平衡假设出发，给出了河口高潮位（HWS）和低潮位（LWS）时刻对应的河口盐度分布及相应的河口盐水入侵距离公式。[18-21]

以上研究都假定了河口的盐度混合扩散达到一个稳定平衡状态，而实际河口受到径流、风、大小潮等动力变化影响，盐度收支往往处在一个动态变化的过程中，如Bowen、Geyer和Lerczak等各自分析了哈德逊河口的观测资料，发现在大潮期间河口盐量减少，小潮期间河口盐量增多。[22-23] 对于未达到平衡状态的河口，Banas等在稳定态河口盐量平衡方程的基础上引入不稳定度参数，分析未达到平衡状态的河口，并就威拉帕湾在特例事件及季节性变化引起的河口盐度收支变化进行了分析。[24] MacCready在Hansen和Rattray的潮周期平均的动量、盐度输运方程中引入了时间变化因子，建立了一个可用于描述未达到平衡状态下的河口盐度模型，基于此模型，他分析了河口响应时间及最大咸潮入侵距离与径流、潮形之间的关系。[25-26]

这些基于纵向平流—扩散输运的研究，存在一个较大的不足，即对于河口物质扩散过程往往只是用一个扩散系数来描述，而扩散系数的取值往往较为困难。Taylor通过管道实验发现，稳定态下的纵向扩散系数与水体物质浓度梯度及横向黏滞系数有关。[27] Chatwin进一步分析了扩散系数在水体振荡运动周期中的变化，发现扩散系数在一个运动周期内也是随时间变化，并且与水体运动周期及施密特数有关。[13] 基于实际河口观测资料回归分析，Uncle和Radford发现河口混合系数在上游端较大，下游端较小，而且与径流、大小潮变化等有关。[28] 考虑到混合扩散方程中的扩散系数的重要性，Prandle专门针对混合扩散系数进行不同类型的取值，据此推导出的盐度分布具有明显差异，并与8个河口的实测资料进行比对，进一步探讨了这些一维时均混合扩散模型的特点及局限性。[16]

除了纵向和垂向变化，人们发现河口盐度、潮流在横向上的分布也有不同，具有明显的三维特征，对于河道较宽的河口尤为明显，而这些横向差异对河口物质的净输运往往会起到重要甚至决定性作用。[29] 这些横向、垂向的流速反过来也会对河口盐度横向分布、垂向分层等产生较大的影响。[30-31] Nunes在康威河口观测到"轴向辐合"的横向环流（或者二次环流，secondary circulation），且该横向环流仅在涨潮期间出现。[32] 他分析认为，涨潮时流速的横向梯度导致河口中央盐度高于两侧盐度，在横向密度梯度作用下便产生了这个"轴向辐合"的横向环流。Turrell等对此做了进一步分析，认为康威河口的二次环流还与河道地形和纵向盐度梯度有关，而且二次环流反过来也能改变河口的密度分布，使得最终落潮时未能形成稳定的二次环流。[33] Valle-Levinson等分析Chesapeake Bay的观测资料发现，由于湾口较宽，除了垂向上明显的重力环流结构外，环流还具有明显的横向变化。[34] Valle-Levinson等对河口横向的斜压梯度力、平流项、科氏力以及底摩擦项之间的动力平衡进行了较为深入的分析，表明环流的横向差异不仅与地形横向差异有关，还与底部摩擦有关，而且大小潮的动力平衡机制不同。[35-36] Valle-Levinson基于河口埃克曼数和开尔文数对河口环流的横向结构做了进一步探讨，并据此对河口横向环流进行分类。[37]

河口盐水入侵取决于向海和向陆盐度输运的两种动力之间的平衡。向海的径流平流作用形成恒定的向海盐度输运，而重力环流以及潮汐混合扩散则形成盐度的向陆输运。[38] 向海、向陆盐度输运的强度与河口的盐度、流速分布密切相关，一般而言，高度分层河口盐度输运主要由径流平流和重力环流输运决定[12]，而均匀混合河口的潮汐混合扩散在盐度输运平衡中有重要作用。[39] 由于流速、盐度的三维特性，实际河口的盐度输运机制往往较为复杂。Fischer研究默西河河口时发现，河口流速和盐度分布的横向差异对盐度等物质的净输运起重要作用。[29] Dyer指出，在高度分层河口，横向差异对扩散输运贡献不大，但在部分混合河口，横向差异引起的混合扩散与垂向差异具有同等的重要性。[40] Hughes和Rattray研究哥伦比亚河河口时指出，河口纵向和横向盐度梯度都很强，径流所引起的下泄盐通量一部分是由重力环流引起的上溯盐通量平衡，但更主要的是由潮汐潮流和盐度的相关项引起的上溯盐通量平衡。[41] Geyer和Smith、Geyer等在分析高度分层的河口盐水入侵动力机制时发现，在涨潮期间水平平流对动量和盐量的平衡作用远比垂向混合重要；而在高度切变的落潮流期间垂向混合在动力上起着主要的作用。[42-43] Lerczak等基于哈德逊河口的观测资料，指出河口异重流引起的稳定的垂向切变是盐水上溯的主要动力机制，且在小潮时最为强烈，大潮时最为微弱。[23] MacCready和Geyer以等盐度面作为河口与外海分界面取代传统竖直固定断面分界面时，发现传统方法下的结论认为盐度输运主要是平流输运引起的，而以等盐度面方式统计的结论则强调了湍流扩散在盐度输运中的作用。[44]

对于河口盐度输运机制，Hansen较早开始采用机制分解方法研究河口盐度输运，他提出以河口流速、盐度等的垂向变化和横向变化来描述河口的盐度通量。[26] Fischer提出的机制分解法可以进一步将垂向和横向的切变引起的盐度输运单独分离出来分析，但并未考虑潮汐随水深的变化作用。[29] Kjerfve则进一步在其机制分解方法中考虑了浅水河口地区的潮汐随水深变化项。[45] 此后不少学者对盐度输运发展了各自的机制分解方法，如Nunes等的三项分解法[46]、Van de Kreeke和Zimmerman的6项分解法[47]、Winterwerp的8项分解法[48]以及 Park和James的11项分解法[49]等。这些机制分解得到的各项主要包括欧拉余流输运、斯托克斯漂流输运、潮泵（tidal pumping）输运、重力环流输运、潮汐捕获（tidal trapping）输运等。Jay等对河口盐度输运的机制分解研究进行了较好的回顾，细致分析了盐度、流速、水位的涨落潮变化各项相互作用引起的盐通量。[50] 通量机制分解方法使得人们在不同物理过程对河口物质输运的影响方面有了更为深刻的理解，但通量机制分解对观测资料要求较高。由于资料有限，不同机制分解方法得到的结果会有所不同；此外，由于观测误差的存在，机制

分解结果未必与实际情况相符。[21,50]

由于实测资料的不足，不少研究开始发展数值模式，基于模式数值模拟分析河口动力过程。随着人们对河口物理过程认识的深入，相应的河口、近岸、海洋数值模式也得到了更好的完善和发展，如现有模式中的混合扩散系数很多已不再是进行简单的参数化处理，而是通过湍流闭合模型计算给出[51]。此外，模式自身算法也有较大的改进。对于盐度数值的计算，最关键的是其物质输运方程中的平流项计算。迎风、中央差和 Lax-Wendroff 等格式都是比较基本的数值计算格式，但因耗散或频散严重，在实际河口盐度计算中效果并不好。Baptista 基于质点跟踪观点提出的欧拉-拉格朗日法相对具有较小的耗散且无频散，但无法保证物质的质量守恒。[52] Celia 等提出了改进的欧拉-拉格朗日局部共轭方法能较好满足质量守恒，而且能够方便地处理边界条件。[53] 其他，如 van Leer-2、TVD、MPDATA、PPM 等具有较好守恒性、较小耗散、无频散的算法也相继被运用到了河口、近岸、海洋模式之中，大大提高了数值模式的模拟精度。[54-58]

基于数值模式模拟，首先能直观展现出河口盐度的时空变化过程；其次，能揭示河口系统对各种水文条件变化的响应，包括一些人类工程以及实际河口尚未甚至不可能发生的事件。通过模式设置单因子敏感性试验，人们可以清楚地了解到不同动力因子对河口盐水入侵的影响。而基于模式计算结果的机制分解分析，人们可以进一步了解河口盐度输运的物理机制。三维数值模式能够更为真实反映河口动力过程的三维特征，应用最为广泛。国际上较为先进、成熟的三维水动力数值模式包括结构网格模式如 POM、ECOM-si、ROMS、TRIM 等[59-61]，以及无结构网格模式如 FVCOM[62]、ELCIRC[63]、SUNTANS[64]、UnTrim[65] 等。但三维数值模拟要求有较为完备的水深、岸线等地形资料，且需要较多的野外实测资料进行前期的模式率定、验证，因而在资料相对缺乏的河口较难展开。

由于观测仪器、观测手段以及数值模拟技术等的进步与发展，人们对河口物理过程的认识越来越深入。Uncles、MacCready 和 Geyer 等对近年来的河口研究，从野外调查、理论分析以及数值模拟等方面进行了较好的归类总结，并展望了河口研究今后的发展方向。[66-67]

1.2.2 国内河口盐水入侵研究现状

1.2.2.1 长江口咸潮入侵

长江河口盐水入侵在国内河口研究中相对较为成熟，但相比国外起步较晚，主要的系统性研究从 20 世纪 80 年代初才开始展开。[68-72] 沈焕庭等较早开始了长江河口盐水入侵研究，对长江河口盐水入侵的时空变化特征进行了阐述，并探讨了论证中的南水北调工程对盐水入侵可能产生的影响。[68] 黄昌筑、韩乃斌等基于一维盐度平流扩散方程对长江河口盐度分布及盐水入侵长度等进行了研究。[69-71] 通过实测资料分析，茅志昌和沈焕庭、茅志昌等探讨了长江河口在分汊地形作用下的盐水入侵类型，指出长江河口的盐水入侵有外海入侵、倒灌、浅滩通道水体交换及漫滩归槽等多种形式，而且因径流和潮流的动力变化，盐水入侵在时间上有周日、朔望、洪枯季、年际变化特点。[73-74] 孔亚珍等基于 2003 年大规模观测资料，对长江河口4条入海汊道盐度空间差异及洪枯季变化进行了对比分析。[75] 根据大量实测资料，肖成猷和沈焕庭研究了径流、潮汐、地形等动力因子对长江口盐水入侵的影响，并探讨了北支盐水倒灌的基本规律及其对南支盐度变化的意义。[76] 韩乃斌和卢中一指出只有当大通站流量小于 2.5×10^4 m³/s，且青龙港潮差大于 2.5 m 的条件下，北支盐水开始倒灌南支。[72] 而顾玉亮等据实测资料分析发现，当大通流量小于 3×10^4 m³/s，青龙港潮差大于 2 m 时，北支盐量就有可能倒灌南支，但显著倒灌发生在大通流量小于 2×10^4 m³/s 和青龙港潮差大于 2.5 m 的情况下。[77]

对于南支盐度变化，根据大量实测资料分析得出，南支受北支、南港、北港盐水入侵影响，按盐度变化特征不同可将南支南岸分为4个区域[78]，而南支宝钢至徐六泾河段比较适合开发淡水资源。[79] 朱建荣等基于1996年3月现场水文观测资料分析发现，在长江河口南支中上游，盐度的变化受外海盐水的入侵和北支盐水倒灌的共同影响，盐度变化较为独特：在大潮和中潮前期，盐度主要受下游外海盐水入侵的影响；在中潮后期和小潮期间，盐度主要受大潮期间上游北支倒灌盐水下移的影响。[80] 贺松林等通过2004年2月长江河口大面积观测也发现了南支河段盐度时空分布的变异特性，并从北支倒灌"咸水体"在南支的输运动态角度阐述了上述盐度变异机理。[81] 顾玉亮等根据近10年的长序列、大范围氯度同步观测资料分析，提出：南北港盐水上溯对长江口已建和规划水源地的连续不宜取水天数不构成威胁，而北支盐水倒灌是南支水域盐水入侵的主要来源，且近年有显著增强的趋势。[77]

基于数值模式，不少学者对长江河口盐水入侵及其对不同动力变化的响应进行了分析。罗小峰和陈志昌基于二维数值模式，讨论了4种不同水文条件下的盐水入侵变化情况，并对北槽局部区域建立三维模式分析深水航道工程对盐水入侵的影响。[82] 李提来等通过二维潮流盐度模式模拟了南北支整治工程对长江河口盐水入侵影响，结果表明，实施南北支整治工程能起到减少北支盐水倒灌的作用。[83] 基于曲线坐标二维模式，肖成猷等成功模拟了北支的盐水倒灌，并分析了倒灌与上游径流量的关系。[84]

考虑到河口的三维特性，不少学者在长江河口分别建立了三维水动力数值模式，模拟长江河口潮流、盐度特征。[85-89] Xue等基于FVCOM模式对长江河口北支盐水倒灌机制进行了探讨。基于改进的ECOM-si模式[87,90-92]，朱建荣工作组对长江河口盐水入侵的动力过程及动力机制进行了较为深入的探讨。[87,93] 吴辉提出了北支盐水倒灌指标，定量给出了北支盐水倒灌与径流、潮差之间的关系，同时讨论了北支倒灌机制，以及北支整治工程、深水航道工程对盐水入侵的影响。[88] 此后，朱建荣等、Wu等分别就潮汐、风、科氏力、河口环流等动力因子对长江河口盐水入侵的影响做了较为细致的分析。[93-94]

总体上，长江河口的盐水入侵研究相对较为成熟，其动力过程和物理机制也较为清楚。长江河口盐水入侵最大的特点就是南支除受下游外海盐水入侵外，还受上游北支盐水倒灌的影响，倒灌强度由北支潮差和上游径流大小决定。沈焕庭等在其《长江河口盐水入侵》的专著中对长江河口盐水入侵问题进行了较为系统的阐述。[95]

1.2.2.2　珠江口咸潮入侵

珠江口的盐水入侵研究相对长江河口较为落后，主要针对伶仃洋和磨刀门两大区域。这是由于伶仃洋面积宽广，是珠江口的主要区域，承接了珠江口东四口门的下泄径流，其盐度分布、混合类型等较令研究学者感兴趣。而磨刀门是珠江口最大的径流下泄通道，磨刀门水道是珠江三角洲的一个重要水源地，沿程水库较多，对其盐水入侵研究有很重要的现实意义，因而对磨刀门的盐水入侵研究也相对较多。

珠江口早期研究侧重于河口混合类型的划分和河口盐度分布的分析。[96-99] 莫如筠和阎连河基于1975年、1978年、1979年的3次水文调查资料分析，认为伶仃洋的盐淡水混合的形式在洪季以"缓混合"型机会较大，在枯季也有"强混合"型出现，但多发现"弱混合"型；盐度的平面分布呈现东高西低，在西槽内伶仃至大虎之间断面无论洪枯季都存在盐水楔[96]。应秩甫和陈世光分析伶仃洋的咸淡水混合特征时发现：伶仃洋横向存在盐度梯度即东咸西淡，洪季垂向分层明显，枯季为缓混合型，0.5‰的等盐度线可入侵各口门。[98] 由于伶仃洋东部海区潮流作用显著，导致盐度洪枯季总体呈东北—西南走向，且略微呈"S"型，且深槽区盐度垂直变化比水平变化大。[97] 喻丰华、李春初等在前人研究成果的基础上，对河口盐淡水混合的几个认识和概念进行了论述。[100-101]

珠江口东四口门的下泄径流在科氏力和枯季东北风作用下沿伶仃洋西岸下泄，并最终与磨刀门的冲淡水汇合，形成了一个沿岸分布的河口盐度锋面。[102] 受径流和风的季节性变化影响，盐度锋面具有明显的季节性变化特征。洪季表层的盐度锋面位于伶仃洋之外，而底层盐度锋面沿6～7 m等深线从伶仃洋一直扩展到口门附近水域；枯季垂向均匀的高盐水侵入伶仃洋东部，其形成的盐度锋面分布与洪季底层相似，但是沿5～6 m等深线平行于西海岸分布。[103] Mao等基于1998年的观测资料发现伶仃洋西部主要受径流控制，而东部则以高盐水为主导，且东槽处有明显的密度环流。[104] Dong等基于1999—2000年洪枯季观测资料分析也发现了伶仃洋环流在东、西部的差异，他指出东部洪季存在明显的重力环流结构，枯季则一致向海；西部区域无论洪枯季都是表层余流向海，底层偏西。[103] 通过对比1999年、2000年7月观测期间大风前后珠江口的盐度锋面、浮游生物等的空间分布，Yin等发现珠江口的物质空间分布对风较为敏感，大风事件能导致河口盐度、营养盐等的空间分布、垂向混合等发生较为明显的变化。[105] 基于1978—1984年期间的逐月观测资料分析，Ou等发现珠江口的径流、风以及周围近岸海流对河口盐度分布影响明显，不同动力组合下，珠江口夏季期间羽状锋形成离岸向外扩展、向西沿岸扩展、向东离岸扩展和东西沿岸对称扩展4种不同形态分布，这些不同形态的盐度锋主要是通过表层平流运动形成。[106] 庞海龙在大量温、盐断面资料的基础上，结合相应的风场资料、平均海平面高度资料、珠江径流资料，分析讨论了珠江冲淡水的扩散机制，认为径流、风、海面梯度是3个主要影响因子。[107]

除了河口的地形、径流、风等因子外，海平面变化也是一个影响因子[108]。海平面变化总体呈现上升趋势，20世纪的全球海平面上升速率约为1.8 mm/a[109]，自1993年以来全球海面上升趋势加快，达3.1 mm/a[110]。海平面上升对珠江口的咸潮入侵的影响，不同学者观点有所不同。李素琼和敖大光根据Ipenn-Harloman的扩散理论分析，认为海平面上升将加剧珠江口门咸害入侵。[111] 周文浩根据河口咸淡水混合扩散原理，认为海平面上升非但不会加剧珠江三角洲咸潮入侵，反而会有所改善。[112]

磨刀门是珠江口八大口门中输水、输沙量最大的口门。磨刀门灯笼山站的年均径流净泄量为883.93×10^8 m³，占上游西、北江来水量的31.85%，占西江马口站的37.86%。根据2003年枯季观测资料，贾良文分析磨刀门潮流和盐度的变化规律，指出磨刀门枯季咸淡水混合类型为缓混合型，斜压作用下存在表层下泄、底层上溯的环流结构。[113] 杨干然根据海、河两大动力体系的强弱程度，将磨刀门划分为径流型河口，指出磨刀门因径流强劲洪季盐度高度分层，盐水楔现象明显，而枯季呈缓混合型。[114] 李素琼和李毕生从实测资料发现，无论枯、汛期磨刀门都会出现咸淡水高度分层及明显的盐水楔活动特征。[99]

对于不同混合类型的河口，盐水入侵规律也有所不同。通常在充分混合型河口，盐水入侵强度与潮汐强度相一致，即大潮期间盐水入侵较强[33,115]；而在部分混合型河口，往往在小潮期间发生较强的盐水入侵现象。[22-24] 磨刀门的盐水入侵规律较为独特，其盐水入侵最严重并非发生在大潮期间，也非在小潮期间，而大多是发生在小潮后的中潮期间，即盐度与潮差之间存在明显的相位差。[116-117] 河口盐水入侵主要与径流、潮汐、风、地形等动力因子有关。径流对咸潮入侵有直接的压制作用，是影响磨刀门盐水入侵的一个主要影响因子。[117-118] 风对珠江口盐水入侵有影响，但不同区域影响不同。[119] 对于磨刀门区域，戚志明和包芸、闻平等认为北到东北向的风有利于磨刀门盐水入侵[117-118]，但刘雪峰等发现偏东风咸潮入侵增强，而偏北风咸潮入侵减弱。[120] 基于Savenije快速估算方法，陈水森等建立了一个经验模型，研究了磨刀门咸潮上溯距离与径流的关系。[121] 刘杰斌和包芸通过分析沿河测站的盐度资料，发现磨刀门咸潮运动规律受潮汐影响大于受径流的影响，指出小潮时咸水上溯，大潮时咸水下移，且具有大小潮周期不对称：盐度增大较快，减小较慢。[122] 包芸等通过水体通量和潮流流态分析，对此特殊咸潮运动规律做出解释，认为：由于分流比的变化，磨刀门水道在小潮期间有两天净泄量几乎为0，从而导致较长的涨潮历时（16 h）和较短的落潮历时（仅9 h）。在这种特殊的潮流流态下，小潮盐水快速上溯，并滞留在磨刀门水道，直到大潮期间较强的潮汐动力作用将盐水带出，因而造成小潮后咸潮最为严重。[123] Gong和Shen认为流速切变导致的盐度输运小潮弱大潮强，而潮汐振荡导致的盐度输运则是大潮弱小潮强，二者共同作用导致小潮期间盐度出现向陆的净输运是磨刀门水道盐度异常的机制所在。[124] 尽管如此，人们对磨刀门特殊的咸潮运动规律的动力机制仍然不太清楚。此外，人类活动也会对河口盐水入侵造成影响，增加其复杂性，如人工围垦造成河道束窄、延长，潮汐动力减小，使得盐水入侵变弱，而河道挖沙，疏浚工程等导致河床严重下切，破坏咸淡水平衡，使得盐水楔倒灌加强，咸潮上溯严重。

数值模拟作为一个重要研究手段，在国际上已经得到广泛应用。但由于珠江三角洲河网复杂，口门、岛屿繁多，使得数值模拟在珠江口应用发展较慢。据统计，西、北江三角洲主要水道近100条，河网密度为0.81 km/km²，东江三角洲主要水道有5条，河网密度为0.88 km/km²；而在珠江口水域上，大大小小的岛屿星罗棋布，计有147个（http://www.hudong.com/wiki/珠海）。由于地形复杂，对珠江口进行整体建模研究的难度较大，不少学者按研究区域不同，单独对三角洲河网区建立一维河网模型开展研究。如李毓湘和逄勇、诸裕良等、龙江和李适宇等的节点控制河网模型；[125-127] 或是单独对河口区建立二维、三维河口模式，模式中往往只能用几条互相独立的单一河道替代上游的复杂河网，如包芸和任杰建立的基于Backhaus三维斜压模式[128-129]以及Wong等（2003、2004）建立的基于POM的珠江口三维数值模式等[102,130-131]。实际上，河网与河口是紧密联系、相互影响的一个整体。出于整体性考虑，有些学者基于河网和河口模式建立了一维、二维或一维、三维连接模式，通过模式交界面的边界条件进行联合求解，如徐俊峰等、逄勇等、包芸等、Hu和Li等的连接模式。[132-135] 即便如此，现有的珠江口数值模拟研究中较多是关于河口水动力[129,133,136]，泥沙输运[137-138]，以及生态要素氮、磷、溶氧等输运[135,139-140]等，仅少数研究是针对河口盐水入侵[102,124,141]。

总体上，由于珠江口的盐水入侵研究起步较晚，实测资料尤其是长时间序列资料以及大范围的同步观测较少，使得人们对珠江口的盐水入侵了解不够。而珠江口的复杂地形也给盐水入侵的数值预报工作造成了较大难度，使得人们对珠江口盐水入侵的动力机制无法展开深入研究。

1.3 咸潮监测预报技术研究难点

目前，咸潮预报的方法主要以经验或一维河网预报模型为主。经验预报方法以统计模型为基础，一维河网预报方法则一般再辅之以二维的水动力模型。近年来，快速发展的河口—海岸的海洋数值模型理论基础扎实，数值方法也非常有效，可以用来解决咸潮问题，但由于各种原因，长期以来没有用于河口的咸潮预报问题。美国近些年发展的FVCOM（Finite Volume Comunnity Ocean Model）和SCHISM（Semi-implicit Cross-scale Hydroscience Integrated System Model）等河口模式，已逐步用于模拟和预报河口的环境变化，中国也已经开始用FVCOM等模式在长江口和珠江口进行了咸潮入侵的数值预报试验，并积累了初步的经验。

当前珠江口咸潮的预报研究还存在以下几个方面的问题与挑战：

（1）河口湾、口门地区的盐度观测资料多为不同时期、局部的观测资料，目前仍然缺乏大范围、较长时间序列的同步观测资料；

（2）河口及三角洲地区的地形资料不能反映近年来河道地形变化的实际情况，缺乏大比例尺的基础地理数据；

（3）咸潮研究方法尚未形成一套能够统筹考虑珠江口各个河道（西江、北江、东江、流溪河、潭江、增江）的入流，以及河口地区与三角洲地区有机联系的咸潮活动数学模型；

（4）已建立的数值模型中尚未能同时考虑河口风场、潮流、径流、环流等多种因素对咸潮上溯的影响；

（5）开展短期咸潮数值预报，很大程度上依赖于系统的初始场。能够满足预报精度的初始场的获得将是预报系统非常重要的因素；

（6）咸潮数值预报模型：根据珠江口地形、水文、气象等数据，考虑潮流、径流、地形和风场共同作用，利用基于非结构网格技术的河口—海岸—海洋数值模式，在珠江口建立咸潮数值模型，并进一步提供咸潮数值预报结果；

（7）咸潮综合预报技术：综合数值预报模型、一维河网预报模型、经验预报模型等多种预报模型，形成对咸潮的综合预报能力，提高咸潮预报效率。

1.4 咸潮监测预报技术研究方法与内容

珠江口最大的特点就是上游河道密集、河网交错，下游岛屿众多，河网与河口之间有八大口门相连。在这种独特的地形地貌特征下，珠江口的盐水入侵会呈现怎样的规律？径流、风等都具有明显的季节性变化，潮汐也有明显的大小潮差异。在径流、潮汐、风等主要动力因子变化的条件下，珠江口盐水入侵又会产生怎样相应的变化？这些都是建立珠江口咸潮预报模型需要深入了解和研究的问题，本研究将主要针对枯季珠江口伶仃洋的环流特征、盐度时空变化特征以及磨刀门盐水入侵规律、动力成因展开研究，揭示磨刀门水道盐度异常变化的动力机制。

本书收集了珠江口区域大量的基础资料，包括潮位、流量、盐度、流速、流向以及较为完整的珠江河网地形资料等，并对原始资料进行整理、转换以及数字化等，做了大量前期基础工作。在此基础上，分析了珠江口咸情活动及咸潮影响因素；分析长时间序列的盐度、潮汐、径流之间的变化关系，通过拟合回归方法建立了适用于磨刀门水道的盐度经验统计模型。基于高精度数值模式，构建了珠江口及河网区域二维、三维咸潮入侵数值预报模型；考虑到河口盐度的三维特征以及珠江口的复杂地形，引入国际上先进的无结构三角形网格FVCOM模式，在珠江口建立了一个完全三维的数值模式，把整个珠江河网、河口及口外海区作为一个整体进行考虑，对珠江口盐水入侵过程及其动力机制展开进一步研究。基于该模式，对枯季以及动力条件变化下的珠江口的河口环流、盐水入侵进行数值模拟及动力分析。

在珠江三角洲盐水入侵的研究中，使用的计量单位主要有盐度（S‰）和含氯度（Cl‰）两种，其换算关系为S‰ = 1.860 5 Cl‰。根据国际公共给水标准，饮用水的氯离子含量不能超过250 mg/L（即含氯度0.25‰），因此本书中把含氯度0.25‰作为盐水入侵的分界标准，盐水所能到达的地方称为盐水界，盐水界随着径流大小和潮流强弱而在河网区上下移动。

第2章
珠江口咸潮活动规律及影响因素分析

河口咸潮入侵主要受复杂的大气运动、海洋环流、潮汐、径流等动力因素及人类活动等因素综合影响，加之河口地区河网形态的复杂性，咸淡水混合及咸潮上溯过程极其复杂。本章将重点介绍珠江口咸潮活动规律，分析在径流、潮汐、风、人类活动等因素作用对河口咸潮上溯的影响。

2.1　珠江口咸潮活动基本规律

咸潮上溯有其基本规律，一般而言，在咸潮影响区域内，含氯度的日变化过程与潮位变化过程基本相应，最大、最小含氯度出现在涨、落憩流附近。在一个太阳日亦有两次高峰、两次低谷。由于珠江三角洲地区属于不规则半日潮，日潮不等现象比较显著。一日内两次高潮所对应的两次最大含氯度及两次低潮所对应的两次最小含氯度各不相同。在半月变化周期内，朔、望大潮含氯度大，上弦、下弦时含氯度小。其中，朔（望）至上弦（下弦）期间为半月不等周期的退波段，日月的引潮力不断减弱，但由于前期河道水体中的含氯度大，网河区含氯度最大值往往出现在这个阶段。从实测资料看，上游断面的最大含氯度往往出现在口门站出现最大含氯度的后一个或半个潮期，咸潮上溯能力最强也出现在这个阶段。

因受潮流和径流影响，珠江口去盐度变化过程具有明显的日、半月、季节周期性。网河区咸潮上溯一般是从9月开始，翌年3—4月退出三角洲，具体影响时间的长短主要取决于上游汛期的迟早。12月至翌年2月咸潮活动最为活跃。近十几年来，珠江三角洲地区咸潮活动出现了如下特点：咸潮活动越来越频繁、持续时间增加、上溯影响范围越来越大，强度趋势趋于严重。1992—1993年、1998—1999年、2001—2002年、2003—2004年、2009—2010年间均发生较严重的咸潮上溯。[142]

2.1.1　珠江河口区含氯度的变化特征

在河口区，河道水流受海洋潮汐的涨落影响，产生周期性的往复循环运动，因而，含氯度的大小亦随潮汐的涨落规律而变化。实测资料表明，不管是咸区边界还是口门地带，其日变化过程与潮水位变化过程基本相应。在一个太阳日中，亦有两次高峰，两个低谷，唯因密度坡降的存在，含氯度峰谷出现时间要滞后潮峰谷1～3 h，并且，这个相位差愈向上游越大。当潮位涨、退至高、低潮时，含氯度的变化会有一段持平现象，持平时间的长短则视具体河段和当时河段的实际水流及咸度情况而定。含氯度与潮位变化过程的相似性则越近口门越高。

一般地，含氯度的最大值出现在涨憩附近，最小值出现在落憩附近。由于本区内显著的日潮不等现象等因素的影响，一日内两次高潮所对应的两次最大含氯度及两次低潮所对应的两次最小含氯度各不相同。含氯度的日变化与上游集水大小关系极密切。在汛期，上游来水量大，含氯度日变化较小；反之在枯水期，潮汐影响占主导地位，含氯度日变幅则较大。含氯度的峰谷之差越向上游越小，越接近口门，其值越大。含氯度的月、季变化主要取决于雨讯的迟早、上游来水量的大小及台风增减水等因素。一般朔望大潮含氯度较大，上弦、下弦含氯度较小。汛期4—9月雨量多，上游来水量大，咸界被压下移，大部分地区咸潮消失。口门地区在秋季7—9月，时有台风侵扰致使暴潮涌入网河地区增大含氯度。冬季10—12月，因河水流量逐渐减退，出现咸潮，到春季1—3月，咸潮最为活跃。

2.1.2 伶仃洋水域盐度分布特征

（1）盐度自东南向西北递减。由于伶仃洋西北部为蕉门、洪奇门和横门的口门，其中径流量大，强劲的径流自西北向东南下泄扩散，而南海潮流的潮波则由东向西传递，潮流携带的高盐海水进入伶仃洋后，由于受西部浅滩的阻滞，传递速度变慢，潮流势弱，东部深槽传递速度较快，潮流流势强劲，致使上溯海水自东向西北递减。在南沙港区附近水域涨憩垂线年平均盐度为1.8左右，赤湾则为23.85。

（2）盐度随季节的变化明显。在洪季6—8月，因径流量大，故盐度最低，南沙港区附近水域涨憩垂线平均盐度为0.09，赤湾则为9.60；在枯季1—2月，因径流量最小，故盐度最高南沙岗区附近水域为1.91，赤湾为16.89。

（3）盐度具有半日周期和半月周期变化。由于盐度随潮位的涨高而增大，又随潮位的退落而减小，其变化趋势和周期与潮位基本一致，因而盐度的变化与伶仃洋的潮位变化相应，亦具有半日周期和半月周期的变化特征。

（4）盐度的垂向变化深槽区大于浅滩区。由于伶仃洋深槽区潮流作用较大，盐度的垂向密度坡降大于水平密度坡降，其垂向变化显著；西部浅滩区，其径流作用占优势，一般盐度的水平差异大于垂直差异。

2.1.3 珠江八大口门的盐水入侵

珠江注入伶仃洋的年平均流量约为5 663 m³/s，年径总流量1 792.6×10⁸ m³。由于珠江属于季风影响的河川，流量有明显的季节变化。洪季（4—9月），径流量大（占年径流总量的79.18%），潮流界下移，盐水一般仅入侵本区的中北部；枯季（10月至翌年3月）径流量小（占年径流总量的20.82%），潮流界上溯，咸水可浸入伶仃洋上游各口门以内。由于上游四个口门径流大小和潮流强弱不同，各口门咸水入侵存在很大的差异。

（1）虎门。位于伶仃洋之北部，为东江，流溪河、珠江正干及北江沙湾水道之出海口门。由于与伶仃洋喇叭口的深槽区直线相通，潮差较大，潮流强劲。涨潮量占上边界4个口门总量的81.1%，而径流量仅占23.6%，尤其枯季径流量小，潮流量大，咸水沿虎门上溯可达东江和北江三角洲下游个汊道。常年8—9月，虎门可出现盐水，并沿狮子洋上溯，进入东江南支流汊的泗盛围和北江沙湾水道的三沙口，11月以后进入东江三角洲下游的厚街、朱平沙、大盛及沙湾水道的塘田，12月以后到达广州的黄埔港。若以常年可出现咸水月份（月平均最大含氯度≥1‰）为咸季，则虎门咸季长达10个月（8月至翌年5月），最大的月平均含氯度5.52‰，历年最大含氯度达13.6‰。越往上游咸季越短，至黄埔港附近，咸季仍有3～4

个月（12月至翌年2、3月），最大的月平均含氯度在1‰左右，历年最大含氯度5‰以上，黄埔以上的广州前后航道，最大的月平均含氯度1‰左右，常年不出现盐水。

（2）蕉门。位于伶仃洋西北端，为北江径流注入伶仃洋的主要通道，径流量大，蕉门口南沙断面径流水量占上边界4个门门总量的35.6%，约为虎门的1.5倍。河道与伶仃洋深槽斜交，潮流作用远较虎门为弱。南沙站年平均潮差1.34 m，平均涨潮量仅占上边界四口门的12.7%。常年10月南沙即出现盐水，咸季长达7个月（10月至翌年4月），全年最大的月平均氯度为3‰。往上游由于径流冲淡，盐度迅速降低，至距河口18 km的灵山，月平均含氯度不及1‰，灵山以上常年不出现盐水，只是大旱年有一定的盐水影响。

（3）洪奇沥。位于蕉门口以南，口门沥心沙、蓑衣沙等沙坝鱼贯，河床淤浅，由西、北江流入洪奇沥的大部分径流经上、下横沥注入蕉门，河口段径流量大减。另一方面口门沙堤、浅滩发育，槽沟两侧水深不足1 m，低潮滩脊出露水面，上溯潮流，其势大减。口门附近万顷沙西站年平均潮差仅有1.2 m，平均潮量仅占4个口门的3%。因此，常年咸季只有4个月（12月至翌年3月），最大的月平均含氯度1.25‰，1955年大旱年盐水可达中山黄圃区的横档乡，对沿河地区春播有很大影响。

（4）横门。位于伶仃洋西部，为西江东海水道的主要出口，径流量仅次于蕉门而大于虎门和洪奇门，加以出口河道呈东西走向，与伶仃洋深槽垂直相交，口外沙坝密布，潮流漫滩上溯，力量微弱。横门站年平均潮差仅1.08 m，平均涨潮量占四口门3.2%。咸季虽有4个月（12月至翌年3月），但最大的月平均含氯度只有0.64‰，盐水入侵影响不大。横门上游的张家边和港口一带，已经无盐水入侵之患。

（5）磨刀门。是西江干流，其径流量为八大口门之首，无论枯、汛期咸淡水高度分层，咸水楔活动明显。枯期、高潮时，30的等盐度线在横州口（大横琴右侧）附近；2的等盐度线几乎越过灯笼山断面。大旱年，该断面最大含盐度为17（1965年2月25日）。汛期、涨潮时，除右侧龙屎窟口门（三灶岛左）含盐度接近5外，其余的内海区基本上淡水径流控制。

（6）鸡蹄门。鸡蹄门水道口门由于临海最近，因而口门处含盐度较高。黄金站多年涨潮平均盐度为3左右，最大平均盐度为12，大旱年最大盐度超过30（1966年3月7日）。

（7）黄茅海（虎跳门、崖门）。黄茅海是珠江口门中崖门和虎跳门汇合口外的喇叭形海湾。枯季时，崖门水道和虎跳门水道入海径流量锐减，黄茅海河口湾由高盐水团占据，湾内盐度值普遍升高，水体平均盐度大于20，其分布趋势自湾顶向湾口递增；洪季时，因受径流增大的影响，冲淡水充填了河口湾，盐度为0.5的等值线向海后退，表、底层盐度分布趋势自湾顶向湾口呈舌装递增，到达三角山岛附近海区后往东南偏南延伸，前峰已接近大忙岛一带。海区内盐度横向变化是主槽高于两滩。汛期涨潮时，潮水沿深槽上溯，故底部等盐线向上游突出，主槽高于两滩；落潮时，径流从表层下泄入海，等盐度线沿主槽偏东南方向突向下游。枯季，径流骤减，潮流沿主槽上溯很快，而两侧浅滩阻滞咸潮上溯，故主槽盐度高于两滩情况更突出。

2.2 珠江三角洲咸界范围活动规律及影响因素

2.2.1 珠江三角洲河网区咸潮入侵规律及影响因素

珠江口属弱潮区，受海洋影响显著，每当枯季上游来水减少时，潮流活动加强，海水随着潮流进入河网区，形成盐水入侵，当地也称咸潮，或咸潮上溯。由于河水含氯度较高，不适合生产生活用水，如遇上游来水持续偏少，盐水入侵距离远，影响时间长，珠江三角洲河网区的工农业和生活用水受到影响，造成严重的灾害。

珠江三角洲河网区盐水入侵一般是从每年10月开始，翌年3—4月退出三角洲，具体影响时间的长短主要取决于上游汛期来临的迟早，每年的12月至翌年2月咸潮活动最为活跃，是产生危害的主要时间。受上游径流及海洋潮汐等因素的影响，河道水体含氯度因时因地不断发生变化，同一水道或同一断面，水体含氯度也会因季节、潮别、位置及风向风力等因素而有不同程度的差异。它不但与潮流运动规律密切联系，同时也有其自身所固有的特殊性，这就使得河网区的盐水入侵规律十分复杂。

2.2.1.1 盐水入侵的时间变化

珠江三角洲的潮汐具有日、月、年等多周期的变化特性，最显著的变化周期是半日周期和以农历月来划分的半月周期。在咸潮影响区域内，咸潮随潮汐变化亦呈现周期变化规律：咸潮的变化与潮汐水位的变化相同，除具有半日周期的一涨一落的运动规律外，同时也在半月周期中呈现一涨一落的运动规律。枯季流量的日变化不大，这期间的河水含氯度变化，主要受到海洋潮汐的影响。下面通过对于2005年枯水期珠江口三角洲中的西炮台、西河口、横门、南沙、大虎和泗盛围6个测站的实测数据（图2.1～图2.6）进行详细分析含氯度随时间变化的规律。

1）日变化

河网区河道水流受海洋潮汐涨退影响，产生周期性的往复（正负）流动，含氯度日变化亦随潮汐涨退而变，其日变化过程线与潮位过程线完全相似，越近口门这种相似性越高，在较上游站或当上游来水量较大，含氯度较小（接近河水含氯度）。退至潮谷时会有一段稳定（持平）时间，由于本区属于非正规半日周潮，日潮不等现象显著，因此一日内两次高潮对应的两次最大含氯度及两次低潮对应的两次最小含氯度也不相同。

图2.1～图2.6中的潮位和含氯度的时间过程线可以清晰地表明珠江三角洲潮汐具有不规则半日周期变化，相应各测点含氯度变化也有此周期现象。在一个潮周期内，与潮位的两高两低相对应，含氯度也出现两高两低现象。涨潮时，外海的高盐水随涨潮流上溯，涨憩时，上溯的距离达到最大，含氯度达到最高，所以含氯度的极大值出现在涨憩附近，即高潮位后1～2 h，落潮时，径流将盐水顶托下泄，在落憩时刻淡水控制距离最远，含氯度也最低，含氯度极小值出现在落憩附近，低潮位后1～2 h。

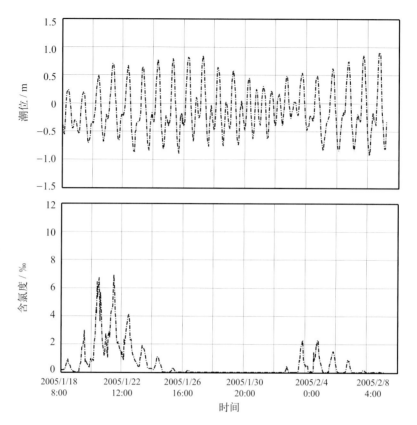

图2.1　西炮台站位潮位和含氯度过程线

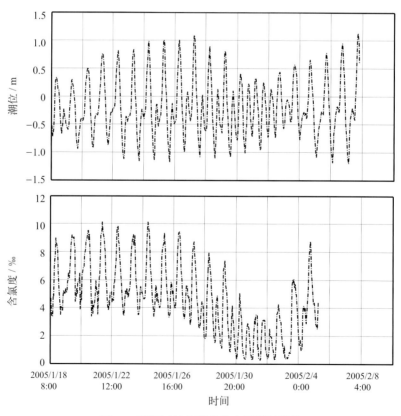

图2.2　西河口站位潮位和含氯度过程线

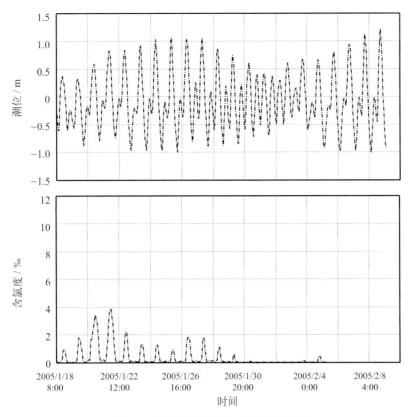

图2.3　横门站位潮位和含氯度过程线

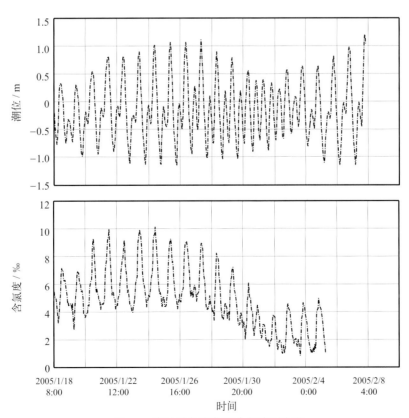

图2.4　南沙站位潮位和含氯度过程线

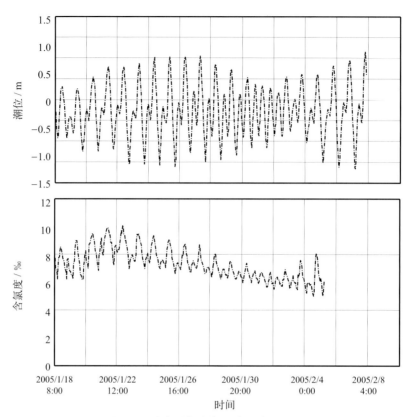

图2.5　大虎站位潮位和含氯度过程线

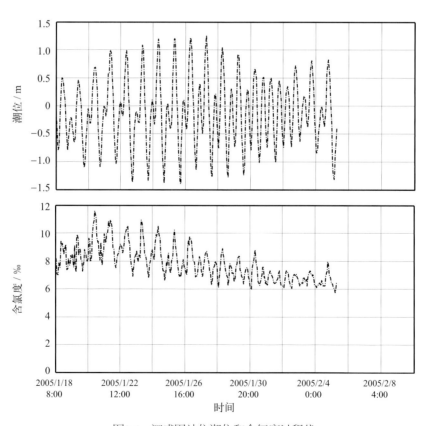

图2.6　泗盛围站位潮位和含氯度过程线

在相位上由于异重流的水流惯性及河床阻力等因素的作用，最大最小含氯度不是在潮峰谷水位或最大最小流速时出现，而是在峰谷过后憩流附近出现，即盐峰谷（最大最小含氯度）与潮峰谷（水位）在时间上有一个时间间隙（相位差），这个相位差越向上游越大。下游盐差比上游盐差大，差值则自下而上递减，在口门盐差变幅比潮差变幅大，在较上游站又相反。汛期上游来水量较大，咸潮活动界被压至口门附近，日变化很小，枯水期上游来水量较小，且较稳定，这一时期潮汐活跃，盐水界上移，日变化较大。

2）月变化

盐度月变化亦称朔望变化，以农历每月的7日和21日为分界，可分两个半月周潮：7日至21日为望的半月周潮，22日至下个月的6日为朔的半月周潮。在22日至下个月的6日为朔的半月周潮内，最高潮位和最大涨潮差一般出现在3日，而咸潮影响最严重的时段为25日至下个月的1日；在7日至21日为望的半月周潮内，最高潮位和最大涨潮差出现在18日，而咸潮影响最严重的时段为11日至15日。珠江口潮汐在半月中出现一次大潮和一次小潮，相应地，日平均含氯度值也出现一个高值区和一个低值区，但是在半月周期内咸潮的变化与潮汐水位的变化步调不太一致，一般含氯度最大值提前最高潮差期3~5 d。这种变化规律可能是由于从小潮到大潮时，潮流作用逐渐加强，垂直湍动扩散逐渐增强，咸淡水混合加强；从大潮到小潮时，潮流作用逐渐减弱，径流动力加强，平流效应逐渐增强，咸淡水混合减弱引起。

3）季变化

上游径流量增强落潮水流，抵御咸水入侵。上游径流量增大，河口咸水入侵降低，反之亦然。径流对珠江口咸水入侵的影响是极其重要的，表现在径流有明显的季节性，受其影响，珠江口的咸水入侵也出现相同的变化。珠江流域地处季风气候区，降水大多集中在夏季，冬季仅有少量雨雪，造成流域降水年内分配不均，这就导致径流量在一年内有明显的洪枯季变化。汛期（4—9月）降雨径流较大，马口、三水站汛期径流量分别占年总量的76.9%和84.8%；枯水期（10月至翌年3月）径流较小，马口、三水站枯水期径流量分别占年总量的23.1%和15.2%。受到上游淡水的冲淡和顶托作用，珠江口含氯度也出现相应的洪枯季季节变化，洪季低，枯季高。枯季流量较稳定时，含氯度变化主要随高低潮起伏，汛期则以上游流量为主，在水位及含氯度综合过程线图上表现为一个洪峰对应一个盐谷，洪峰过后流量的最低点对应一个盐峰，上游来水增大至一定流量，则咸潮消失（等于河水含氯度）。

一般汛期4—9月雨量多，上游来水量大，咸界下移，大部分地区咸潮消失，称为淡季，但滨海地区在秋季7—9月时有台风侵袭，引起增减水，暴潮涌入，含氯度极大。冬季10—12月，河水流量逐渐退减，咸潮也相应出现，称为咸淡交替季节。春季1—3月一般上游来水量最小，咸潮最为活跃，称为咸季，有时遇到春旱，雨季迟来，则咸季会延长至4月。

2.2.1.2 盐水入侵的空间变化

珠江三角洲河网区含氯度随空间变化规律一般为：含氯度分布从下游到上游逐渐减小；

含氯度垂向分布一般表现为上层含氯度小，底层含氯度大，混合作用强烈时上下均匀，涨潮时深槽含氯度始终大于浅滩等。结合（图2.1~图2.6）的成果，下面再根据挂定角站、官冲站、大虎站3个测站断面的横向不同垂线实测含氯度资料（图2.7~图2.9）分析河道断面横向变化，同时根据黄金站、南沙站、泗盛围站3个测站垂线不同水深的4个潮汐特征时刻的含氯度变化值（图2.10~图2.12）分析珠江三角洲河口含氯度随空间的变化。

1）含氯度在河道断面上的横向分布

含氯度在断面上的横向分布与潮流速的分布是相应的，一般落潮流速大，水体比较混合，落憩时含氯度最小，断面横向分布差异不大。由于海水与河水在相反的方向流动，当初涨时潮流进入口门水道，一般近两岸先转负流，故两岸河水含氯度比中泓大，负流速达到最大至涨憩阶段，主流流速大于两岸，则中泓含氯度比两岸大，涨憩过后，中泓退潮流速最大，故含氯度先行减小，又回复到落憩时开始的周期变化情况。

同一河槽的同一断面上主槽和浅滩的咸水入侵不同。一般情况下，在涨憩前后，深槽的含氯度大于浅滩，且深槽与浅滩水深之比越大越显著，主要是因为深槽水流流速大，含氯度随潮流运动的速度较快，深槽中含氯度等值线以楔状伸向上游。在落憩前后，深槽的含氯度则小于浅滩，深槽中含氯度等值线以楔状伸向下游，楔状体的轴线方向基本与涨、落潮的方向一致。

图2.7为2005年1月14日14:00至20日20:00磨刀门水道挂定角断面从左岸起点560 m（河道左侧）至左岸起点2 000 m（河道右侧）处实测含氯度变化过程。从图中可知，磨刀门水道下段左侧含氯度高于右侧。究其原因，这与磨刀门地形有关，磨刀门是南北走向，左槽为涨潮沟，涨潮动力较强；右槽为落潮沟，落潮动力较强，落潮流向右岸的方向偏转，涨潮流向左岸的方向偏转，因此左槽的含氯度高于右槽的含氯度（虚线为左槽，实线为右槽）。不过上述现象在官冲站断面（图2.8）和大虎站断面（图2.9）并不明显。

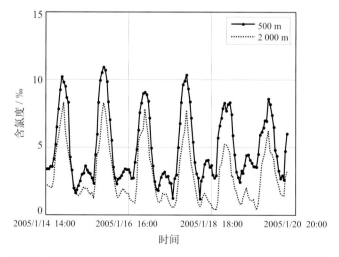

图2.7 挂角站断面上不同垂线含氯度过程线图（离左岸距离）

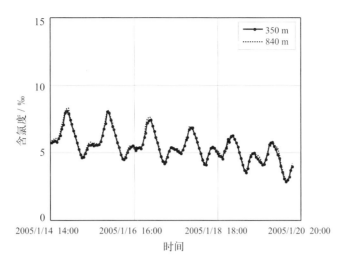

图2.8 官冲站断面上不同垂线含氯度过程线图（离右岸距离）

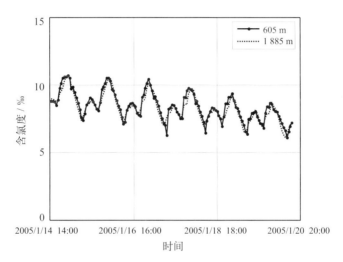

图2.9 大虎站断面上不同垂线含氯度过程线图（离左岸距离）

2）含氯度在断面上的垂直分布

由于海潮和河水的密度不同，两者相会形成异重流。当涨潮流进入口门时，含氯度较大的海水从底部楔入，河水则从上部流向海洋，形成垂线上不同水深有不同的含氯度。其分布一般是水面小于半深、半深小于河底。这种差异口门站大些，河底与水面比较一般为1～3倍，过渡段小些，一般为1～2倍，上游则没有什么差别。在全潮过程中一般在涨憩前后时段差异大，落憩前后差异小，但在有些混合程度较好的河段，这种差异也并不大。

根据图2.10～图2.12的结果表明，黄金站咸水具有分层现象，其中涨潮时分层现象显著，落潮时则混合较好，分层不明显。这说明即使在同一地点，一天之内咸、淡水混合类型也不相同。而南沙站和泗盛围站的分层不是很明显，说明这些站点咸淡水混合较好。

总的来看，整个珠江三角洲的咸淡水混合较强，咸淡水垂线分层不是很明显，不过在某些站点和涨潮时刻分层现象较为明显些。

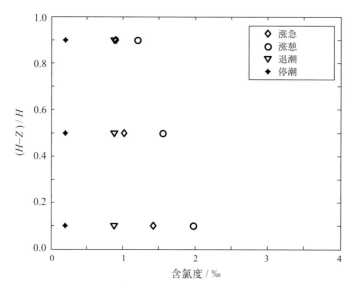

图2.10 黄金站特征时刻含氯度垂线分布

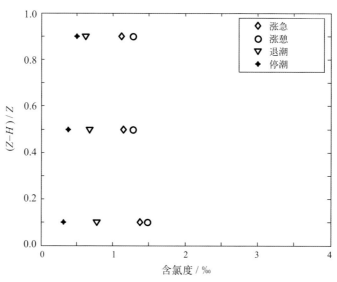

图2.11 南沙站特征时刻含氯度垂线分布

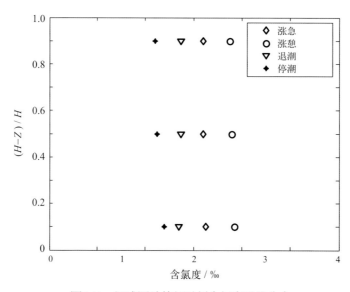

图2.12 泗盛围站特征时刻含氯度垂线分布

3）含氯度在河道上的沿程分布

珠江口的咸水来源于外海高咸水的入侵，含氯度的纵向分布大致为，从下游到上游含氯度逐渐降低，越近河口含氯度越大，越向上游含氯度越小。如潮波上溯不断受到削弱一样，上溯距离和变化程度则视各种因素（上游来水、下游潮汐、风向风力、河道地形等）的影响而异。对河水流量来说，上游来水量大，含氯度上溯距离短，咸度小；反之，上溯距离长，咸度大。对于潮势来说，大潮期间咸度大，上溯距离长，小潮期间咸度小，上溯距离短。

4）盐水入侵在地区上的分布

盐水入侵在三角洲进口段各水道的分布与河水下泄分配比及河床底坡、潮汐强弱，水深等因素有关。在潮势很强，上游来水量不大，底坡不陡，水深较大的珠江正干虎门水道，盐水入侵距离最长，可达80 km，口门河段含氯度接近最大值17‰；而横门、洪奇门、蕉门等水道上游来水量大，底坡较陡，水深不大，故咸度不大，万顷沙站含氯度接近最大值的9.82‰，盐水入侵距离短，只有20～40 km，西江三角洲天河以下各水道水深河宽，底坡平缓，本来有利于盐水入侵的，但因上游来水量大，故咸度及上溯距离除崖门水道之外，远不如虎门水道。

2.2.1.3 珠江三角洲河网区咸潮入侵影响因素

珠江三角洲咸潮活动与潮汐的关系。珠三角的潮汐属不正规半日潮，具有半日、日、半月、月、年、多年等多周期的变化特性，最显著的变化周期是以农历月来划分的半月周期。以农历每月的7日和21日为分界，可分两个半月周潮，7日至21日为望的半月周潮，22日至下个月的6日为朔的半月周潮。在咸潮影响区域内，咸潮随潮汐变化亦呈现周期变化规律：咸潮的变化与潮汐水位的变化相同，也在半月周期中呈现一涨一落的运动规律。枯季流量的日变化不大，这期间的河水含氯度变化，主要受到海洋潮汐的影响。每日的最大含氯度出现在高高潮涨憩流附近，最小含氯度出现在低低潮落憩流附近。一般农历初一至初三和农历十五至十八为大潮期，涨潮时，大量的咸水往磨刀门水道倒灌，退潮时靠径流将咸水压出去。越靠近河口，含氯度受潮汐影响越大，受上游径流影响越小。在咸潮影响区域内，含氯度的日变化过程与潮位变化过程基本相应，最大、最小含氯度出现在涨、落憩流附近。

珠江三角洲咸潮活动与风向、风力的关系：冬季一般多吹北—东北风，海面风力多在4级以上。近几年的实践证明，如果珠江口海面吹北—东北风，风力在4级以上时，大量的高浓度咸水往口门倒灌，水道含氯度必定增高。在大潮期间如遇上游来水减小和刮北风，则咸潮影响十分严重，如1999年2月和2004年2月磨刀门水道发生的较大咸潮上溯，均是这种情况。

珠江三角洲咸潮活动与河道水深的关系：在河道断面上，由于海水和上游河水的密度不同，两者相遇形成异重流。当涨潮流进入口门时，含氯度较大的海水从底部开始上溯，河水则从上部流向下游，垂线上不同水深上含氯度也不同，一般来说，河底的含氯度比水面的含氯度大。咸潮在河道上的沿程分布是自上游向下游递减，越近河口含氯度越大，越向上游含氯度越小。

此外，近年河口无序过度的挖砂造成河口河床严重下切，河流水位降低；又由于行洪道人为设障、泄洪出海水道无序围垦，加上淤积等因素，泄洪能力严重降低，这些因素都使咸潮上溯更为容易。

2.2.2 珠江三角洲河网区咸水入侵历史变化及对比分析

2.2.2.1 盐水入侵历史变化

珠江水系主要包括西江、北江、东江及珠江三角洲诸河水系四部分。根据监测资料分析，珠江三角洲咸潮影响经过了一个下移后复而上移的变化过程。

（1）20世纪50年代，流域尚未大规模开发，流域处于天然状态，径流的补给主要是降雨。流域降雨年内分配不均匀，其中4—9月汛期雨量占年雨量的80%，枯季雨量仅占20%。珠江三角洲上游径流的年内变化很大，枯季月平均流量一般在1 000～3 000 m³/s；一般年份，南海高盐水入侵至伶仃洋内伶仃岛附近，磨刀门及鸡啼门外海区，黄茅海海区，含氯度3‰的咸水入侵至虎门大桥，蕉门南汊，洪奇门及横门口，磨刀门大涌口，鸡啼门黄金；含氯度0.5‰的咸潮线在虎门东江北干流出口，磨刀门水道灯笼山，横门水道小隐涌口。

大旱年时，含氯度2‰的咸水入侵到虎门黄埔以上，沙湾水道下段，小榄水道、磨刀门水道大鳌岛，崖门水道；含氯度0.5‰咸潮线可达西航道、东江北干流的新塘、东江南支流的东莞、沙湾水道的三善滘、鸡鸦水道及小榄水道中上部、西江干流的西海水道、潭江石咀等地。其等含氯度线大致为东北—西南走向，形似西岸等深线的分布（图2.13）。

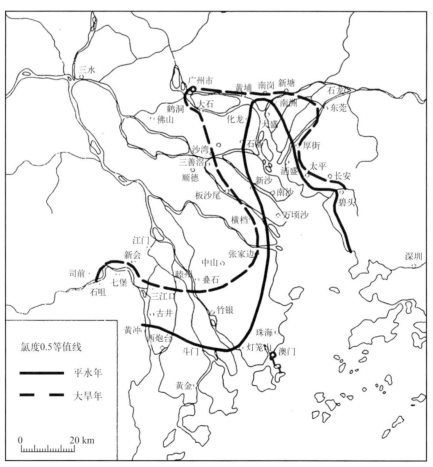

图2.13　20世纪60年代以前珠江三角洲历史大旱年及平水年含氯度等值线

（2）20世纪60—80年代，随着三角洲的联围筑闸和河口的自然延伸，磨刀门、虎门、蕉门、洪奇门、横门的咸潮影响明显减弱，鸡啼门、虎跳门、崖门的咸潮影响略有减弱。根据对1990年以前虎门、磨刀门、鸡啼门、崖门月均涨憩含氯度和年均含氯度实测资料的分析，总体上珠江三角洲河口变淡是总的趋势。主要口门站不同年限平均含氯度统计值见表2.1。

表2.1 珠江三角洲主要口门站不同年份平均含氯度统计表 单位：‰

口门	代表站	统计年限	涨潮含氯度		落潮含氯度	
			均值	最大值	均值	最大值
磨刀门	灯笼山	1960—1969	0.78	13.11	0.24	6.65
		1970—1979	0.60	14.45	0.06	3.49
		1980—1988	0.20	8.23	0.02	2.13
崖门	黄冲	1959—1968	1.97	12.79	0.89	7.57
		1969—1978	1.36	12.43	0.42	5.84
		1979—1988	1.37	12.23	0.54	7.95
虎门	黄埔	1959—1968	0.90	5.28	0.53	2.34
		1969—1978	0.60	5.77	0.31	2.27
		1979—1988	0.29	4.07	0.03	1.77
鸡啼门	黄金	1965—1974	5.08	25.81	1.26	10.83
		1975—1984	3.19	22.43	1.02	12.84
		1985—1988	2.44	20.32	0.86	9.94

（3）20世纪90年代后，珠江三角洲河网区进行了大规模航道整治、清礁疏浚，人工挖沙，使得河底高程及河床纵比降发生了很大的变化。河床下切，使水深增大，低潮位水面落差减小，削弱涨潮流上溯的阻力，潮汐进退顺畅，三角洲河网区的潮汐运动增强。潮汐上溯增强，含氯度纵向和横向混合更强，当传入同一浓度的咸潮进入三角洲河网区以后，向上游扩散的距离增加，使三角洲的咸潮界上移，见图2.14。1993年3月，咸水进入前、后航道，广州地区黄埔水厂、员村水厂、石溪水厂、河南水厂、鹤洞水厂和西洲水厂先后局部间歇性停产或全部停产。

（4）进入21世纪后，珠江三角洲地区咸潮活动出现如下特点：咸潮活动越来越频繁、持续时间增加、上溯影响范围越来越大、强度趋于严重。1999—2000年、2000—2001年、2003—2004年、2004—2005年、2005—2006年及2006—2007年间均发生较严重的咸潮上溯。

1999年春虎门水道咸水线上移到白云区的老鸦岗；沙湾水道首次越过沙湾水厂取水点，横沥水道以南则全受咸潮影响。西江下游磨刀门河段，1992年咸潮上溯至大涌口，1995年至神湾，1998年到南镇，2001年上溯至全禄水厂，2003年更是越过全禄水厂，2004年以来中山市东部的大丰水厂也受到影响。近几年枯水期的咸潮上溯，区域内500多万人的生活用水和一大批工业企业生产用水受到不同程度的影响，造成巨大的经济损失。2003—2004年枯水期咸潮活动期间，9月中旬就受到咸潮的上溯影响，比常年提前了半个月，中山市东西两大主力水厂同时受到侵袭，水中氯化物最高时达到3 500 mg/L，不得不采取低压供水措施，部分地区供水中断近18 h，将供水标准提高到氯离子含量400 mg/L；澳门供水标准提高到氯离子含量800 mg/L；承担珠海与澳门供水的广昌泵站连续29 d不能取水；珠海横琴岛及三灶地区出现区域性停水；广州番禺区沙湾水厂取水点咸潮强度及持续时间更是远远超过历年同期水平，横沥水道以南则全受咸潮影响；在东江北干流，咸潮前锋（氯离子含量250 mg/L）已靠近新建的浏渥洲取水口。

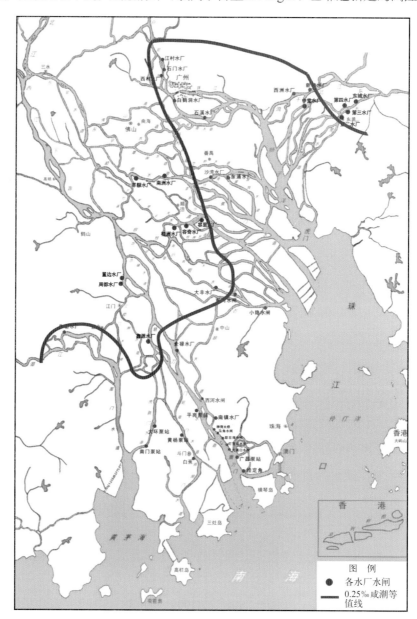

图2.14 2006年的咸潮影响范围

2.2.2.2 同级流量下的盐水入侵影响对比分析

比对分析现状和历史，在上游来水量大致相当的情况下，各站的咸潮监测资料，说明三角洲咸潮变化的具体程度。

1）西江

分析西江控制站梧州站的多年枯季驻日平均流量系列，发现1963年2月的逐日平均流量过程与2005年2月的逐日平均流量过程的量级及过程相似，比对分析西江河网区的灯笼山站的咸潮过程，发现上游同级来水流量情况下，该站的咸潮增大（图2.15）。

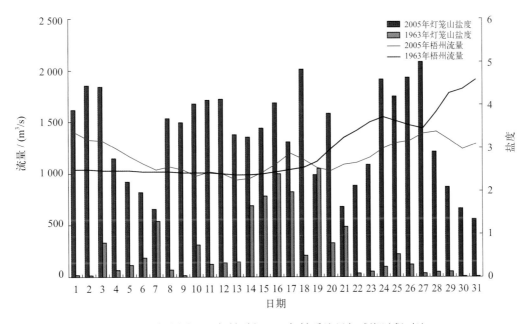

图2.15　梧州站1963年枯季与2005年枯季流量与咸潮过程对比

2）北江

分析北江控制站石角站的多年枯季驻日平均流量系列，发现1969年12月的逐日平均流量过程与2005年12月的逐日平均流量过程的量级及过程相似，比对分析北江河网区黄埔站的咸潮过程，发现上游同级来水流量情况下，该站的咸潮明显增大（图2.16）。

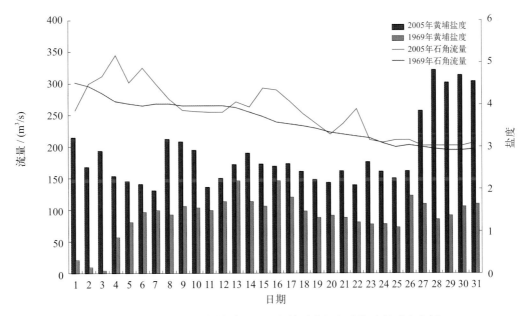

图2.16　石角站1969年枯季与2005年枯季流量与咸潮过程对比分析

3）东江

分析东江控制站博罗站的多年枯季逐日平均流量系列，发现1963年11月的逐日平均流量过程与2005年1月的逐日平均流量过程的量级及过程相似，比对分析东江河网区的大盛站的咸潮过程，发现上游来水流量略有减小的情况下，该站的咸潮明显增大（图2.17）。

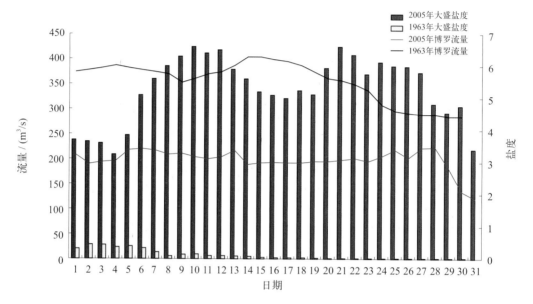

图2.17 博罗站1963年枯季与2004年枯季流量与咸潮过程对比

长系列的咸潮监测成果分析表明，近20年来，珠江三角洲河网区咸潮入侵发生了显著的变化，在上游来水基本一致的情况下，咸潮入侵显著增强，特别是几条重要的供水水道，说明近年来咸潮入侵增强的主要原因是下游潮汐动力增强所致。

2.2.3 珠江三角洲河网区咸界历史变化规律及影响因素

2.2.3.1 珠江三角洲河网区咸界历史变化规律

珠江水系主要包括西江、北江、东江及珠江三角洲诸河水系四部分。珠江口的咸潮一般出现在10月至翌年4月，周文浩[112]根据珠江口虎门水道黄埔、磨刀门水道灯笼山、鸡啼门水道黄金和崖门水道黄冲等站资料分析表明，20世纪60—80年代，随着珠江三角洲的联围筑闸和河口的自然延伸，磨刀门、虎门、蕉门、洪奇门、横门的咸潮影响明显减弱，鸡啼门、虎跳门、崖门的咸潮影响略有减弱。鉴于1988年后水文部门停止了含氯度的测验，有关研究以拥有最长观测资料的平岗泵站作为分析近20年来咸潮入侵变异的对象。2002—2003年枯水期时咸潮最弱，以此为界，前4年咸潮逐渐减弱，后几年则逐步增强，且影响程度更超越前4年，尤其是2005—2006年枯水期，咸潮强度前所未有。近年来，珠江咸潮的咸界范围逐年上升（图2.18）。

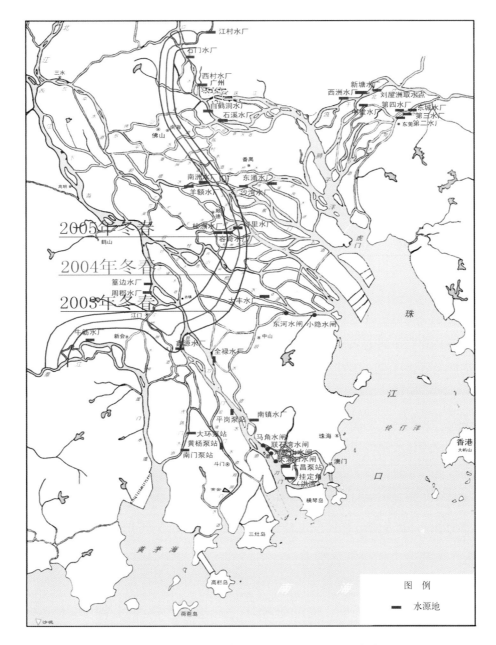

图2.18 2003—2005年珠江口咸潮的咸界范围变动

　　一般年份，南海高盐水入侵至伶仃洋内伶仃岛附近，磨刀门及鸡啼门外海区，黄茅海海区，盐度2（氯化物约为1 110 mg/L）的咸水入侵至虎门大虎，蕉门南汊，洪奇门及横门口，磨刀门大涌口，鸡啼门黄金；盐度0.5（氯化物约为270 mg/L）咸潮线在虎门东江北干流出口，磨刀门水道灯笼山，横门水道小隐涌口。

　　大旱年时，盐度2的咸水入侵到虎门黄埔以上，沙湾水道下段，小榄水道、磨刀门水道大鳌岛，崖门水道；盐度0.5咸潮线可达西航道、东江北干流的新塘，东江南支流的东莞、沙湾水道的三善滘、鸡鸦水道及小榄水道中上部、西江干流的西海水道、潭江石咀等地。其等盐度线大致为东北—西南走向，形似西岸等深线的分布（图2.13和图2.14）。珠江三角洲地区发生较严重咸潮的年份是1955年、1960年、1963年、1970年、1977年、1993年、1999年、

2004年、2005年、2006年和2007年。

2.2.3.2　珠江三角洲咸界活动变化影响因素分析

咸界的变化和潮汐同样具有日周期和半月（朔望）周期波动的规律。在日周期上，咸水运动同潮位变化周期相对应，但是其响应时间会滞后约5 h。另外，咸水运动的半月周期上两个峰值或谷值的间隔时间也与天文大潮周期相同。但和潮汐半月过程线中小潮至大潮历时、大潮至小潮历时基本对称不同的是，咸界变化过程中上溯历时短而下移历时长。以农历十月为例，咸界从谷值至峰值的上溯历时平均约需6 d，而从峰值至谷值的下移历时则需10 d左右。

在每个月包含的两个半月周期中，咸界的变化特征也有所不同，主要体现在咸界下移过程线的变化。例如，农历十月和十一月的上半月，咸界的变化均是逐渐震荡下移，但在十月的下半月周期中，0.5咸界上溯距离在十月十八日降至8 km之后即开始二次上溯，至十月二十日重新上溯至36.5 km左右达到一个小峰值，此后再继续回落，至十月二十三日跌至波谷1.5 km左右。同时，下半月周期出现的咸水二次上溯过程中，日内咸界波动幅度明显放大。在上半月周期的咸界日内波动范围一般为15～18 km，但在下半月中潮期间有3～4 d出现二次上溯过程，其日内咸界震荡幅度可达24 km左右。

在咸界变化过程中，虽然其周期同潮汐半月周期基本一致，但其相位却有较大区别。咸界的谷值并非出现在大潮或小潮时，而是出现于大潮向小潮转变时的中潮。在小潮期间，咸界开始不断上溯，其峰值也并非对应于小潮潮差最小时，而是出现于小潮后的中潮。其峰值和谷值皆滞后于小潮和大潮。由此，可得出半月周期上，咸潮入侵强度变化的规律为：咸潮上溯最强为小潮之后的中潮，而咸潮下移最远则出现于大潮之后的中潮。

1）咸界运动与大潮小潮的关系

在一个半月潮周期里，咸界最远上溯距离基本跟随潮差变化呈现一环形曲线。但是由于上半月和下半月的潮型有所不同，咸界曲线形状也有差异。在十月上半月和十一月上半月，咸界曲线基本呈现圈形。该曲线表示的时间变化过程为：当潮差较大时，咸界迅速下移；至中潮时，咸界降至最小值；随着潮差继续减小，咸界重新上升；小潮过后潮差开始增大，而咸界距离维持在最高位；当大潮开始后，咸界又开始下降，从而完成一个周期的往复运动。而十月下半月咸界运动曲线呈勺形，和上半月的图形差异主要在勺把处，表示在大潮过后的中潮期，咸界具有下降后再二次上溯的过程，但是这次上溯的强度和距离均不及上一次的峰值。

2）珠江三角洲咸界活动与上游来水量大小的关系

年度流域降雨基本集中在汛期4—9月，上游来水量大，下游含氯度小；枯季1—3月和10—12月上游来水量小，下游含氯度大。因此珠江三角洲水道在枯季受咸潮上溯影响明显，一般是从10月至翌年4月，其中11月至翌年2月咸潮活动最为活跃。当流域降雨较少，上游来水量相应减少，则咸潮上溯距离越远，河水含氯度越大。反之，上游来水流量越大，对海水的混合作用就越强，则咸潮界向下游移动，河水含氯度亦减小（图2.19）。

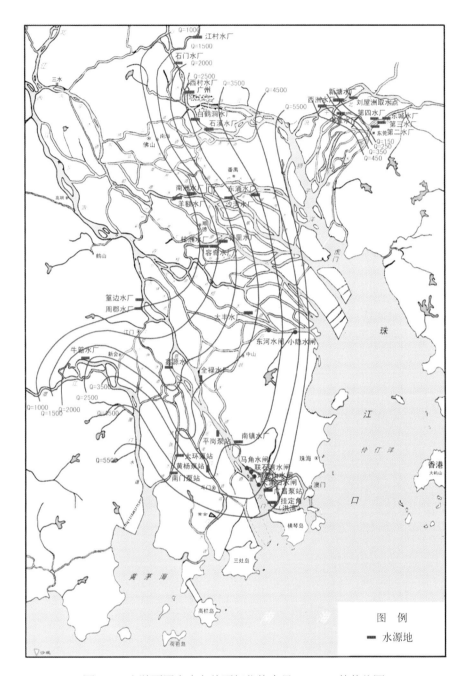

图2.19　上游不同来水条件下氯化物含量250 mg/L等值线图

西江、北江三角洲咸潮线对应流量为进入三角洲的综合控制断面思贤滘流量；

东江三角洲咸潮线对应流量为东江石龙断面加增江麒麟咀断面流量

2.2.4　2007年强咸潮过程3个主要水道的观测结果分析

2.2.4.1　观测结果

走航观测结果显示，冬季虎门水道有明显的咸潮入侵趋势，咸水沿水道入侵至新洲码头上游（图2.20）。大潮时入侵强度大于小潮时，在新洲码头（距河口约40 km）大潮期测到的盐度约1，小潮期的盐度约0.8，均超过了咸潮预警盐度0.25，显示了咸潮在虎门水道入侵强度和范围较大。水体垂向混合良好；磨刀门水道的咸潮在大潮时影响范围到达南镇水厂，盐水楔形结构不明显，小潮时可超过全禄水厂，小潮时期的入侵强度强于大潮，并有明显的盐水楔出现。横门水道基本上没有受到咸潮的影响。

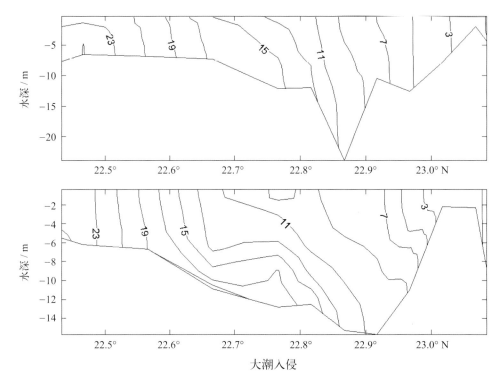

大潮入侵

图2.20　虎门（上）和磨刀门（下）走航断面盐度等值线

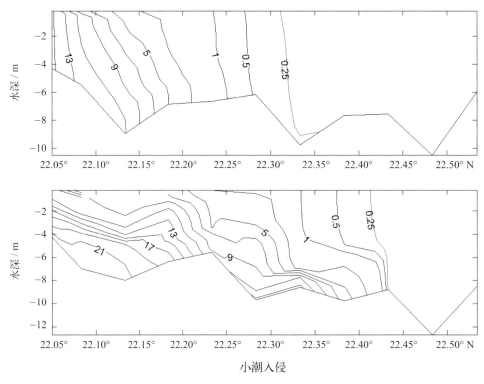

小潮入侵

图2.20　虎门（上）和磨刀门（下）走航断面盐度等值线（续）

定点站的观测结果都显示，盐度的变化有明显的潮周期趋势。无论在大潮期还是小潮期，盐度都在涨憩后3 h达到最人值，落憩后1 h达到最小值。大潮期表、底层盐度差较小，显示垂向混合良好，小潮期垂向盐度差异较大。

2.2.4.2 结果分析

流场的变化也符合潮周期的趋势，表层、中层、底层的流态均为涨潮时指向河道，落潮时指向口门外，受径流顶托作用，落潮时长于涨潮时，落潮流速亦大于涨潮流速，最大流速可超过1.5 m/s。从表层到底层，流速逐渐降低。大潮时的流速略强于小潮时。欧拉余流显示，磨刀门均有典型的重力环流现象。大小潮时无论河道监测站还是口门监测站表层余流均沿河道指向下游，显示了径流的作用；中层余流流速迅速降低，在小潮时方向发生偏转指向上游河道；底层余流除大潮时河道站仍受径流影响指向口外，其余均转向西北偏北方向（图2.21）。

伶仃洋湾顶的西部和北部有四大口门淡水注入，表层盐度呈西北—东南向朝湾口逐渐升高，并形成一个向外海延伸的冲淡水舌，但由于冬季径流量小，低盐水舌不明显。底层密度大的南海高盐水沿海底向陆做补偿运动，并沿中、西两条深槽向上游入侵，呈明显的楔状结构。东部盐度高于西部，咸水可以沿虎门上溯到很远的距离。西部浅滩区，由于径流的顶托，盐水入侵距离短，盐水界的季节移动范围较小，这也是横门水道没有监测到咸潮入侵的原因。

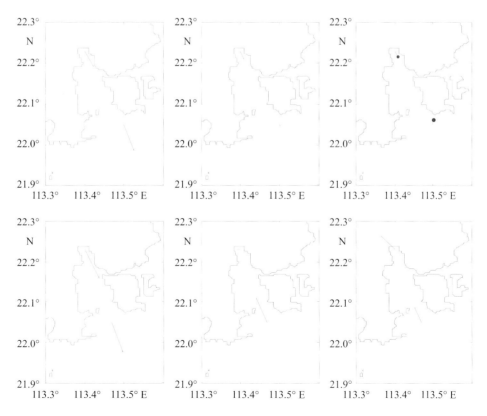

图2.21 磨刀门大潮期（上）、小潮期（下）余流

左：表层；中：中层；右：底层

同样在枯水期盐水会随潮流从外海进入磨刀门并向上游入侵，但本次观测表现出小潮期间咸水入侵强度强于大潮时。根据对影响咸潮入侵的动力条件的分析，可能有以下两个原因。

（1）径流的原因。大潮来临之时，西江、北江的水文站高要、石角流量迎来了一次峰值，在2005年1月25日两站日均流量都达到了本月最大值，是两江月平均流量的1.43倍，而后流量逐渐降低。在2005年1月30日两江径流总量比25日减少了30%。径流量激增的原因尚不清楚，可能与大潮观测期前23日左右粤西北经历了一场较大的降雨有关，据西江上游测站监测到的最大日降雨量达到91 mm。根据最新的八大口门径流比分析，虎门水道占总流量的14.8%，其中7%～10%为东江所提供，而磨刀门水道占28.6%，两江径流量的增减对磨刀门的影响比虎门大得多。

（2）风的原因。2008年1月1日，即本次观测的小潮观测期间，有一次冷空气入侵过程。观测期间广东省水文局水雨情自动测报系统显示，大潮期虎门的平均风速为1.5 m/s，小潮期为2.2 m/s，最大风速仅为4.1 m/s，风对虎门水道的咸潮影响并不大；但在磨刀门口，大潮期间的平均风速为2.9 m/s，小潮期间平均风速增至7 m/s，最大风速可达到10.7 m/s，风向指向河道下游，推动淡水向外扩散，在密度流的作用下外海水上潮，重力环流加强（图2.22）。

斜压梯度力分析：根据Hansen和Rattray提出的分层参数 N 来分析磨刀门和虎门水道的咸淡水混合情况。分层参数的定义是

$$N = \delta S / S_0$$

式中，δS 为表层和底层盐度差，S_0 为垂线平均盐度。当 $N \geqslant 1$ 时河口为高度分层型，$0.1 \leqslant N < 1$ 时为缓混合型，$N < 0.1$ 时为强混合型。

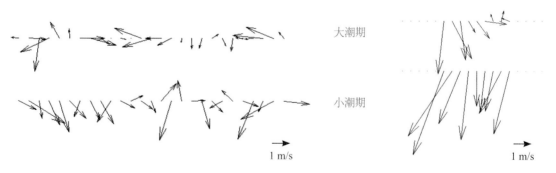

图2.22　虎门南沙站与走航同步风情（左）；磨刀门与走航大横琴站同步风情（右）

磨刀门在大潮时盐淡水混合类型为缓混合型，盐度垂向混合较充分，其斜压效应影响相对较小，也即该河口盐淡水混合形式对咸水在三角洲河道内的入侵过程影响少；而在小潮时垂向盐度层化加强，大部分监测时段达到高度分层，斜压效应显著，其所形成的垂向环流加剧了底层咸水对磨刀门的入侵。

2.2.4.3　观测小结

2007—2008年冬季，珠江口出现明显的咸潮入侵现象。在咸潮的入侵过程中，地形、径流

量、潮汐、风和斜压梯度力等因素都具有影响作用。在大潮期间，受径流量增加的顶托作用，磨刀门的咸水入侵有所缓减；在小潮期间，东北季风的加强和潮汐混合作用的减弱都有利于重力环流的增强，加剧了咸水的入侵。咸潮入侵的强度和范围对径流量增减的响应，局地风与潮汐对河口动力过程改变的贡献，都需要通过长期的观测以及模拟进行下一步的探讨。

2.3　磨刀门水道咸潮入侵规律研究

2.3.1　磨刀门水道咸潮入侵与上游径流的关系

磨刀门是西江主要的泄洪输沙出口，分泄径流量为八大口门之冠，径流作用较强，同时也是受咸潮影响最显著的地区之一。磨刀门水道沿途分布了大量的水厂/水闸，是中山、珠海、澳门等地的主要供水水源地。近年来咸潮活动越来越频繁、持续时间增加、上溯影响范围越来越大，对居民生活用水，特别是对澳门供水造成相当大的影响。研究磨刀门水道咸潮活动规律对于珠江口地区的咸潮预报技术研究具有代表意义。

磨刀门的潮汐属不正规半日潮，具有半日、日、半月、月、年、多年等多周期的变化特性，最显著的变化周期是以农历月来划分的半月周期。以农历每月的七日和二十一日为分界，可分两个半月周潮，七日至二十一日为望的半月周潮，二十二日至下个月的六日为朔的半月周潮。根据挂定角、广昌、平岗3个取水口连续的监测资料结果来看，磨刀门咸潮的变化与潮汐水位的变化步调不太一致，一般最大咸潮的出现比最高潮汐水位要早3~7 d。在七日至二十一日为望的半月周潮内，最高潮位和最大涨潮差出现在十八日，而咸潮影响最严重的时段为十一日至十五日；在二十二日至下个月的六日为朔的半月周潮内，最高潮位和最大涨潮差出现在三日，而咸潮影响最严重的时段为二十五日至一日。

以半月周潮为取样周期，定点分析挂定角、广昌、平岗3站的含氯度和上游站马口流量的关系。作上游流量和挂定角、广昌、平岗站含氯度关系（图2.23~图2.26）。

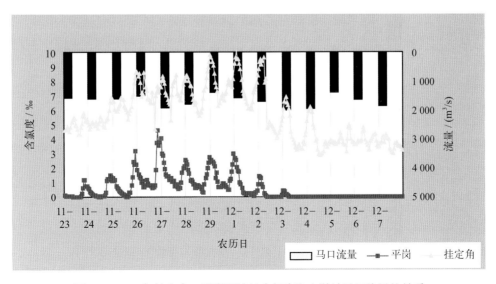

图2.23　1998年挂定角、平岗两站的含氯度和上游站马口流量的关系

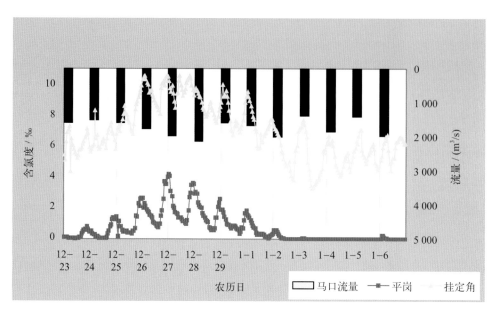

图2.24　1999年挂定角、平岗两站的含氯度和上游站马口流量的关系

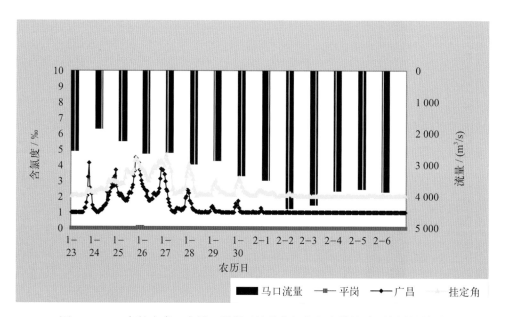

图2.25　2002年挂定角、广昌、平岗三站的含氯度和上游站马口流量的关系

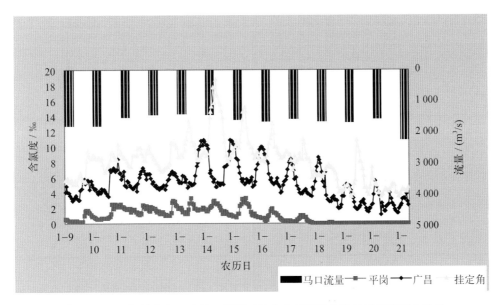

图2.26　2004年挂定角、广昌、平岗三站的含氯度和上游站马口流量的关系

从流量—含氯度关系图中，找出每半月周潮的各站最大含氯度及出现最大值时相应的马口流量值（前2 d流量平均值），得到含氯度极大值—流量散点关系图。根据最大含氯度散点的外包线，得出最大含氯度与上游流量的关系（图2.27~图2.29）。

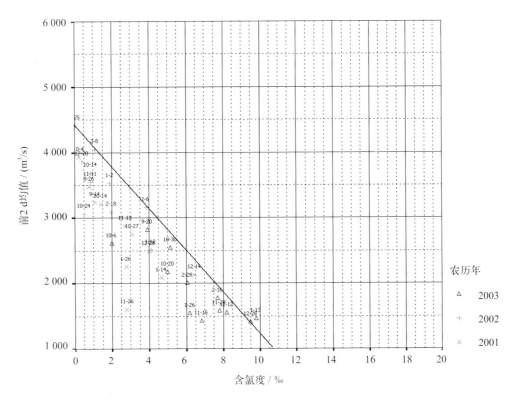

图2.27　广昌最大含氯度与上游流量的关系

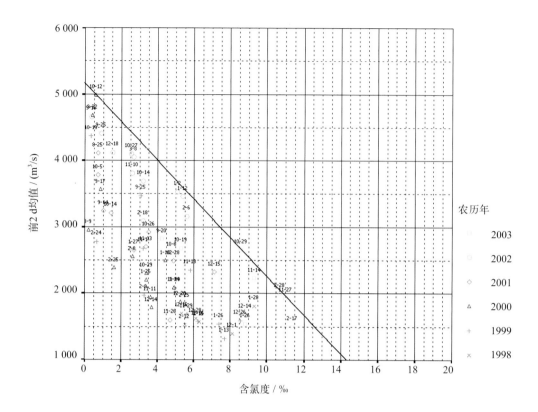

图2.28　挂定角最大含氯度与上游流量的关系

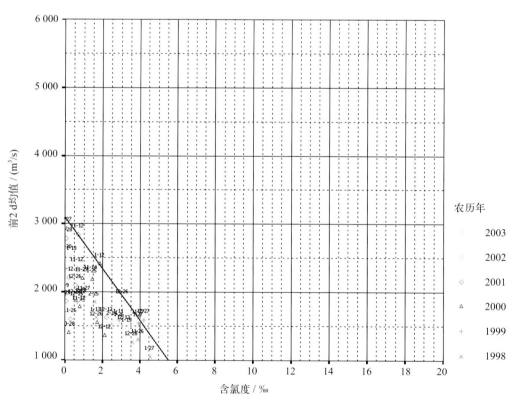

图2.29　平岗最大含氯度与上游流量的关系

参照2005年2月4日实测的沿程分布线，将不同来水条件下的各最大含氯度点连成曲线，可得不同来水情况下，含氯度的沿程分布情况（图2.30）。据此我们根据上游来水情况或径流预报值可以快速估计咸潮上溯的距离及对应取水口附近的盐度分布情况。

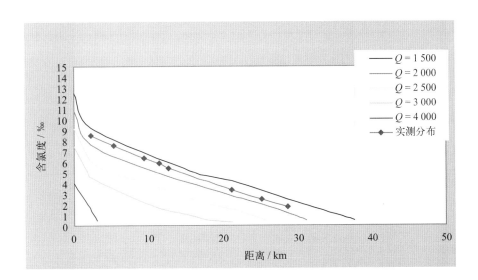

图2.30　不同流量咸度上溯曲线

根据含氯度的沿程分布曲线，画出不同上游来水，各级含氯度上溯等值线分布图。当上游来水为1 500 m³/s时，5‰氯度将上溯至挂定角上游16 km处，即米围—神湾一线；2‰氯度上溯30.5 km，即十三顷附近；1‰氯度上溯35km，即十七顷附近；0.5‰氯度上溯37.5 km，即大鳌镇以下（图2.31）。当上游来水为2 000 m³/s时，5‰氯度从挂定角上溯11 km，在马角一带；2‰氯度上溯25 km，至广丰围；1‰氯度上溯29 km，在竹洲头上；0.5‰氯度上溯31 km，在十三顷上（图2.32）。当上游来水为2 500 m³/s时，5‰氯度上溯5 km，在广昌水厂上；2‰氯度上溯18.5 km，至六乡一带；1‰氯度上溯23.2 km，至平岗围头走测断面上；0.5‰氯度上溯25.5 km，至竹洲一带（图2.33）。当上游来水为3 000 m³/s时，5‰氯度上溯1.8 km，至珠海大桥下；2‰氯度上溯10 km，至联石湾上；1‰氯度上溯15 km，在神湾一带；0.5‰氯度上溯18 km，距离平岗约3 km（图2.34）。当上游来水为4 000 m³/s时，挂定角最大含氯度为4‰，2‰含氯度上溯1.8 km，在珠海大桥下；1‰含氯度上溯2.6 km，在珠海大桥上；0.5‰含氯度上溯3 km，未至广昌断面（图2.35）。

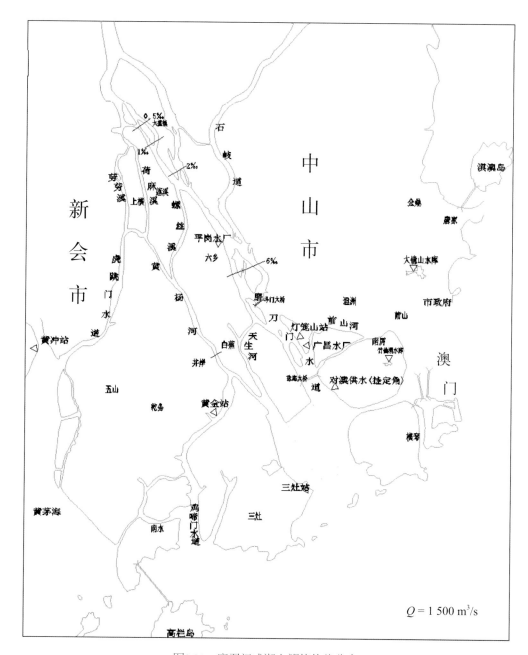

图2.31　磨刀门咸潮上溯等值线分布

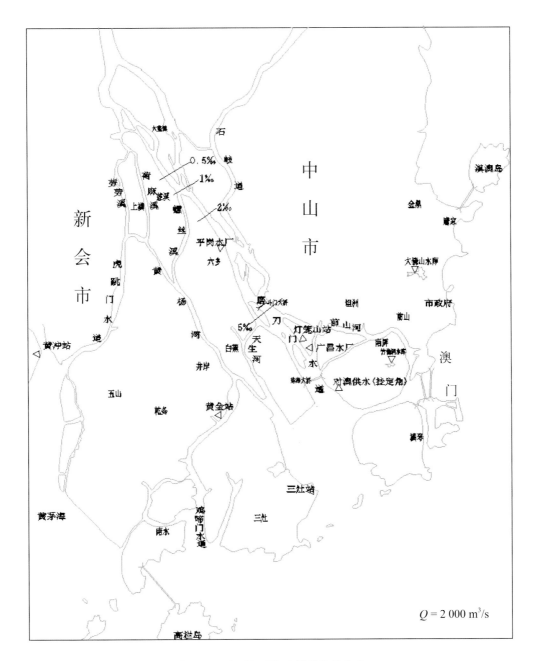

图2.32　磨刀门咸潮上溯等值线分布

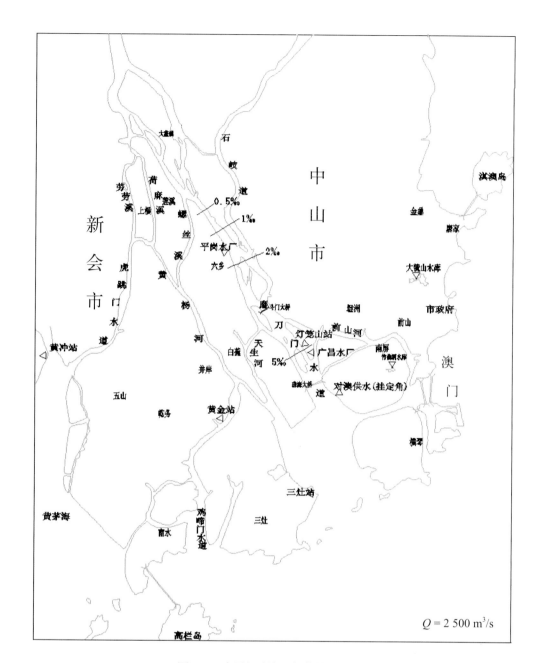

图2.33 磨刀门咸潮上溯等值线分布

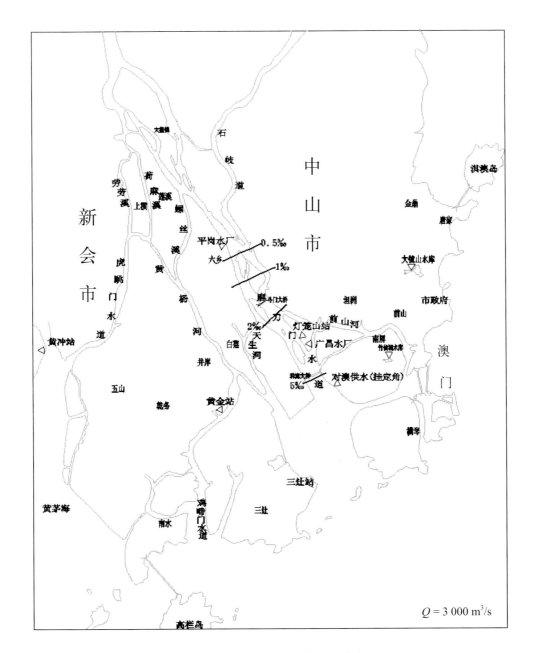

图2.34　磨刀门咸潮上溯等值线分布

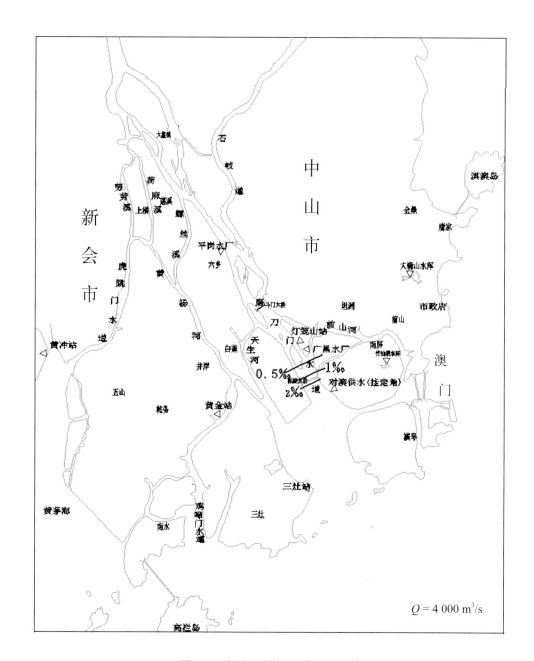

图2.35　磨刀门咸潮上溯等值线分布

2.3.2　磨刀门水道咸界运动规律研究

本研究区域为西江干流下游百顷至挂定角之间的磨刀门水道。此段河势顺直，大体以一字形呈NW—ES走向。选取磨刀门水道上的8个典型水厂/水闸的近表层实测盐度数据为基础资料，分析磨刀门水道盐咸潮上溯的上溯规律。测站从上游至下游依次为：稔益水厂、全禄水厂、平岗泵站、竹排沙、马角水闸、联石湾水闸、灯笼水闸和大涌口水闸。以最上游的稔益水厂以上2 km的百顷作为零点标准，下游各测站距百顷头的距离依次为：2 km、11.2 km、25.2 km、35 km、36.6 km、41.3 km、45.5 km、47.1 km，研究区域至大涌口以下2 km处的挂定角水闸结束。各固定观测站点分布见图2.36。

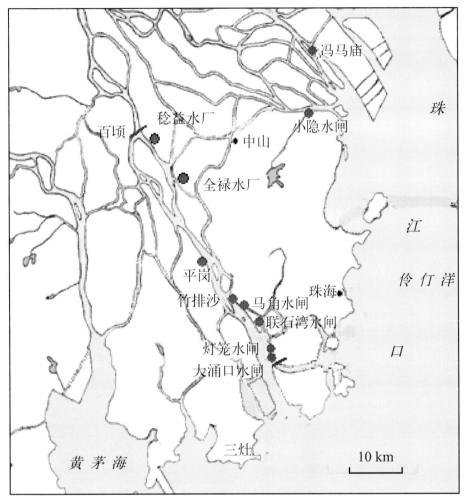

图2.36　研究区域和站点位置

　　研究采用的数据是2007—2008年冬季磨刀门水道沿程各站点的盐度值。2007—2008年冬季是珠江口的枯水年，咸潮灾害严重。通过空间数值插值的方法，将每小时孤立的各站点测量数据转换一维河道中盐水整体分布，并给出特定的盐度等值线即咸界线。图2.37给出了一维咸界图。图中上端为各测站距起点距离，底坐标紫色三角符号表示磨刀门水道纵向各测站分布点，左侧的数字表示时间即当天的小时数，红、黄、蓝、绿4种盐度等值线分别表示0.5、2、5、8咸界上溯位置。区域内等值线间颜色越深表明盐度值越大。咸界图直观地反映出不同咸界（盐度等值线）在磨刀门水道中的位置。

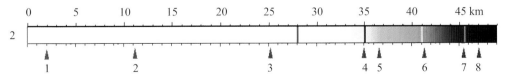

1. 稔益水厂；2. 全禄水厂；3. 平岗泵站；4. 竹排沙；5. 马角水闸；6. 联石湾水闸；7. 灯笼水闸；8. 大涌口水闸

图 2.37　磨刀门水道咸界分布

为研究长时间盐水在磨刀门水道中的运动规律，将连续每天的逐时咸界图并列排放在一起，可以看到在大中小潮不同时期的盐水在磨刀门水道的逐时运动情况（图2.38）。

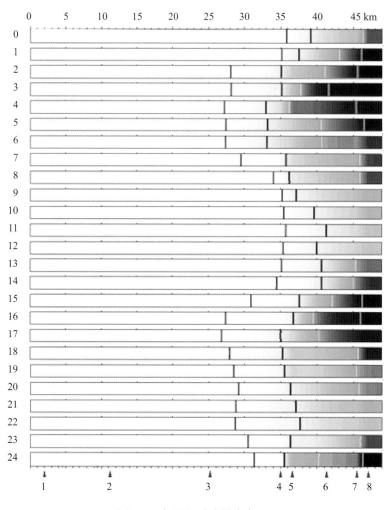

图2.38　每日逐时咸界分布

将一天24 h的咸界图并列在一张图上，明显地看到了咸水咸界在磨刀门水道中的变化情况。图2.39给出连续10 d的咸界图。图中的时间是从农历十月初八开始（对应于2007年11月17日），也就是从小潮开始的连续10 d的咸界图。潮差最小的一天为农历十月十一，潮差最大对应的是农历十月十七。可以看到，在最初的两天盐水上溯距离较近，0.5盐度线不超过平岗泵站，咸潮灾害并不严重。随后从农历初十开始，研究河段在两天内逐步完全被0.5的咸水控制，咸潮灾害严重。过了农历十五，盐水又逐步退出磨刀门水道。通过不同时间的咸界图，第一次看到大、中、小潮不同时期盐水在磨刀门水道中的逐时运动状态，直观地反映了每天盐水入侵的程度。本研究中以挂定角水闸作为零点，各咸界所在位置距挂定角的距离称为该咸界在此时刻的上溯距离，把当天24 h中各咸界上溯最远距离称为最远咸界，上溯最近距离称为最近咸界，在最远咸界和最近咸界之间，则称为当天的咸界变动范围，即咸界变动范围 = 最远咸界−最近咸界。

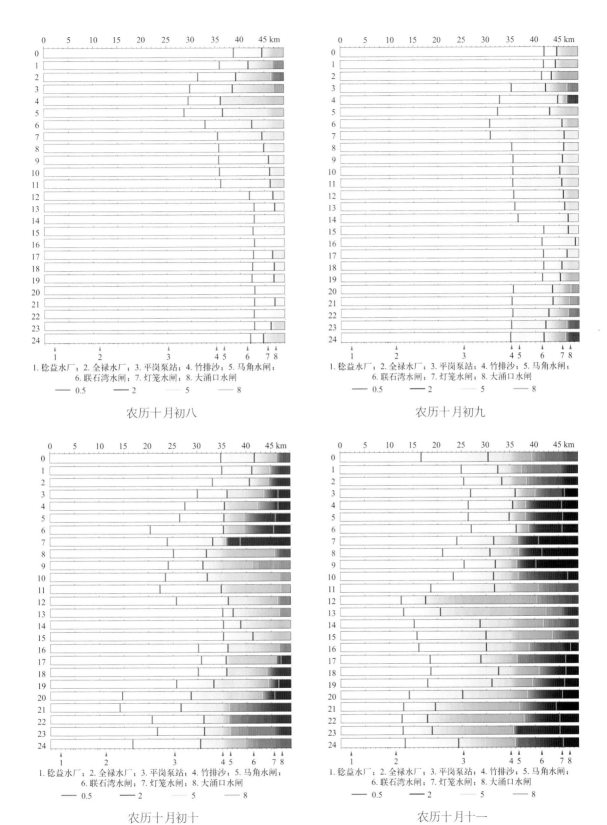

1. 稳益水厂；2. 全禄水厂；3. 平岗泵站；4. 竹排沙；5. 马角水闸；
6. 联石湾水闸；7. 灯笼水闸；8. 大涌口水闸
—— 0.5 —— 2 —— 5 —— 8

农历十月初八

1. 稳益水厂；2. 全禄水厂；3. 平岗泵站；4. 竹排沙；5. 马角水闸；
6. 联石湾水闸；7. 灯笼水闸；8. 大涌口水闸
—— 0.5 —— 2 —— 5 —— 8

农历十月初九

1. 稳益水厂；2. 全禄水厂；3. 平岗泵站；4. 竹排沙；5. 马角水闸；
6. 联石湾水闸；7. 灯笼水闸；8. 大涌口水闸
—— 0.5 —— 2 —— 5 —— 8

农历十月初十

1. 稳益水厂；2. 全禄水厂；3. 平岗泵站；4. 竹排沙；5. 马角水闸；
6. 联石湾水闸；7. 灯笼水闸；8. 大涌口水闸
—— 0.5 —— 2 —— 5 —— 8

农历十月十一

图2.39　连续10 d咸界运动情况

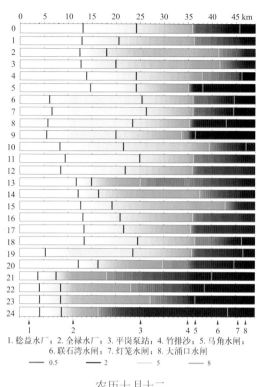

1. 稔益水厂；2. 全禄水厂；3. 平岗泵站；4. 竹排沙；5. 马角水闸；
6. 联石湾水闸；7. 灯笼水闸；8. 大涌口水闸
—— 0.5　—— 2　—— 5　—— 8

农历十月十二

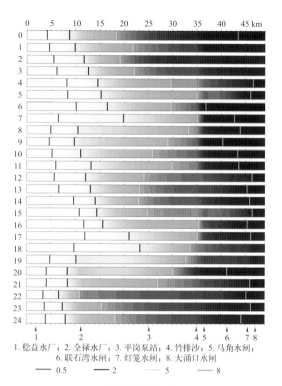

1. 稔益水厂；2. 全禄水厂；3. 平岗泵站；4. 竹排沙；5. 马角水闸；
6. 联石湾水闸；7. 灯笼水闸；8. 大涌口水闸
—— 0.5　—— 2　—— 5　—— 8

农历十月十三

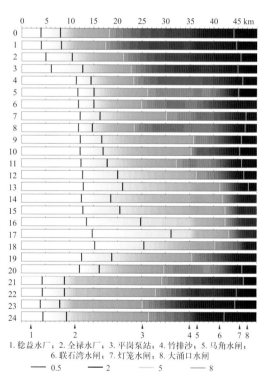

1. 稔益水厂；2. 全禄水厂；3. 平岗泵站；4. 竹排沙；5. 马角水闸；
6. 联石湾水闸；7. 灯笼水闸；8. 大涌口水闸
—— 0.5　—— 2　—— 5　—— 8

农历十月十四

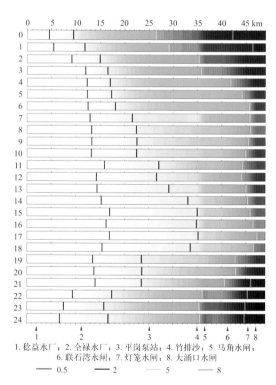

1. 稔益水厂；2. 全禄水厂；3. 平岗泵站；4. 竹排沙；5. 马角水闸；
6. 联石湾水闸；7. 灯笼水闸；8. 大涌口水闸
—— 0.5　—— 2　—— 5　—— 8

农历十月十五

图2.39　连续10 d咸界运动情况（续）

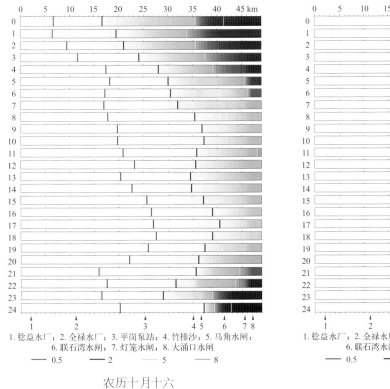
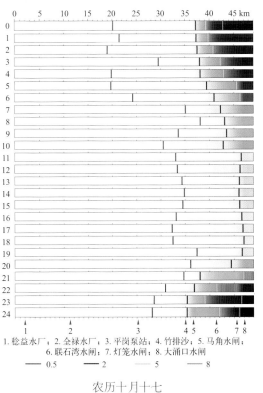

1. 稔益水厂；2. 全禄水厂；3. 平岗泵站；4. 竹排沙；5. 马角水闸；
6. 联石湾水闸；7. 灯笼水闸；8. 大涌口水闸

—— 0.5　　—— 2　　—— 5　　—— 8

农历十月十六　　　　　　　　　　农历十月十七

图2.39　连续10 d咸界运动情况（续）

采用逐时咸界图分析方法，利用磨刀门水道沿程典型站点的表层盐度数据，绘制了近100 d的逐时咸界分布图。在此基础上对磨刀门水道咸潮入侵的逐日最远咸界规律进行了初步探讨，发现咸界变化具有明显的半月周期特点，但最远、最近咸界的峰值、谷值比三灶最大潮差日、最小潮差日均相应提前2～3 d。0.5最远咸界对不同的潮型有不同的响应关系，具体表现为：在大—中—小潮过程中，最远咸界走势先急剧下降后缓慢上升；但在小—中—大潮过程中，则表现为先急剧上升后缓慢下降。0.5最远、最近咸界变动范围在咸界变化相对稳定的过程中，其值变化较小；在最远、最近咸界由上游向下游或由下游向上游推移过程中，其值变化较大。

2.3.3　潮汐动力因素对磨刀门水道咸界变化的影响

潮汐动力是影响咸界变化的最主要因素。由于三灶潮位站濒临外海且靠近磨刀门河口，其潮位潮差几乎不受上游径流影响，能充分反映海洋潮汐的变化特征，具有典型性。因此结合三灶潮差分析最远咸界对潮汐的响应关系。图2.40为2007年11月10日至2008年2月10日（农历2007年十月初一至2008年正月初四）（其中2007年12月26日至2008年1月1日数据缺失）磨刀门水道大涌口水闸至稔益水厂之间最远咸界与三灶潮差过程。从图2.40中可以看出：①最远咸界变化具有明显的半月周期特点；②在变化周期中，各最远咸界的峰值和谷值出现时间与三灶潮差并不同步，而是均比潮差最大日和潮差最小日提前2～3 d。

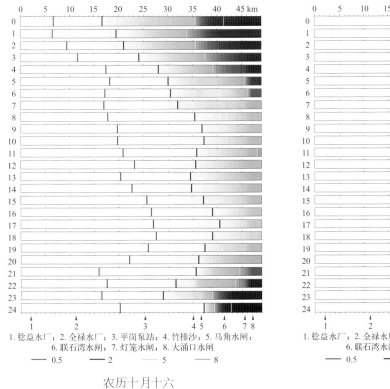

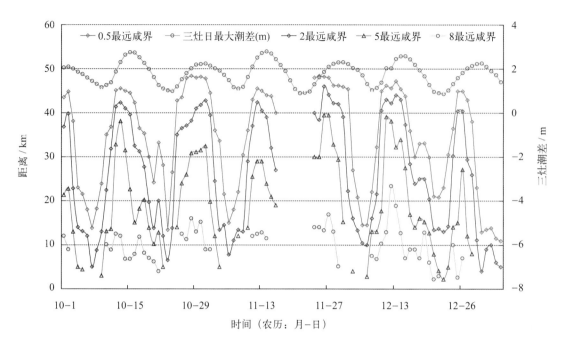

图2.40　2007年11月10日至2008年2月10日最远咸界与三灶潮差过程

一般而言，潮型按潮汐涨落过程可分为：大潮—中潮—小潮和小潮—中潮—大潮潮型过程，咸界对不同潮型过程具有不同的响应。图2.41为2007年11月10日至2007年12月14日（农历十月初一至十一月十五）3个全潮周期的潮型变化过程与0.5最远咸界的关系。

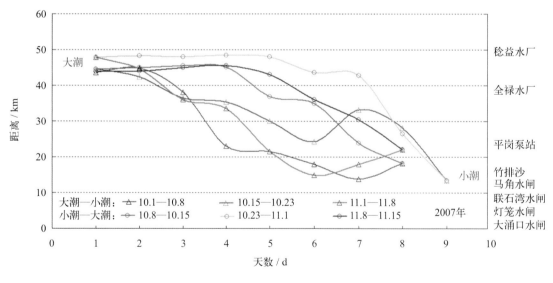

图2.41　0.5最远咸界与潮型关系

从整体上来看，不论对哪种潮型过程，0.5最远咸界的走势均与潮型变化表现出较强的一致性。大潮时最远咸界一般都在上游40～50 km处，位于全禄水厂和稔益水厂之间，咸潮强度较大；小潮时最远咸界一般只是上溯到11～28 km处，位于马角水闸和平岗泵站之间，咸潮强度较弱。

对于大潮—中潮—小潮潮型过程，0.5最远咸界走势表现为先急剧下降达到最小值，后稍微缓慢上升，前5~6 d为降，后2~3 d为升。由图2.41中农历十月初一至十月初八、十月十五至十月二十三、十一月初一至十一月初八对应的咸界曲线可以看出，在由大潮—中潮—小潮的潮型变化过程中，三个周期的最远咸界走势基本一致。0.5最远咸界由大潮时的40~50 km下移到中潮时的10~20 km达到最小值，随后在小潮时咸界稍稍有所上移，整体趋势在中潮时下移得最快。

对于小潮—中潮—大潮潮型过程，0.5最远咸界走势则有所不同，具体表现为先急剧上升后缓慢下降，前5~6 d为升，后2~3 d为降，但降低幅度相对不大。由图2.41中农历十月初八至十月十五、十月二十三至十一月初一、十一月初八至十一月十五对应曲线可看出，在由小潮—中潮—大潮潮型变化过程中，3个周期的最远咸界在小潮—中潮期间急剧上升，在中潮时最远咸界达到40~50 km，越过全禄水厂，上溯距离最远，之后略有下移，但变化幅度很小。

以上分析表明，对于大潮—中潮—小潮和小潮—中潮—大潮两种潮型过程，0.5最远咸界变化规律明显不同。前者在大潮—中潮过程中，咸界变化较剧烈，并在中潮附近达到最小值；而后者在中潮—大潮过程中，咸界变化较平缓，且在中潮附近达到最大值。

2.3.4 上游径流因素对磨刀门水道咸界变化的影响

最远咸界与潮汐潮型、径流流量有着密切联系，本研究所用的上游径流量为前2日梧州流量与前1日石角流量之和。在不同潮型过程中，0.5最远咸界走势对上游径流量有不同的响应关系，具体分析如下。

图2.42为2007年11月10日至2008年2月10日（其中2007然后12月26日至2008年1月1日数据缺失）期间的0.5最远咸界与上游径流量、外海潮汐关系图，可以看出，在上游径流量和外海潮汐的综合作用下，0.5最远咸界走势变得异常复杂。在潮汐由小潮—中潮—大潮变化的过程中，潮汐动力逐渐增强，最远咸界逐步向上游推进，当上游的径流量突然增大时，最远咸界上移趋势有所减缓；当上游径流量大幅减小时，最远咸界上移趋势加剧，咸潮入侵强度增大。在潮汐由大潮—中潮—小潮变化的过程中，潮汐动力逐渐减弱，最远咸界逐步向下游移动，期间如上游径流量突然增大，最远咸界下移趋势将有所加剧，咸潮入侵强度减弱；如上游径流量突然减小，咸界下移趋势将减缓。

2007—2008年枯季，上游径流量一般在1 300~2 600 m³/s范围内变化，大部分时段平均流量维持在2 100 m³/s左右，当流量稳定在此值附近时，0.5最远咸界主要受潮汐涨落的影响，咸界走势与潮型变化基本一致（图2.42）。当上游径流量发生变化，偏离此值不大时，尽管流量会对咸界走势造成一定影响，但最远咸界走势受潮汐影响仍明显大于受径流影响。具体来说，当上游径流量小于此值时，最远咸界变化表现出负斜率的走势，如农历十一月初一至十一月十五期间，上游平均径流量为1 700 m³/s，此时潮汐对咸界变化的影响起主要作用；当上游径流量大于此值时，最远咸界变化表现出正斜率的走势，如农历十月初一至十月初七期间，上游平均径流量为2 400 m³/s，上游来水量虽有增大，但咸界受潮汐的影响仍明显大于受径流的影响。当上游径流量显著增大至4 000 m³/s时，咸界受径流的影响将大于受潮汐的影响。例如，春节前后上游平均来水量增至4 700 m³/s，农历十二月二十三至正月初一为小潮到大潮转变阶段，最远咸界本应向上游推进，但由于受到上游径流量突增的影响，最远咸界向下游大幅移动。

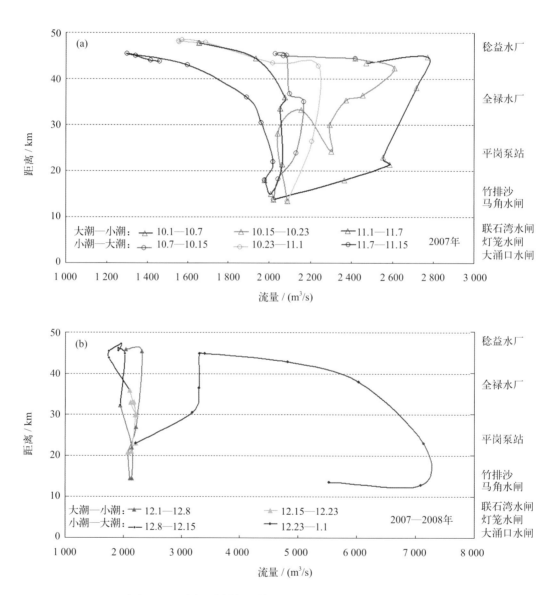

图2.42 0.5最远咸界与上游径流量、外海潮汐综合响应关系

咸界变动范围指的是每日咸界的变动幅度，由最远咸界与最近咸界相减得到，它能够较好地反映咸潮上溯过程中每日咸界变化的波动程度。图2.43是2007年11月10日至2007年12月24日（2007年农历十月初一至十一月十六）0.5最远咸界、最近咸界和咸界变动范围随时间的变化关系，可以看出， 0.5最远、最近咸界具有明显的半月周期变化特点，咸界变动范围也

呈现出规律性变化特征：在0.5最远、最近咸界变化相对稳定的过程中，咸界变动范围较小；而在0.5最远、最近咸界向上游或向下游推移的过程中，咸界变动范围较大。

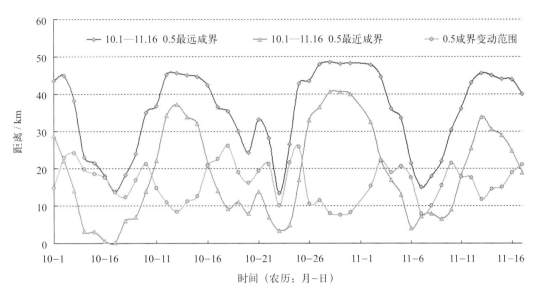

图2.43　0.5最远、最近咸界及相应的咸界变动范围

2.4　磨刀门水道丰水年与枯水年咸潮上溯特征对比分析

为了便于分析和寻找盐水在磨刀门水道中的运动规律，从咸界图中提取咸界的逐时上溯距离，建立盐水上溯距离与不同潮型之间的关系。重新定义距离坐标，反应盐水上溯过程。从磨刀门水道下游大涌口水闸向下2 km为零点，向上游为正以反应盐水上溯的距离。

2.4.1　枯水年盐水运动特征分析

2007—2008年枯水年的盐度数据从2007年11月10日到2008年2月10日，即农历丁亥年十月初一至戊子年正月初四，总共有86 d，中间从十一月十七至十一月廿四有间断。马口站枯季多年逐月（11月到翌年2月）平均流量为：4 500 m³/s、2 850 m³/s、2 800 m³/s、3 000 m³/s。2007年11月至2008年2月逐月平均流量为：2 299 m³/s、1 949 m³/s、2 109 m³/s、3 441 m³/s，与多年平均流量相比分别增加了−48.9%、−31.6%、−24.7%、12.8%，其中2月因为临近春节，上游水库放水造成了较大流量。可见，2007—2008年枯季为枯水年，除最后半月临近春节上游水库放水造成大流量外，流量基本上都在2 000 m³/s徘徊。图2.44所示为2007—2008年最远咸界、潮位、流量的过程图，图中给出了磨刀门水道中盐水上溯的运动过程，它直接反映了不同年份近3个月长时间盐水在水道中的运动快慢和上溯距离。

从图2.44中可以直观地看到：最远咸界和潮位运动都具有周期性，而且咸界曲线和潮位之间存在一定的相位差，下面详细讨论之。

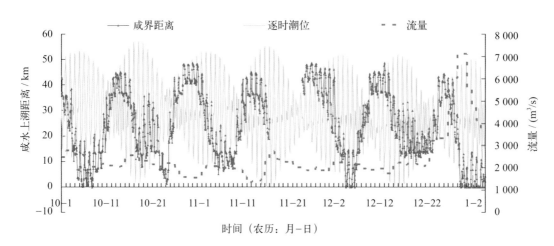

图2.44　2007—2008年最远咸界、潮位、流量过程

2.4.1.1　周期性

由潮汐引发的盐水入侵运动具有周期性，并且其周期与月亮的引潮力变化周期密切相关，这一点早为人们所了解。磨刀门盐水的运动仍然符合这个规律，本书利用功率谱和相关分析证实了这一点，如图2.45与图2.46所示。

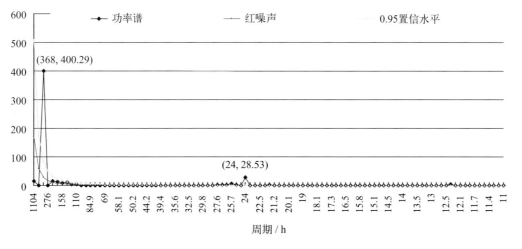

图2.45　2007—2008年咸界运动周期性

图2.45是咸界运动周期性的显著性检验，图中蓝色点线表示咸界运动距离时间序列的功率谱，红色曲线表示红噪声，黄色点线表示95%的置信水平，为了方便，这里横坐标采用的是周期而不是频率。由图2.45可见，周期为368 h、24 h和12 h的功率谱值最为显著，均通过置信水平为95%的显著性检验。

图2.46是咸界运动与潮汐运动周期相关的显著性检验，图中蓝色点线表示周期相关的相关系数，红色点线表示95%的置信水平，横坐标表示周期。由图2.46可见，周期为24 h和12.46 h的周期相关系数最高。经甄别，我们认为咸界运动与潮汐运动日周期相关的程度最好，即咸界运动对潮汐运动的响应是直接而明显的。

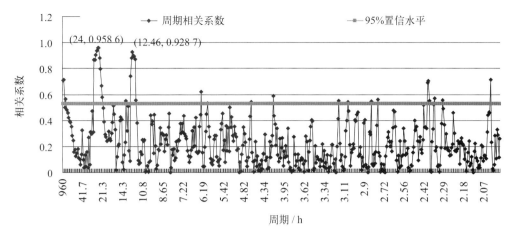

图2.46　2007—2008年咸界运动与潮汐周期相关性

将咸界曲线滤去日周期尺度的波动后可得到半月周期尺度的咸界线，如图2.47所示。

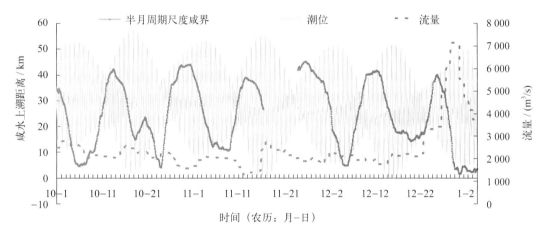

图2.47　2007—2008年半月周期咸界、潮位，流量过程图

由图2.47可见，咸界运动与潮汐运动还存在另一种周期相关性，即半月周期相关。既然咸界运动与潮汐运动存在周期相关性，那么，自然地这两者之间也就存在相位差。

2.4.1.2　相位差

运用相关分析的办法，对两时间序列—咸界和潮位进行落后相关分析，如图2.48所示。图中横轴表示咸界曲线比潮位曲线的落后时间，纵轴表示相关系数，蓝色点线表示相关系数，红色直线表示正95%的置信水平，黄色表示负95%的置信水平。

由图2.48可见，当咸界曲线落后于潮位曲线5 h的时候，相关系数有一个峰值，为0.215 9，通过了正95%置信水平的显著性检验；而当把咸界曲线看成提前潮位曲线5 h（此时横坐标为−5）的时候，相关系数也有个峰值，为−0.274 5，也通过了负95%置信水平的显著性检验，表示咸界曲线与潮位曲线存在负相关关系。这表明，当把咸界曲线向前移动5 h的时候，咸界曲线与潮位曲线存在正相关关系，咸界曲线要落后于潮位曲线5 h，也就是说，当三灶潮位峰值达到最大值5 h后，咸界的上溯距离达到最远。

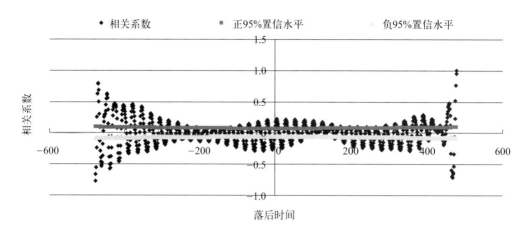

图2.48　2007—2008年落后相关的置信检验

实际上，仔细观察图2.49潮位曲线的两条包络线，可以看出，下边的包络线和半月周期尺度的咸界线有较好的相关关系，提取包络线各点数值，也即日最低潮位，可以得到包络线和半月周期尺度的咸界线，如图2.49所示，图中蓝色散点为每日最低潮位，这些最低潮位构成了潮位曲线的下包络线。

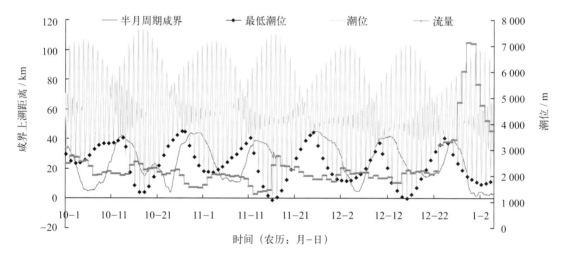

图2.49　2007—2008年半月周期咸界与低潮位包络线

由图2.49可见，半月周期的咸界曲线要落后包络线1.5 d左右，也就是说，半月咸界是在小潮前1~2 d开始上移，并在小潮过后3~4 d的中潮期达到峰值。注意到，各个完整潮周期的潮位曲线并不相同，基本是一长一短（周期略有长短），一扁一圆（幅度略有大小）交替出现，与之相对应的半月周期尺度咸界线，也存在相似的变化规律。举例来说，十月十八到十一月初三的包络线比十一月初四到十一月十七的包络线较长、幅大（幅度），相对应的半月咸界线也较长、较大，如十月二十五到十一月初九的半月咸界曲线比紧随其后的半月咸界曲线明显更长、更大。另外，值得注意的是，在半月咸界线从峰值走向谷值的时候，咸界线并非单调下降，而是略有小波动，而且，对应不同的大潮差，这种波动也不同，较大潮差的潮周期对应的咸界波动较大，较小潮差的潮周期对应的咸界波动较小，例如十月二十附近的大潮差比十一月初六附近的大潮差要大，而相应的波动也更大。从图2.49中我们还可看到另外一个现象，半月周期咸界波动的上升和下降过程实际上是不对称的，上升过程比下降过程的走势更陡，也就是说，咸界在河道中的上溯比下移要快，潮汐动力的驱动和顶托作用非常明显。

2.4.1.3 日周期尺度咸界曲线的波动特点

为了清楚观察日周期咸界曲线的波动，截取咸界曲线两个潮周期的片段，如图2.50所示。

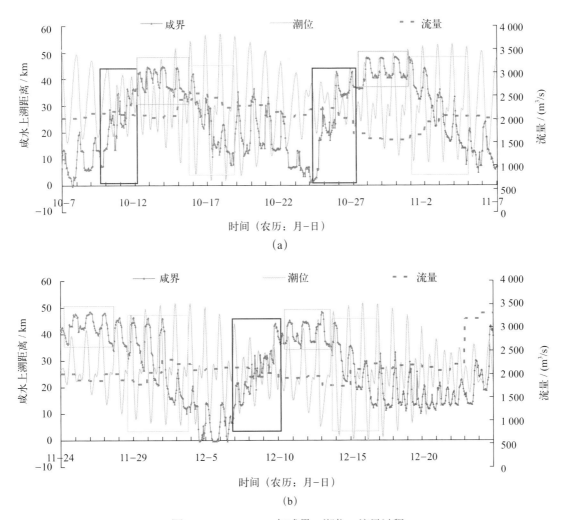

图2.50 2007—2008年咸界、潮位、流量过程

从图2.50中可以看到，咸界日周期尺度的波动在全潮的各个阶段是不一样的。农历十月初十至十月十三，十月二十四至十月二十七，十二月初七至十二月初十，咸界波动幅度比较大，而且均有显著爬升，同时在峰值附近几乎不作停留，因而其波形显得很尖，如图2.50中蓝色方框所示。十月十六至十月十九，十月十一至十月十五，十二月十四至十二月十六、从十一月二十九至十二月初四，咸界波动幅度也大，而且均有显著回落，同时在峰值附近几乎不作停留，因而其波形也显得很尖，如图2.50中的青色方框所示。而在十月

十三、十月二十九、十一月二十五、十二月十二附近，当咸界线半月周期尺度上的波形在峰值附近时，相应的日周期尺度波动幅度不大，相对于其他阶段的日周期波动，好像"强弩之末"，难以再进，而且波型基本对称，涨落均衡，同时在峰值附近停留的时间比较长，因而其波形在峰值附近的坡度不大，如图2.50绿色方框所示。这些差别，深刻地反映着潮汐动力的差异。

由上所述，可以将整个全潮期间咸界波动的情况概述如下：小潮前一两天，随着低潮位的升高，咸界开始上溯，集中在2~3 d强烈上溯，4 d之内达到峰值附近，然后在峰值附近振荡3~4 d，之后开始回落，3~4 d之内有显著下降，7~8 d之后达到谷值。整个过程大概15 d，其中从谷值到峰值4~6 d，从峰值到谷值9~11 d，以单日而论，一天之内最大爬升14 km，最大下降11 km。

2.4.1.4　径流量的影响

径流量是盐水入侵的两大主要动力之一，它抑制着盐水楔的上溯，因而，径流量的变化将影响着盐水入侵的程度。毫无疑义的，在夏季，由于降水丰沛，上游来水量丰富，盐水被大量径流压制，因而夏季不存在盐水入侵问题；而在冬季，上游来水量减少，径流动力不足以压制潮汐动力，因而陆架水团在潮汐动力的驱动下沿河道上溯，从而形成盐水入侵问题。可见，径流对盐水入侵的影响是个从量变到质变的过程。研究"量"的变化对"质"的影响，意义无疑是巨大的。

为了讨论流量变化的影响，我们截取两个咸界、潮位、流量过程的片段，分别包含两个全潮，如图2.51所示。从图中可以看到，两个蓝色方框之内的潮位过程都相似，同理，两个天蓝色方框之内的潮位过程也比较相似。这样，就可以比较在潮汐动力接近的情况下流量变化对咸界运动的影响。

从图2.51中可以看到，十月十一至十月二十五这一段的潮位过程与十二月初九至十二月二十四这一段的潮位过程比较相似，十月二十六至十一月十一的潮位过程与十一月二十四至十二月初八的潮位过程也相似。比较图2.51（a）和图2.51（b）中蓝色方框所包围的区域（方框的大小一样），可见其低潮位和咸界的下限都比较接近，不同的是，图2.51（a）中的潮汐是全日潮，而且咸界的日波动幅度很大，而图2.51（b）中的潮汐是不规则半日潮，并且流量也要比图2.51（a）中的流量小一些，但咸界的日波动范围也要小得多；对天蓝色方框所包围的区域进行类似的分析，可以看出，当流量不大（例如2 300 m³/s以下）时，潮汐的作用要比流量重要得多。

为了更清楚地观察它们彼此间的关系，我们不妨再次利用半月周期咸界与潮位包络线来观察潮位、流量对咸界运动的影响，如图2.52所示。仍然利用方框把有相似性的地方圈起来，可以看到，蓝色方框之内的日最低潮位走势大体接近，同时期的流量前者为2 300 m³/s，后者为1 925 m³/s，而十月十五附近的咸界上溯强度要比十二月十五附近的咸界上溯强度弱；天蓝色方框之内的日最低潮位及波动范围十月二十附近的要比十二月十七附近的要高，同时期的流量前者为2 231 m³/s，后者约为2 190 m³/s，而后者的咸界上溯强度明显要大于后者。对天蓝色方框内之潮位、流量、咸界过程进行类似的分析，可以得到同样的结论，这里不再赘述。这就表明，在潮汐动力接近的情况下，流量2 300 m³/s的影响比流量1 925 m³/s的影响要大，但这种影响并不很大；而在流量接近的情况下（2 231 m³/s，2 190 m³/s），潮汐动力的作用则要明显得多。

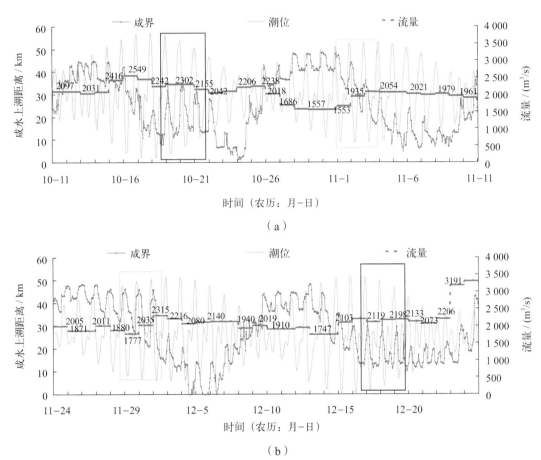

图2.51　2007—2008年流量对咸界运动的影响

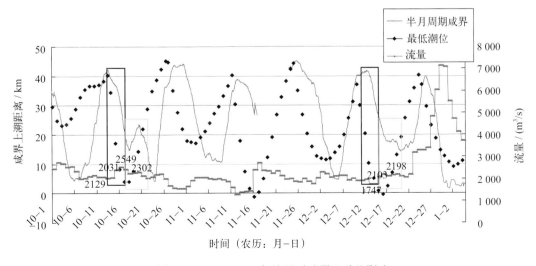

图2.52　2007—2008年流量对咸界运动的影响

2.4.1.5 潮位、流量的综合影响

盐水运动要受到潮汐动力和径流动力的联合作用，并且这两种作用是彼此相反的：潮汐的作用主要体现为顶托，而径流的作用则主要体现为冲淡。盐水的运动反映着这两种动力的相互关系，考察这种相互关系需要了解盐水运动更多的细节。为此，捕捉2.0咸界，得到2.0咸界时间序列，并将0.5咸界时间序列减去2.0咸界时间序列，得到两咸界距离的时间序列，它反映着盐淡水的混合状态。将0.5咸界、2.0咸界、两咸界距离、潮位、流量时间序列，组合在一起，就可以研究潮位、流量对咸界和盐淡水混合状态的综合影响，如图2.53所示。图中鲜红色带菱形的点线表示两咸界距离，蓝色带方形的点线表示2.0咸界线。

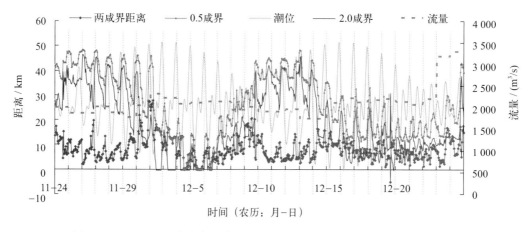

图2.53 2007—2008年潮位、流量、0.5咸界、2.0咸界、两咸界距离时间序列

为了清楚地看到细节，截取图2.53中的片段，可得到图2.54。

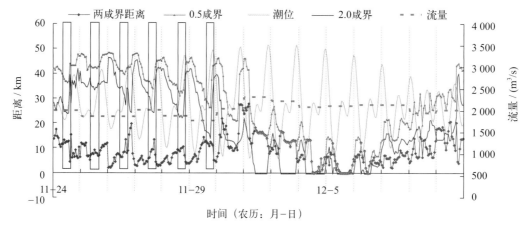

图2.54 2007—2008年潮位、流量、0.5咸界、2.0咸界、两咸界距离时间序列

从图2.54中蓝色条框可见，当0.5咸界日周期波动达到最低点时，两咸界距离刚好达到日周期波动的最大值；另一方面，当0.5咸界日周期波动达到最大值时，两咸界距离刚好达到日周期波动的最小值，如图2.54中十一月二十四至十一月二十九各天零时，即图表中虚线穿过

的时刻。这表明，小潮过后，当半月周期咸界达到峰值附近时，潮汐动力的顶托作用与径流的作用大体接近，当潮汐动力加大时，0.5、2.0两咸界线的距离缩短，咸水中盐度等值线变得密集，并向陆地方向移动，而当潮汐动力减小时，0.5、2.0两咸界线的距离拉长，咸水中盐度等值线变得稀疏，并向海洋方向移动。2007—2008年其他几个潮周期中大体也存在这种关系。但是，在十月二十七到十一月初一之间，这种关系却不显著，当日周期咸界达到峰值时，两咸界距离恰好达到谷值，当日周期咸界达到谷值时，两咸界距离并没有处于峰值。

半月周期咸界的其他阶段（非峰值附近），除十二月二十三，十二月二十八附近有较好的正相关性外，两咸界距离与最远咸界上溯距离关系不明显。

2.4.2 丰水年盐水运动特征分析

2008—2009年丰水年盐度数据长度为连续80 d，时间从2008年12月6日（十一月初九）至2009年2月23日（正月二十九）。2008年11月至2009年2月逐月平均流量为：10 808 m³/s、3 684 m³/s、3 012 m³/s、2 712 m³/s，比多年平均流量分别增加140%、29.3%、8%、−9.6%。可见，在丰水年日均流量基本在3 000 m³/s以上。

图2.55所示为2008—2009年最远咸界（即0.5咸界）、潮位、流量的过程图，图中给出了磨刀门水道中盐水上溯的运动过程，它直接反映了不同年份近3个月长时间盐水在水道中的运动快慢和上溯距离。

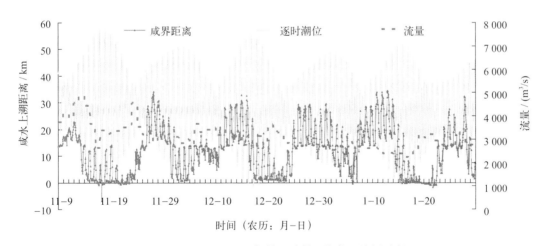

图2.55　2008—2009年最远咸界、潮位、流量过程

丰水年咸界运动规律与枯水年分析内容一致，这里不再重复。重点做两年咸界运动规律的对比研究。

2.4.3 丰水年和枯水年盐水活动规律的比较

2.4.3.1 咸界运动的周期性和相位差

咸界的变化和潮汐具有日周期和半月（朔望）周期波动的规律。在日周期上，咸水运动同潮位变化周期相对应，不论丰、枯水年，咸界运动对潮汐动力日周期变化的响应时间都是大约5 h。

咸水运动的半月周期上两个峰值或谷值的时间间隔也与天文大潮周期相同（图2.56和图2.57）。但与一个完整潮周期（半月）潮位的包络线关于时间基本对称所不同的是，咸界变化过程中上溯历时短而下移历时长，即咸界"上得快，落得慢"。

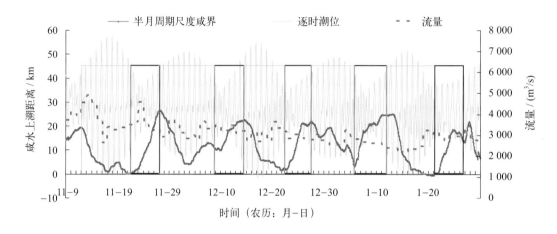

图2.56　2008—2009年丰水年半月周期咸界、潮位，流量过程

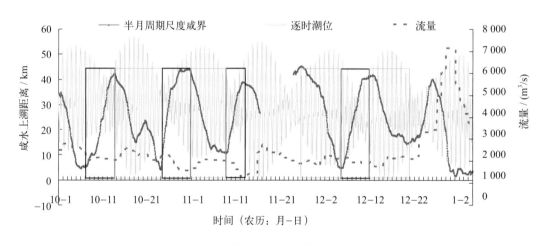

图2.57　2007—2008年枯水年半月周期咸界、潮位，流量过程

从谷值到峰值，再到谷值，整个过程大概15 d，其中从谷值到峰值5~6 d，从峰值到谷值8~11 d，这一点可以从图2.56看出。与2007—2008年咸界线相比较，咸界曲线的周期性相同，咸界半月周期变化过程中上溯历时短而下移历时长的特点也基本相同。2007—2008年咸界从谷值到峰值，再从峰值到谷值，整个过程大概15 d，其中从谷值到峰值4~6 d，从峰值到谷值9~11 d，如图2.57所示。这表明枯水年咸水的上溯速度比丰水年的上溯速度要快。

2.4.3.2　幅度差和波动性

将咸界曲线滤去日周期尺度的波动后可得到半月周期尺度的咸界线，如图2.58所示。由图可见，半月周期咸界线的最大振幅不超过27 km，而2007—2008年的半月周期咸界线的最大振幅则超过了45 km，如图2.59所示。

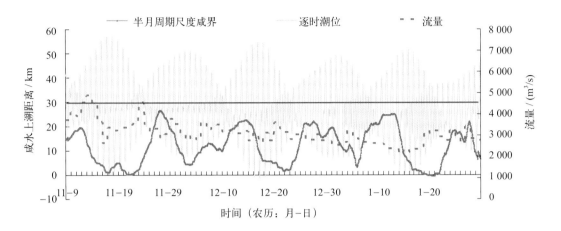

图2.58　2008—2009年丰水年半月周期尺度的咸界线

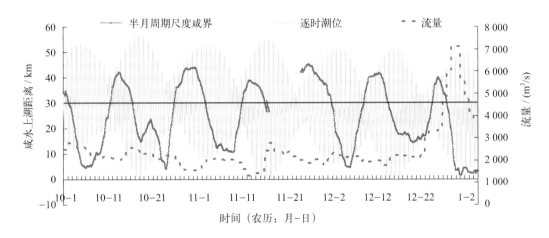

图2.59　2007—2008年枯水年半月周期尺度的咸界线

注意到，各个完整潮周期的潮位曲线并不相同，基本是一长一短（周期略有长短），一扁一圆（幅度略有大小）的交替出现，与之相对应的半月周期尺度咸界线，也存在相似的变化规律。2007—2008年情况与此相类似，可以看到，大潮差较小的那个潮周期对应的半月咸界线与大潮差较大对应的半月咸界线相比较幅度更大，持续时间更长，举例来说，十月十一到十月二十五之间咸界上溯距离达到30 km以上的有5 d，十月二十五到十一月初十之间咸界上溯距离达30 km以上有7 d。

另外，值得注意的是，在半月咸界线从峰值走向谷值的时候，咸界线并非单调下降，而是略有小波动，而且，对应不同的大潮差，这种波动也不同，较大潮差的潮周期对应的咸界波动较小，较小潮差的潮周期对应的咸界波动较大，如图2.60所示，图中蓝色方框为一组，天蓝色方框为另一组，其差别是显而易见的。

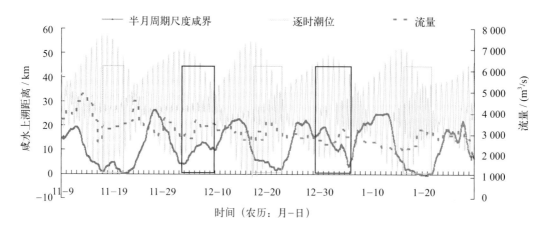

图2.60　2008—2009年丰水年半月周期变化中的小波动

2007—2008年的情况与2008—2009年的情况正好相反，如图2.61所示。可以看到，较大潮差对应的小波动比较小潮差对应的小波动大。也可以认为，2007—2008年半月周期咸界的活动比2008—2009年的要平稳。

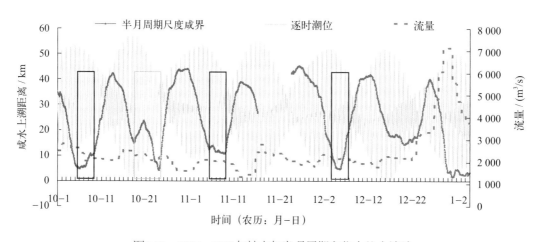

图2.61　2007—2008年枯水年半月周期变化中的小波动

2.4.3.3　日周期咸界的波动特点

为了清楚地观察日周期咸界曲线的波动，截取丰、枯水年咸界曲线连续两个潮周期的片段，如图2.62和图2.63所示。

从图2.62可见，除十一月二十四、十二月十一咸界有显著的爬升（相邻两天最低咸界值之差），十一月二十九、十二月十六有显著下降（两邻两天最低咸界值之差）外，其他时间咸界大体涨落均衡。2007—2008年的情况与此不同。从图2.63可见，从十二月初七到十二月初十咸界均有显著爬升，从十二月十四到十二月十六、从十一月二十九到十二月初四，咸界均有显著下降。以单日而论，一天之内最大爬升14 km，最大下降11 km；而在2008—2009年，日最大爬升7 km，最大下降13.75 km。显然，2007—2008年与2008—2009年相比较，2007—2008年的咸界曲线爬升快，下降慢。

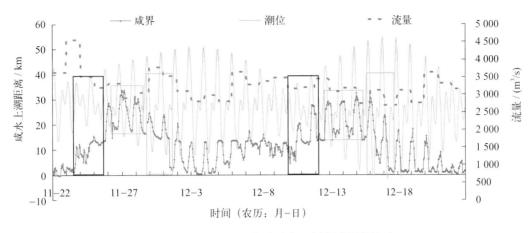

图2.62　2008—2009年丰水年日周期咸界的波动

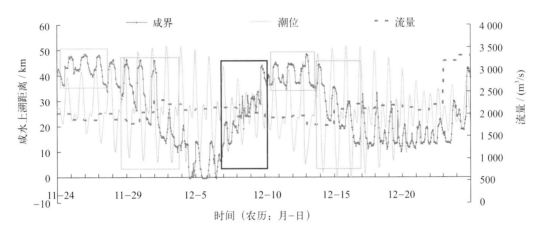

图2.63　2007—2008年枯水年日周期咸界的波动

　　从图2.62可以看出，在十二月十四附近，当咸界线半月周期尺度上的波形在峰值附近时，咸界线日周期尺度的波动仍然很大，简直和咸界半月周期波动其他阶段的日周期波动没有差别，但其在峰值附近停留的时间稍长。2007—2008年度咸界线的特点与此不同。从图2.63可以看出，在十二月十二日附近，当咸界线半月周期尺度上的波形在峰值附近时，相应的日周期尺度波动幅度不大，相对于其他阶段的日周期波动，好像"强弩之末"，难以再进，而且日周期波动在半月周期各个阶段的形状也不同：当咸界有显著上升或回落时，在峰值附近几乎不作停留，因而其波形显得很尖；当咸界基本涨落均衡，其在峰值附近停留的时间比较长，因而其波形在峰值附近的坡度不大。

　　两年的上溯时间均为2～3 d基本上达到最远距离，枯水年的2007—2008年的咸界上溯快。随后咸界在远距离位置较小幅度往复振荡3～4 d，枯水年在这期间的咸界日振荡幅度要小于丰水年同期咸界振荡幅度。随着潮差增大，潮汐动力增强，咸界开始增加振荡下移的幅度，逐步振荡退出。由于枯水年咸界上溯距离远，咸界退出的时间比丰水年长，丰水年2 d左右，枯水年要4 d左右。大潮之后的中潮咸界在近距离处振荡。

2.4.3.4 小结

（1）受上游径流流量差别的影响，丰水年比枯水年的盐水上溯距离近，盐水上溯速度慢，咸界半月周期波动的变化幅度小。丰水年咸潮灾害明显减弱。

（2）上游径流流量差别不改变盐水运动周期规律。不论丰、枯水年，磨刀门盐水运动均具有基本一致的日周期和半月周期。在半月周期变化过程中，咸界具有上溯历时短而下移历时长的特点，而且均为小潮期间盐水上溯，大潮期间盐水退出。

（3）咸界在枯水年比丰水年上溯快，下降慢，上溯主要集中在潮差最小的前后两天中。随后在最远处往复振荡三四天，枯水年咸界日振荡幅度要小于丰水年同期咸界振荡幅度。随着潮差增大，潮汐动力增强，咸界增加下移的幅度，逐步振荡退出，退出的时间丰水年比枯水年要快。

（4）当半月周期达到最远咸界附近时，枯水年不同值的两咸界距离随着最远咸界上溯距离增大而减小，潮汐动力的顶托作用明显，丰水年也如此；反过来，枯水年不同值的两咸界距离随着最远咸界上溯距离减小而增大，而在丰水年，最远咸界和两咸界距离的关系则要复杂得多。

2.5 本章小结

该部分基于长时间序列咸潮入侵数据资料，分析与总结了珠江口区域咸潮活动规律，绘制了历史珠江口三角洲地区历史咸潮界面活动图，为后续认识与深入了解该地区的咸潮概况提供了第一手的参考。同时，基于近年来珠江口地区的大面同步观测和典型断面观测资料，深入分析了河网区咸潮活动特征及其影响因素，给出了咸潮入侵的时空变化特征。结合上游来水变化情况，重点分析了径流对咸潮入侵的影响，给出了不同径流量条件下，咸潮上溯的空间范围。最后，结合现场观测资料，采用咸界图法研究了磨刀门水道咸界运动周期规律及对影响因素的响应特征，分析了丰水年、枯水年磨刀门水道咸界运动的差异性，并建立了咸界运动与潮汐类型、径流量等影响因素的相关关系。

总体而论，可以得到如下结论：上游径流的大小只影响盐水上溯速度和距离，造成不同严重程度的咸潮灾害，并不影响在磨刀门水道中的盐水上溯运动周期规律；潮差最小的前后两天盐水上溯快慢是咸潮灾害强弱的关键。当地地形和潮汐动力作用是磨刀门水道中的盐水上溯运动周期规律的主要影响因素。

第3章
珠江口咸潮入侵
统计预报模型

由于河口地区盐度主要受到潮流和径流的影响，因而对二者变化反应较为敏感。为了判断二者对盐度的影响程度，并最终确定这些变量之间的定量关系式，一种简便的方法就是拟合模型。拟合模型是基于实测数据处理，通过拟合、回归，组建模型寻找变量之间内在的关系，并以简单明确的数学表达式的形式表达出来。拟合模型的关键是根据实测数据的变化规律选择经验函数 $f(x)$，通过最小二乘求得经验函数 $f(x)$ 的参数值，得到明确的模型结果，利用模型结果便可对目标变量进行预测和控制等。由于方法简单，易于实现，具有较好的实用性。本章基于盐度、水位、流量实测数据，通过拟合、回归，建立拟合模型揭示盐度与潮差、流量之间的定量关系。由于不同测站的关系式有所不同，拟以平岗泵站、广昌泵站、全禄水厂3个测站为例，分别建立各自的咸潮入侵统计预报模型。

3.1 样本数据收集及处理

3.1.1 样本数据收集

建模采用的原始样本数据（实测数据）如下。

3.1.1.1 平岗泵站

2005年1—3月和2005年10月至2006年2月期间的逐时盐度、逐时水位，上游高要站、石角站的逐日流量，如图3.1所示。

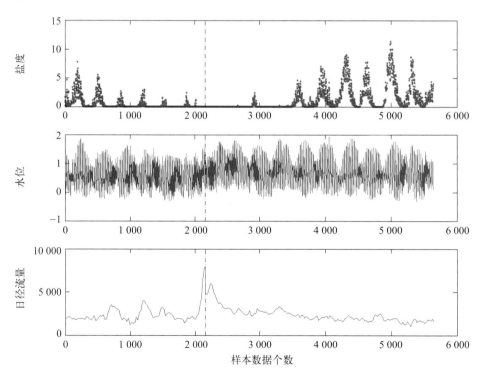

图3.1　平岗泵站样本数据（观测数据）

因数据为两个时段，故横轴采用数据先后位置而非时间，黑色虚线分割不同时期数据

3.1.1.2 广昌泵站

2007年10—12月期间的逐时盐度、逐时水位（灯笼山潮位站），上游高要站、石角站的逐日流量（图3.2）。

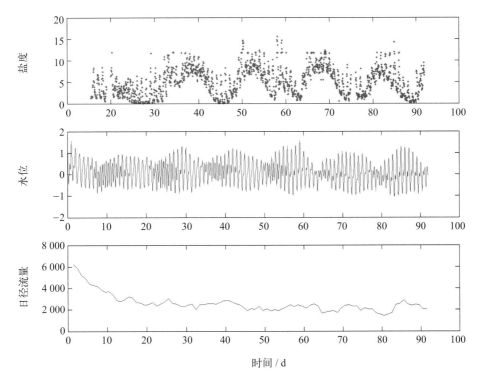

图3.2 广昌泵站样本数据（观测数据）

3.1.1.3 全禄水厂

2004年1月3日—2004年1月6日；2005年1月6日—2005年1月11日；2005年1月20日—2005年1月24日；2005年12月11日—2005年12月18日；2005年12月24日—2006年1月2日；2006年1月8日—2006年1月14日；2006年1月23日—2006年1月31日；2007年11月1日—2007年12月31日期间的逐时盐度（部分期间的盐度时间间隔为0.25 h）、逐时水位（灯笼山潮位站），上游高要站、石角站的逐日流量（图3.3）。全禄水厂资料相对较少，故收集了多个时间段的资料用于建模，因而样本数据的时间分布较散。

由于逐时水位序列主要描述潮汐变化过程，需将其处理成描述潮汐强度的潮差数据。盐度观测数据是逐时的时间序列资料，包含了具体的涨落潮过程信息，但是潮差并没有描述具体的涨落潮（水位）变化过程，而是体现这个过程的最终强度，因而要统计分析二者的关系时需将逐时盐度处理成日特征量，如日最大、日最小、日平均盐度后，再对二者进行建模分析。此外样本数据间的时间分辨率不一致，也需进行处理，统一到同一个时间精度上（逐日）。

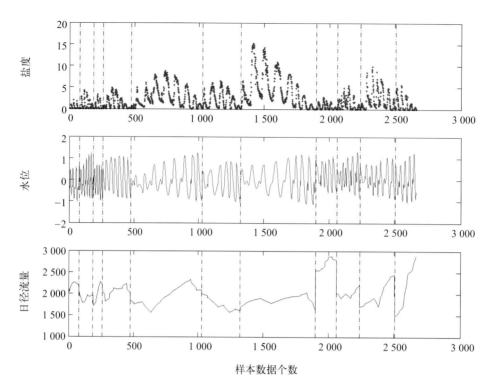

图3.3　全禄水厂样本数据（观测数据）

因数据为多个时段，故横轴采用数据先后位置而非时间，黑色虚线分割不同时期数据

3.1.2　样本特征值处理

3.1.2.1　日特征盐度S（Salinity）的准备

首先对盐度时间序列资料提取出日特征盐度（如：日平均盐度、日最大盐度、日最小盐度），供拟合建模使用。具体提取方法：将实测每日逐时盐度进行平均，得到每日的日均盐度。同样地，记录每日的最大、最小盐度值及其相应的发生时间，得到日最大、最小盐度序列，此最大最小盐度时间序列的时间间隔并不规则，大致间隔为1 d，可将此盐度序列插值到每日12：00，形成规则的盐度时间序列。

3.1.2.2　生成潮差TR（Tide Range）资料

通常是有潮位站逐时潮位资料，需通过处理潮位得到潮差，这就要先找出最高潮位和最低潮位，可每隔一定周期（可以按潮周期如25 h或日周期如24 h）选出该周期内逐时水位中的最高潮位、最低潮位，并记录相应潮位发生时间，这样便得到最高潮位时间序列和最低潮位时间序列，此最高最低潮位序列的时间间隔同样也是不规则的，大致间隔为1 d，也将两列序列分别插值到每日12：00时刻，这样便得到每日（12：00）最高潮位和最低潮位序列，二者相减即可得到每日的潮差序列。

3.1.2.3 流量资料处理

由于流量对盐度的影响不仅仅是单天流量起作用，其前期的流量大小也影响到当日的盐度变化，因而分析流量对盐度的影响时，也应考虑其前期的流量情况，将其影响引入到拟合建模中使用的流量。可通过处理实测流量时间序列，本书通过将前15 d流量平均（滤去大小潮变化）得到一个平均流量Q（Discharge）序列供分析建模使用。

经过上述处理，可得到所需的统计数据（日特征盐度、平均流量、潮差，图3.4～图3.6）。从统计数据时间序列图（图3.7～图3.9）可以看出，潮差和径流对盐度变化的影响程度不同。日特征盐度对潮差表现出很强的相关性，随着大小潮更替，盐度变化体现出明显的周期性，这表明盐度对潮差有着极高的灵敏度。盐度对流量的相关性则表现得不是那么明显。相对潮汐，流量的影响较小，但是在流量达到一定程度时，盐度对其敏感性大大增强，以至于几乎丧失了大小潮的周期性变化特征，而主要体现出流量的冲淡作用。对比之下，可以发现就潮汐、径流这两个敏感因子而言，盐度对潮汐的灵敏度要高于径流；同时发现潮差、盐度、流量序列存在相位差。

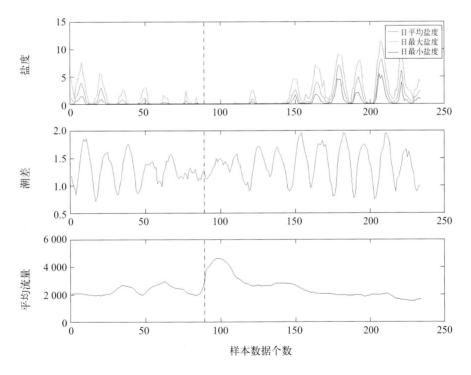

图3.4 平岗泵站统计数据（处理后数据）
因数据为两个时段，故横轴采用数据先后位置而非时间，黑色虚线分割不同时期数据

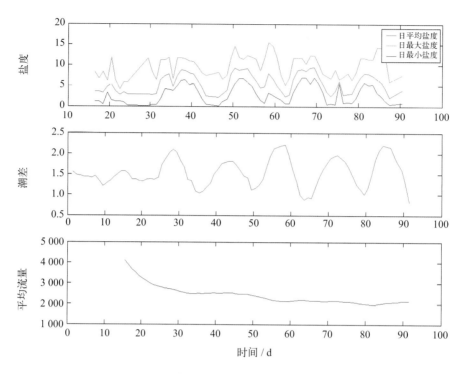

图3.5　广昌泵站统计数据（处理后数据）

数据始于2007年10月1日

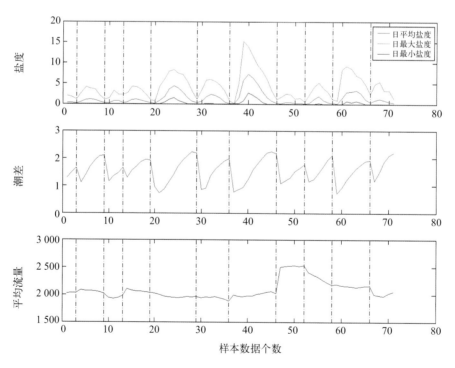

图3.6　全禄水厂统计数据（处理后数据）

因数据为两个时段，故横轴采用数据先后位置而非时间，黑色虚线分割不同时期数据

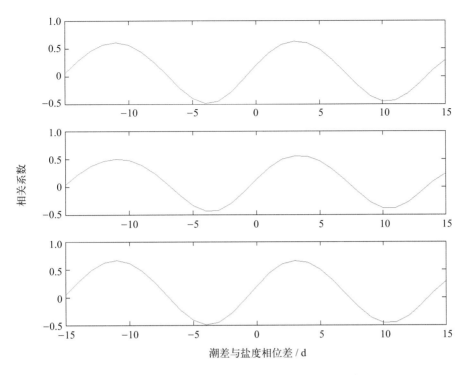

图3.7　平岗泵站潮差-盐度相位差相关系数

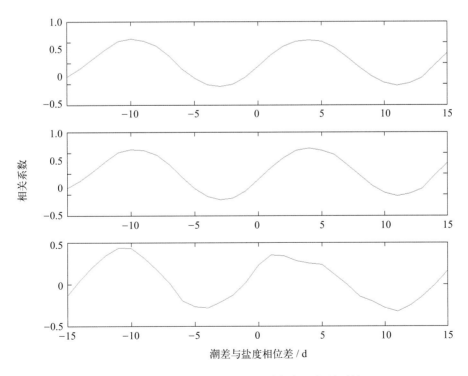

图3.8　广昌泵站潮差-盐度相位差相关系数

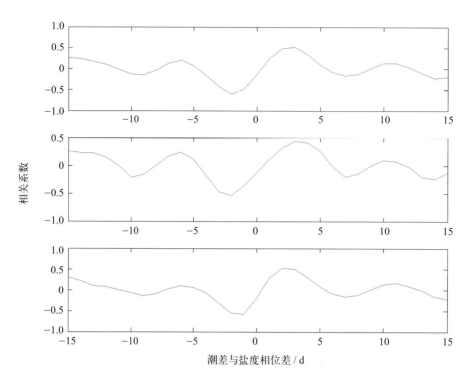

图3.9　全禄水厂潮差–盐度相位差相关系数

3.2　日平均盐度拟合模型的建立

3.2.1　初次拟合模型建立

由于盐度主要受潮差影响，其次受径流作用，对这两个变量初次建立拟合模型时应先考虑主要的潮差因子建立潮差–盐度模型，再建立流量盐度模型（图3.10～图3.15）。

3.2.1.1　潮差–盐度模型

首先对盐度S、潮差TR进行拟合，确定这两组变量间的定量关系式。由于两个序列存在相位差，因而首先对相位进行调整。通过尝试校准不同的相位差，比较其相关系数，不同相位差对应的相关系数不同，当相关系数最大时，对应的相位差为所需调整的相位。通过相位相关系数图（图3.7～图3.9）可以看出，3个测站潮差、盐度相位差为3～4 d（本文统一取3.5 d），两数列相关最大，应将潮差数列相位提前3.5 d。对应调整相位差后，画出散点分布图［图3.10、图3.12、图3.14（上）］。通过散点图，可以看出二者存在较为明显的非线性关系，表现出指数函数趋势。因而采用指数拟合建模，得到潮差–盐度模型［初次潮差–盐度模型，该模型预报的盐度为潮差对应的盐度S0(TR)，模型表达式见表3.1］。

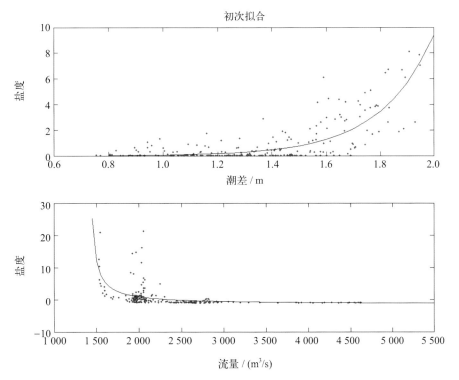

图3.10　平岗泵站初次潮差盐度、流量盐度拟合模型

上：红点表示实测盐度，黑线表示拟合盐度；下：红点表示实测归一化盐度差，
黑线表示拟合归一化盐度差

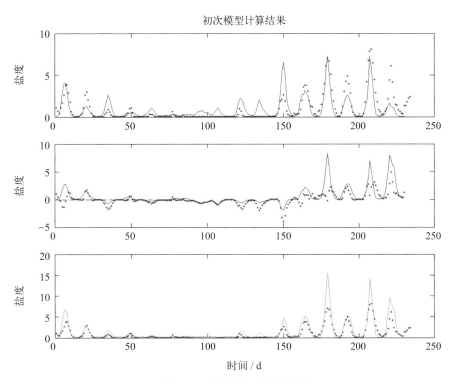

图3.11　平岗泵初次模型预报

上：红点表示实测盐度，蓝线表示潮差拟合盐度；中：红点表示实测盐度差，蓝线表示径流拟合盐度差；
下：红点表示实测盐度，绿线表示潮差模型、径流模型合成结果

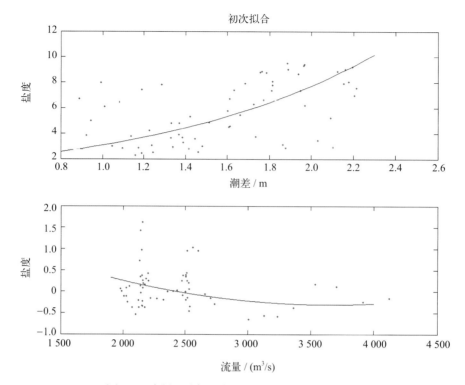

图3.12　广昌泵站初次潮差盐度、流量盐度拟合模型

上：红点表示实测盐度，黑线表示拟合盐度；下：红点表示实测归一化盐度差，黑线表示拟合归一化盐度差

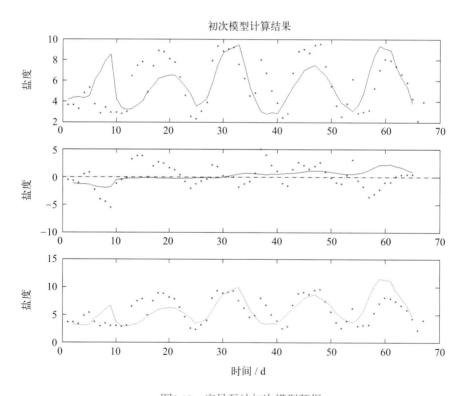

图3.13　广昌泵站初次模型预报

上：红点表示实测盐度，蓝线表示潮差拟合盐度；中：红点表示实测盐度差，蓝线表示径流拟合盐度差；

下：红点表示实测盐度，绿线表示潮差模型、径流模型合成结果

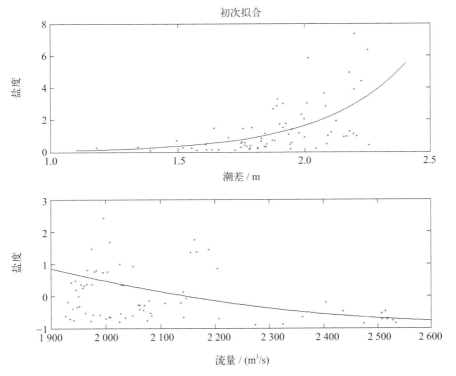

图3.14　全禄水厂初次潮差盐度、流量盐度拟合模型

上：红点表示实测盐度，黑线表示拟合盐度；下：红点表示实测归一化盐度差，黑线表示拟合归一化盐度差

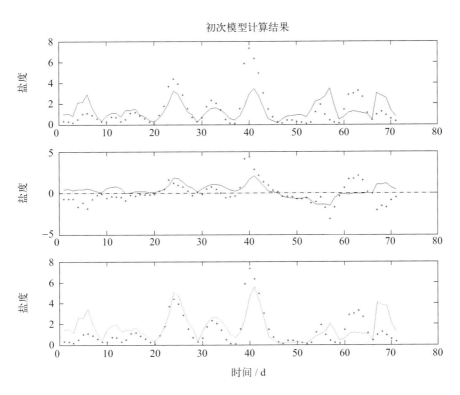

图3.15　全禄水厂初次模型预报

上：红点表示实测盐度，蓝线表示潮差拟合盐度；中：红点表示实测盐度差，蓝线表示径流拟合盐度差；

下：红点表示实测盐度，绿线表示潮差模型、径流模型合成结果

3.2.1.2 流量盐度模型

由于盐度受流量的影响较小，主要受潮差的影响，为分析流量盐度的具体的关系，需先滤去潮的因素。通过前面的潮差-盐度模型，求出潮差因子对应的盐度值S0(TR)（潮差指数预报值），将实测值减去潮差指数预报值得到的盐度差［DS = S−S0(TR)］描述了流量因子对应的盐度影响。可对此盐度差与流量两组变量直接进行建模，但经过尝试，发现模型效果很不理想（图3.11，图3.13，图3.15）。分析其原因，发现此盐度差还是受到潮形的影响，相同径流量下，大潮的盐度差较小潮来的大。为了得到更为真实的流量因子对盐度的影响，需将盐度差进行潮形归一化（即归一化盐度差：DS = [DS/S0(TR)]），进一步滤去潮形的影响。通过分析归一化盐度差与流量之间的关系，发现平岗站泵站二者具有较好的反比例函数关系，而广昌泵站和全禄水厂则表现出二次函数关系［图3.10、图3.12、图3.14（下）］。因而对流量、归一化盐度差进行反比例函数和二次函数拟合建模得到流量盐度模型［该模型预报的盐度为流量对应的盐度S0(Q)，模型表达式见表3.2］。

表3.1　流量、日平均盐度、潮差模型表达式

测站	模型	表达式
平岗	初次潮差盐度模型	$y = 0.000\,429\,4 \cdot \exp(4.996 \cdot x)$
	初次流量盐度模型	$y = 1\,389.645\,6 / (x - 1\,397.996\,6) - 1.396\,7$
	修正潮差盐度模型	$y = 0.001\,127 \cdot \exp(4.372 \cdot x)$
	修正流量盐度模型	$y = 1\,699.750\,8 / (x - 1\,308.416\,7) - 1.742\,6$
广昌	初次潮差盐度模型	$y = 1.227 \cdot \exp(0.919\,6 \cdot x)$
	初次流量盐度模型	$y = 2.063 \times 10^{7} \cdot x^{3} - 0.001\,507 \cdot x + 2.442$
	修正潮差盐度模型	$y = 1.294 \cdot \exp(0.888\,3 \cdot x)$
	修正流量盐度模型	$y = 1.382 \times 10^{-7} \cdot x^{2} - 0.001\,22 \cdot x + 2.202$
全禄	初次潮差盐度模型	$y = 0.003\,991 \cdot \exp(3.011 \cdot x)$
	初次流量盐度模型	$y = 2.538 \times 10^{-6} \cdot x^{2} - 0.013\,73 \cdot x + 17.78$
	修正潮差盐度模型	$y = 0.00163 \cdot \exp(3.309 \cdot x)$
	修正流量盐度模型	$y = 5.88 \times 10^{-6} \cdot x^{2} - 0.028\,89 \cdot x + 34.82$

注：式中exp表示自然指数函数，如exp(x)表示自然指数e的x次方；下同。

3.2.2 修正拟合模型建立

前节已初步建立起了潮差-盐度模型和流量盐度模型，但由于之前建立潮差盐度指数模型时采用的盐度资料为实测资料，并不单纯受潮的影响，也包含了流量的影响，因而初步建立的潮差盐度指数模型需要修正，使之更真实地反映潮差、盐度之间的关系（图3.16～图3.21）。可通过流量盐度模型对盐度序列进行修正得到更为真实的潮汐因子对应的盐度资料STr〔STr=S−S0（Q）〕，对潮差和STr重新进行指数拟合得到修正潮差盐度指数模型〔该模型预报的盐度为潮差对应的盐度S1(TR)，模型表达式见表3.2〕。

同理，初次建立的流量盐度模型是通过初次潮差盐度指数模型滤去潮汐作用后得出的，前文已指出初次潮差盐度指数模型并不十分精确需要修正，故对应的初次流量盐度也具有一定的误差，需做进一步改进。可照初次建立流量盐度模型流程，在修正潮差盐度指数模型的基础上重新建立模型，得到修正流量盐度模型〔该模型预报的盐度为流量对应的盐度S1(Q)，模型表达式见表3.2〕。理论上重复上述修正步骤有利于两个模型改进，提高模型的精度，本文通过实践表明经一次修正后得到的修正模型已能较好地到达要求，故未再重复修正。

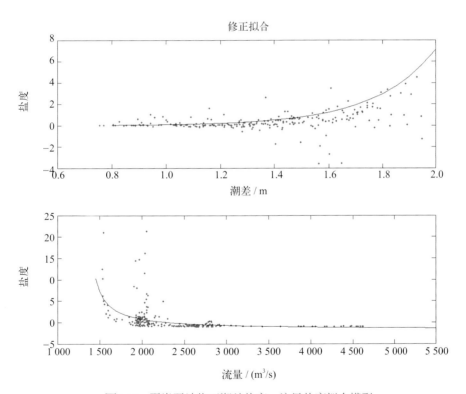

图3.16 平岗泵站修正潮差盐度、流量盐度拟合模型

上：红点表示实测盐度，黑线表示拟合盐度；下：红点表示实测归一化盐度差，黑线表示拟合归一化盐度差

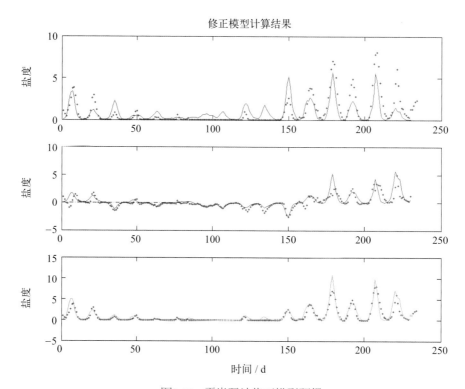

图3.17 平岗泵站修正模型预报

上：红点表示实测盐度，蓝线表示潮差拟合盐度；中：红点表示实测盐度差，蓝线表示径流拟合盐度差；

下：红点表示实测盐度，绿线表示潮差模型、径流模型合成结果

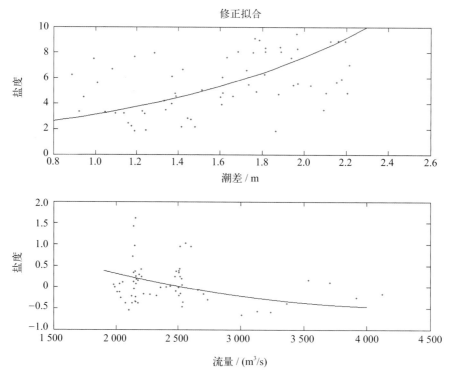

图3.18 广昌泵站修正潮差盐度、流量盐度拟合模型

上：红点表示实测盐度，黑线表示拟合盐度；下：红点表示实测归一化盐度差，黑线表示拟合归一化盐度差

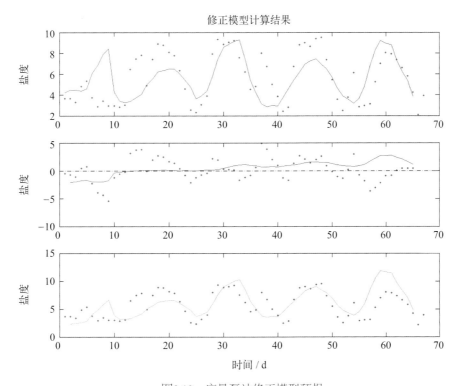

图3.19　广昌泵站修正模型预报

上：红点表示实测盐度，蓝线表示潮差拟合盐度；中：红点表示实测盐度差，蓝线表示径流拟合盐度差；

下：红点表示实测盐度，绿线表示潮差模型、径流模型合成结果

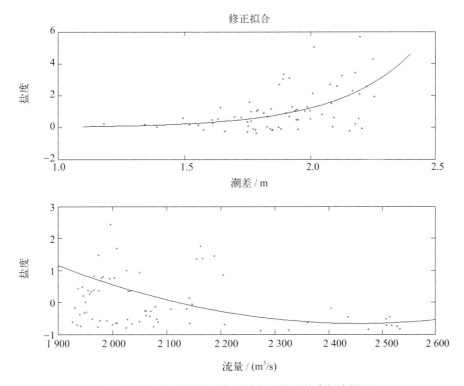

图3.20　全禄水厂修正潮差盐度、流量盐度拟合模型

上：红点表示实测盐度，黑线表示拟合盐度；下：红点表示实测归一化盐度差，黑线表示拟合归一化盐度差

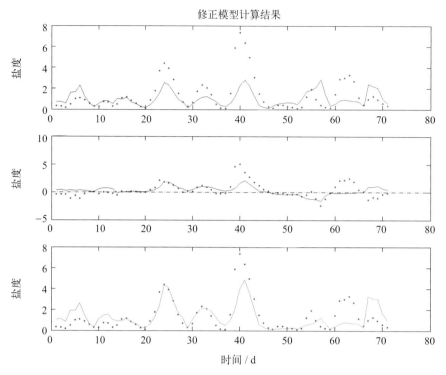

图3.21　全禄水厂修正模型预报
上：红点表示实测盐度，蓝线表示潮差拟合盐度；中：红点表示实测盐度差，蓝线表示径流拟合盐度差；
下：红点表示实测盐度，绿线表示潮差模型、径流模型合成结果

表3.2　流量、日最大盐度、潮差模型表达式

测站	模型	表达式
平岗	初次潮差盐度模型	$y = 0.006\,653 \cdot \exp\,(3.879 \cdot x)$
	初次流量盐度模型	$y = 1\,577.367\,5\,/\,(x - 1\,257.747\,1) - 1.655\,1$
	修正潮差盐度模型	$y = 0.011\,64 \cdot \exp\,(3.43 \cdot x)$
	修正流量盐度模型	$y = 1\,978.670\,1\,/\,(x - 1\,170.767) - 1.851\,9$
广昌	初次潮差盐度模型	$y = 3.972 \cdot \exp\,(0.528 \cdot x)$
	初次流量盐度模型	$y = 6.576 \times 10^{-8} \cdot x^2 - 0.000\,704\,4 \cdot x + 1.411$
	修正潮差盐度模型	$y = 4.185 \cdot \exp\,(0.377 \cdot x)$
	修正流量盐度模型	$y = 3.477 \times 10^{-8} \cdot x^2 - 0.000\,450\,8 \cdot x + 1.177$
全禄	初次潮差盐度模型	$y = 0.125\,1 \cdot \exp\,(1.842 \times x)$
	初次流量盐度模型	$y = 2.808 \times 10^{-6} \cdot x^2 - 0.014\,18 \cdot x + 17.25$
	修正潮差盐度模型	$y = 0.079\,97 \cdot \exp\,(2.065 \cdot x)$
	修正流量盐度模型	$y = 7.41 \times 10^{-7} \cdot x^2 - 0.004\,431 \cdot x + 5.977$

3.2.3 日最大盐度拟合模型的建立

日最大盐度拟合模型的建立与日平均盐度拟合模型的建立过程一致，在此不再赘述，仅列出模型结果（图3.22～图3.33），具体模型表达式见表3.2。

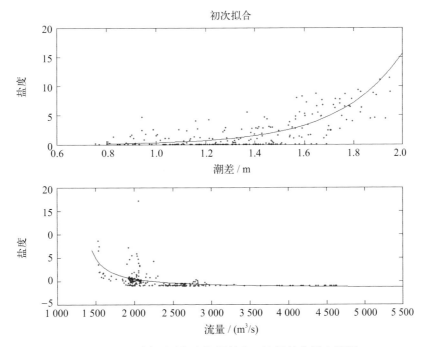

图3.22　平岗泵站初次潮差盐度、流量盐度拟合模型

上：红点表示实测盐度，黑线表示拟合盐度；下：红点表示实测归一化盐度差，黑线表示拟合归一化盐度差

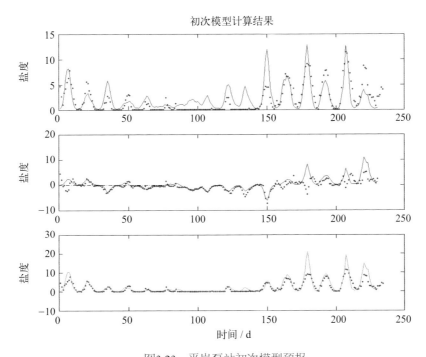

图3.23　平岗泵站初次模型预报

上：红点表示实测盐度，蓝线表示潮差拟合盐度；中：红点表示实测盐度差，蓝线表示径流拟合盐度差；
下：红点表示实测盐度，绿线表示潮差模型、径流模型合成结果

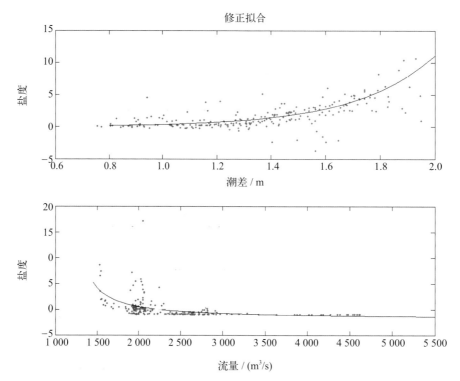

图3.24　平岗泵站修正潮差盐度、流量盐度拟合模型

上：红点表示实测盐度，黑线表示拟合盐度；下：红点表示实测归一化盐度差，黑线表示拟合归一化盐度差

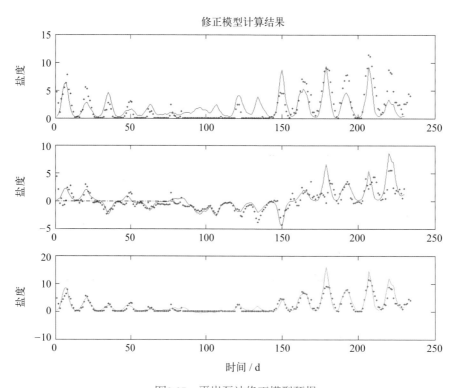

图3.25　平岗泵站修正模型预报

上：红点表示实测盐度，蓝线表示潮差拟合盐度；中：红点表示实测盐度差，蓝线表示径流拟合盐度差；

下：红点表示实测盐度，绿线表示潮差模型、径流模型合成结果

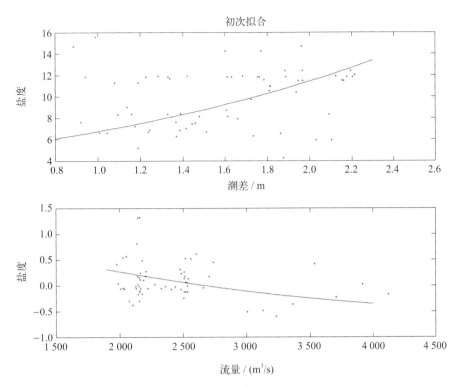

图3.26　广昌泵站初次潮差盐度、流量盐度拟合模型

上：红点表示实测盐度，黑线表示拟合盐度；下：红点表示实测归一化盐度差，黑线表示拟合归一化盐度差

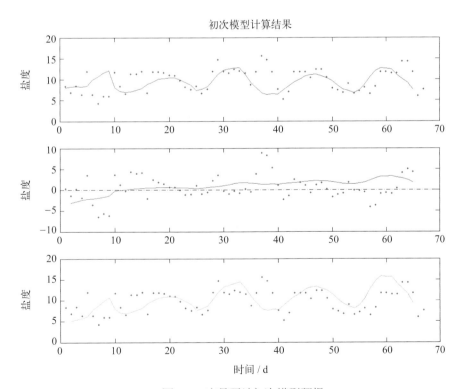

图3.27　广昌泵站初次模型预报

上：红点表示实测盐度，蓝线表示潮差拟合盐度；中：红点表示实测盐度差，蓝线表示径流拟合盐度差；

下：红点表示实测盐度，绿线表示潮差模型、径流模型合成结果

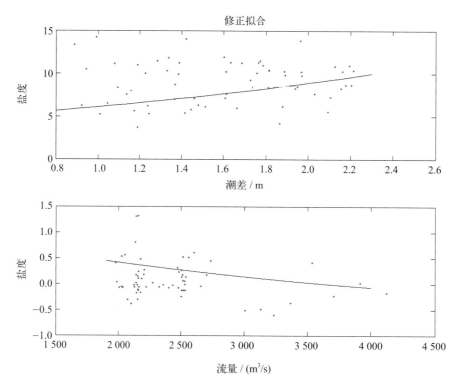

图3.28　广昌泵站修正潮差盐度、流量盐度拟合模型

上：红点表示实测盐度，黑线表示拟合盐度；下：红点表示实测归一化盐度差，黑线表示拟合归一化盐度差

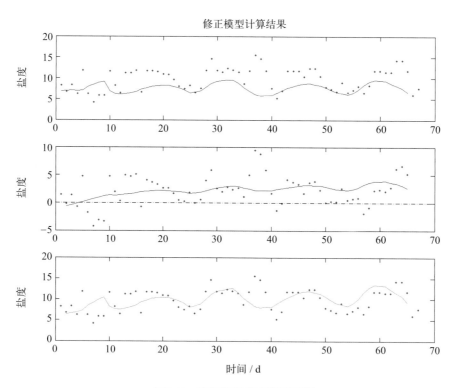

图3.29　广昌泵站修正模型预报

上：红点表示实测盐度，蓝线表示潮差拟合盐度；中：红点表示实测盐度差，蓝线表示径流拟合盐度差；
下：红点表示实测盐度，绿线表示潮差模型、径流模型合成结果

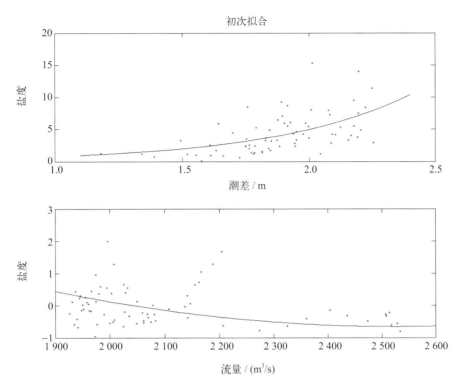

图3.30　全禄水厂初次潮差盐度、流量盐度拟合模型

上：红点表示实测盐度，黑线表示拟合盐度；下：红点表示实测归一化盐度差，黑线表示拟合归一化盐度差

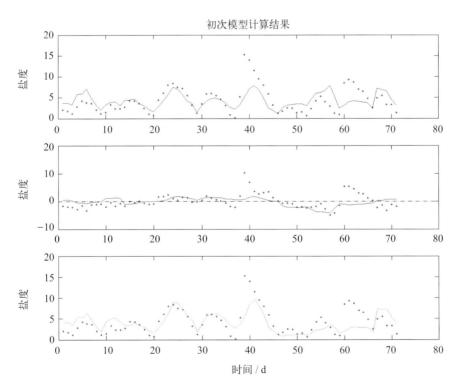

图3.31　全禄水厂初次模型预报

上：红点表示实测盐度，蓝线表示潮差拟合盐度；中：红点表示实测盐度差，蓝线表示径流拟合盐度差；

下：红点表示实测盐度，绿线表示潮差模型、径流模型合成结果

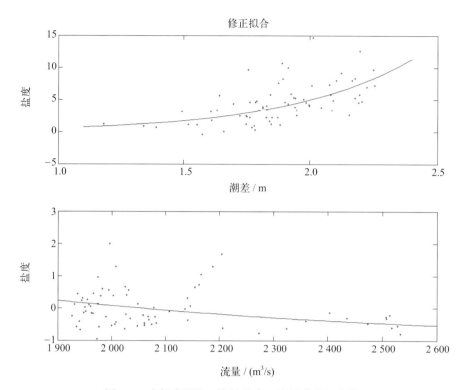

图3.32　全禄水厂修正潮差盐度、流量盐度拟合模型
上：红点表示实测盐度，黑线表示拟合盐度；下：红点表示实测归一化盐度差，黑线表示拟合归一化盐度差

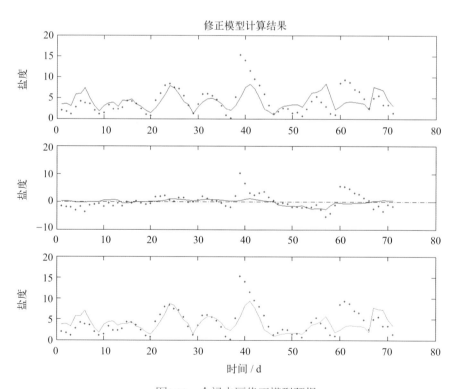

图3.33　全禄水厂修正模型预报
上：红点表示实测盐度，蓝线表示潮差拟合盐度；中：红点表示实测盐度差，蓝线表示径流拟合盐度差；
下：红点表示实测盐度，绿线表示潮差模型、径流模型合成结果

3.2.4 日最小盐度拟合模型的建立

日最小盐度拟合模型的建立与日平均盐度拟合模型的建立过程一致，在此不再赘述，仅列出模型结果（图3.34~图3.45），具体模型表达式见表3.3。

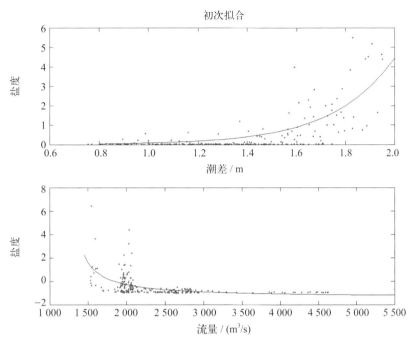

图3.34 平岗泵站初次潮差盐度、流量盐度拟合模型

上：红点表示实测盐度，黑线表示拟合盐度；下：红点表示实测归一化盐度差，黑线表示拟合归一化盐度差

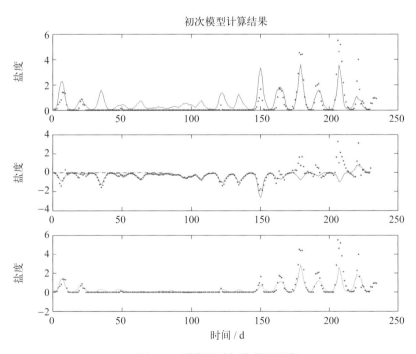

图3.35 平岗泵站初次模型预报

上：红点表示实测盐度，蓝线表示潮差拟合盐度；中：红点表示实测盐度差，蓝线表示径流拟合盐度差；

下：红点表示实测盐度，绿线表示潮差模型、径流模型合成结果

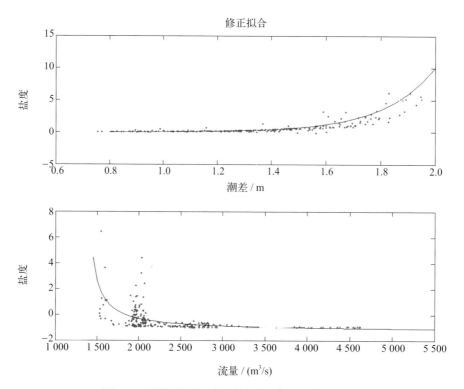

图3.36 平岗泵站修正潮差盐度、流量盐度拟合模型

上：红点表示实测盐度，黑线表示拟合盐度；下：红点表示实测归一化盐度差，黑线表示拟合归一化盐度差

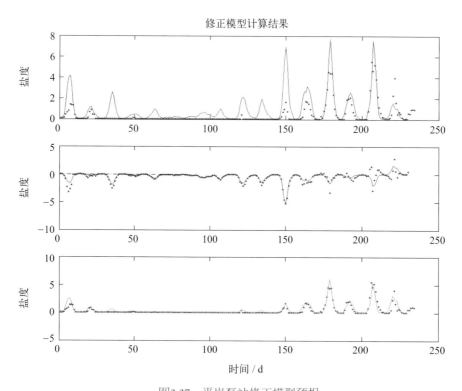

图3.37 平岗泵站修正模型预报

上：红点表示实测盐度，蓝线表示潮差拟合盐度；中：红点表示实测盐度差，蓝线表示径流拟合盐度差；

下：红点表示实测盐度，绿线表示潮差模型、径流模型合成结果

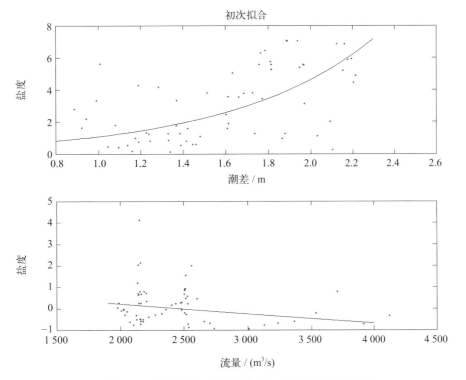

图3.38 广昌泵站初次潮差盐度、流量盐度拟合模型

上：红点表示实测盐度，黑线表示拟合盐度；下：红点表示实测归一化盐度差，黑线表示拟合归一化盐度差

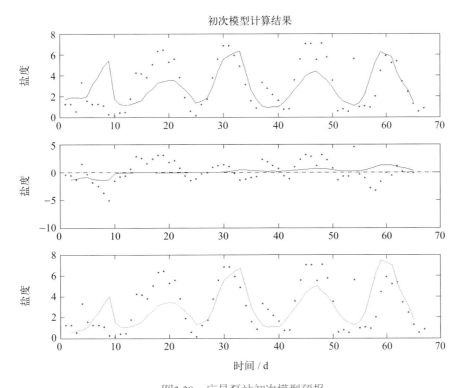

图3.39 广昌泵站初次模型预报

上：红点表示实测盐度，蓝线表示潮差拟合盐度；中：红点表示实测盐度差，蓝线表示径流拟合盐度差；

下：红点表示实测盐度，绿线表示潮差模型、径流模型合成结果

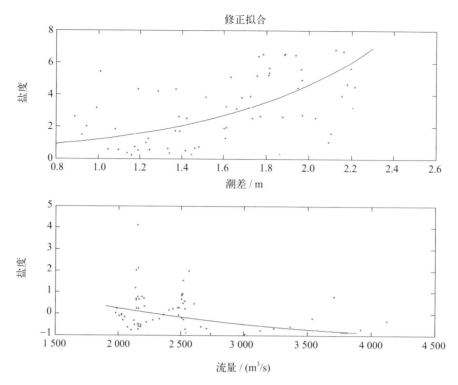

图3.40 广昌泵站修正潮差盐度、流量盐度拟合模型

上：红点表示实测盐度，黑线表示拟合盐度；下：红点表示实测归一化盐度差，黑线表示拟合归一化盐度差

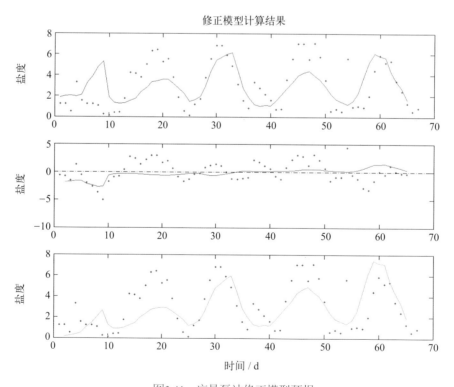

图3.41 广昌泵站修正模型预报

上：红点表示实测盐度，蓝线表示潮差拟合盐度；中：红点表示实测盐度差，蓝线表示径流拟合盐度差；

下：红点表示实测盐度，绿线表示潮差模型、径流模型合成结果

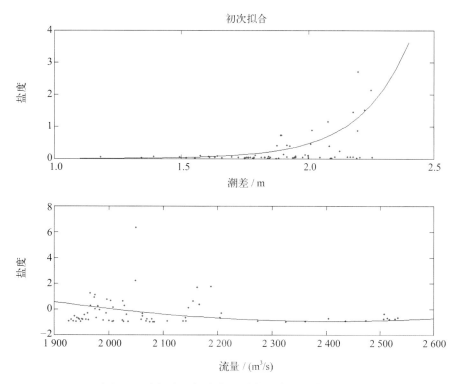

图3.42　全禄水厂初次潮差盐度、流量盐度拟合模型

上：红点表示实测盐度，黑线表示拟合盐度；下：红点表示实测归一化盐度差，黑线表示拟合归一化盐度差

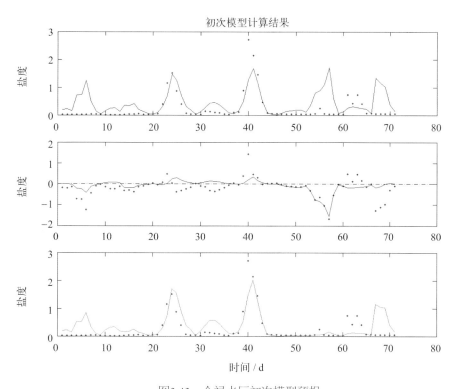

图3.43　全禄水厂初次模型预报

上：红点表示实测盐度，蓝线表示潮差拟合盐度；中：红点表示实测盐度差，蓝线表示径流拟合盐度差；

下：红点表示实测盐度，绿线表示潮差模型、径流模型合成结果

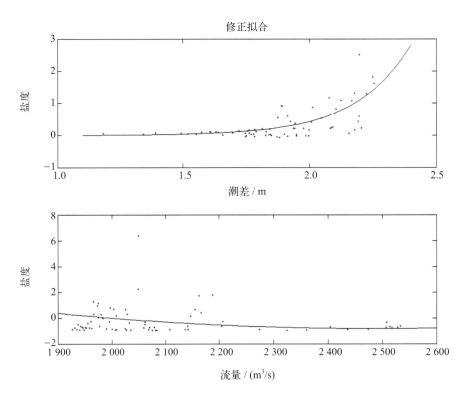

图3.44　全禄水厂修正潮差盐度、流量盐度拟合模型

上：红点表示实测盐度，黑线表示拟合盐度；下：红点表示实测归一化盐度差，黑线表示拟合归一化盐度差

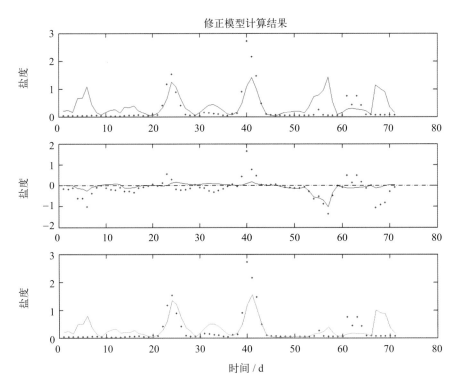

图3.45　全禄水厂修正模型预报

上：红点表示实测盐度，蓝线表示潮差拟合盐度；中：红点表示实测盐度差，蓝线表示径流拟合盐度差；

下：红点表示实测盐度，绿线表示潮差模型、径流模型合成结果

表3.3 流量、日最小盐度、潮差模型表达式

测站	模型	表达式
平岗	初次潮差盐度模型	$y = 0.001\,436 \cdot \exp(4.019 \cdot x)$
	初次流量盐度模型	$y = 885.062\,9 / (x - 1\,203.909\,9) - 1.397\,7$
	修正潮差盐度模型	$y = 0.000\,268\,7 \times \exp(5.264 \cdot x)$
	修正流量盐度模型	$y = 617.074\,9 / (x - 1\,340.962\,9) - 1.233\,5$
广昌	初次潮差盐度模型	$y = 0.251\,5 \cdot \exp(1.456 \cdot x)$
	初次流量盐度模型	$y = 2.201 \times 10^{-8} \cdot x^2 - 0.000\,576\,3 \cdot x + 1.283$
	修正潮差盐度模型	$y = 0.316\,8 \cdot \exp(1.339 \cdot x)$
	修正流量盐度模型	$y = 1.736 \times 10^{-7} \cdot x^2 - 0.001\,616 \cdot x + 2.794$
全禄	初次潮差盐度模型	$y = 1.677 \times 10^{-5} \cdot \exp(5.118 \cdot x)$
	初次流量盐度模型	$y = 5.906 \times 10^{-6} \cdot x^2 - 0.028\,43 \cdot x + 33.27$
	修正潮差盐度模型	$y = 3.899 \times 10^{-5} \cdot \exp(4.658 \cdot x)$
	修正流量盐度模型	$y = 3.436 \times 10^{-6} \cdot x^2 - 0.017\,1 \cdot x + 20.45$

3.2.5 潮差预报模型——潮差傅立叶模型

有了修正潮差–盐度模型，为了预报盐度，仍需要预测潮差。由于潮差具有较为明显的周期性，而且变化规律较为稳定，可以对潮差序列自身建立简单模型。本书直接采用傅立叶函数对灯笼山潮位站的潮差序列建立潮差傅立叶模型（图3.46，模型表达式见表3.4），通过潮差傅立叶模型可以预报未来潮差。借助于修正潮差盐度指数模型便可以预报未来潮汐对应的日特征盐度值；而短期内流量相对恒定，可以用当时的平均流量替代预报期的流量（也可通过其他经验方法预报出所需的流量），通过修正流量盐度模型引入流量修正，最终便可得到相对可信的盐度预报值。

至此，我们对3个测站都建立起日特征盐度、流量、潮差的拟合模型及预报所需的潮差预报模型。

3.3 应用分析

基于盐度随时间变化资料与径流量、潮汐水位资料的处理及统计分析，可以发现盐度变化对潮汐、径流极为敏感，而且盐度对潮汐的灵敏度要高于对径流的灵敏度。此外还发现潮差与盐度存在一定的相位差，盐水入侵的最大强度并非发生在潮差最大的大潮时期，而是在大潮前3~4 d。调准相位差后，所建立的潮差盐度模型指出盐度与潮差具有指数函数关系，

随着潮差的增大，盐度增大明显；而流量盐度模型中，无论是二次函数还是反比例函数都体现出相似的变化趋势，表明随着流量增大，盐度趋于减小。

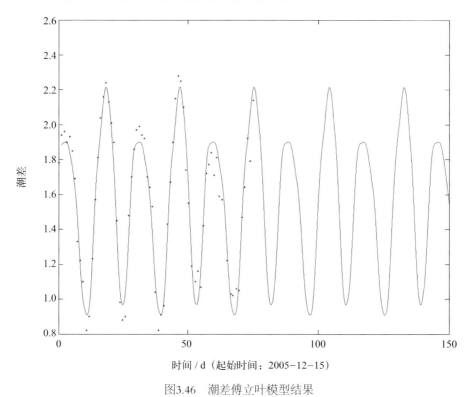

时间 / d（起始时间：2005－12－15）

图3.46　潮差傅立叶模型结果
红线实测值；蓝线预报值

表3.4　潮差傅立叶模型表达式

测站	模型	表达式
灯笼山	$ftr = a_0 + a_1 \cdot \cos(x \cdot w) + b_1 \cdot \sin(x \cdot w) + a_2 \cdot \cos(2 \cdot x \cdot w) + b_2 \cdot \sin(2 \cdot x \cdot w) + a_3 \cdot \cos(3 \cdot x \cdot w) + b_3 \cdot \sin(3 \cdot x \cdot w) + a_4 \cdot \cos(4 \cdot x \cdot w) + b_4 \cdot \sin(4 \cdot x \cdot w) + a_5 \cdot \cos(5 \cdot x \cdot w) + b_5 \cdot \sin(5 \cdot x \cdot w) + a_6 \cdot \cos(6 \cdot x \cdot w) + b_6 \cdot \sin(6 \cdot x \cdot w) + a_7 \cdot \cos(7 \cdot x \cdot w) + b_7 \cdot \sin(7 \cdot x \cdot w) + a_8 \cdot \cos(8 \cdot x \cdot w) + b_8 \cdot \sin(8 \cdot x \cdot w)$	$a_0 = 1.549$；$a_1 = -0.003\,682$； $b_1 = -0.117\,9$；$a_2 = 0.061\,39$； $b_2 = 0.549\,3$；$a_3 = 0.077\,93$； $b_3 = -0.021\,68$；$a_4 = 0.073\,25$； $b_4 = -0.017\,27$；$a_5 = 0.003\,192$； $b_5 = -0.001\,881$；$a_6 = 0.014\,07$； $b_6 = -0.003\,764$；$a_7 = -0.006\,492$； $b_7 = 0.000\,251\,3$；$a_8 = 0.019\,24$； $b_8 = -0.002\,036$；$w = 0.219\,4$

　　平岗站的模型在3个站中拟合的最好，这是由于平岗站的样本数据量大，而且数据连续性较好，使得样本的代表性较高，对应建立的模型代表性自然也更好；此外，平均盐度模型比最大、最小盐度模型拟合结果更接近真实值，这是因为样本数据是从野外观测中取得，而野外观测具有自身的观测误差，平均盐度则通过平均样本数据一定程度上消除了观测误差，所以对应的模型拟合结果也比最值盐度拟合结果好。

本书通过统计回归的方法，找出了盐度、流量、潮差三者之间的定量关系，方法简单，灵活实用。总体上，拟合模型的结果表明所建立的模型能较为真实地反映3组变量间的内在关系，另外，结合潮差预报模型和特征盐度预测模型可以对未来盐度情况进行预报，能为相关部门提供参考，具有一定的指导意义。

3.4　本章小结

基于实测盐度、径流量、潮汐水位的时间序列资料，本书通过统计回归的方法，对珠江口平岗泵站、广昌泵站、全禄水厂3个测站分别建立了咸潮入侵统计预报模型，找出了特征盐度与流量、潮差之间的定量关系。总体上，统计预报模型的结果与实测资料较为吻合，表明所建立的模型能较为真实地反映盐度与流量、潮差间的关系。另外结合潮差预报模型，咸潮入侵统计预测模型可以对未来特征盐度情况进行预报，能为相关部门提供参考，具有一定的指导意义。由于统计预报模型仅依赖于定点测站的时间序列观测资料，并不需要地形等其他资料，因而可操作性强。模型建立方法简单，灵活实用，对缺乏地形资料而无法建立动力学数值模型的地区尤为适用。

第4章
珠江口二维咸潮
数值预报模型

珠江三角洲是世界上范围最大、结构最复杂的网河区域之一，西北江三角洲是其主要的组成部分。西江、北江水道贯通，形成西北江三角洲，集水面积8 370 m³，占珠江三角洲河网区面积的85.8%。西北江三角洲的咸潮上溯受陆地径流和海洋潮流等因素的共同影响，研究范围包括口门以下的河网区和口门以外的浅海区。西北江三角洲咸潮的入侵过程在水平方向上表现出明显的二维特性，因此，本节将利用二维水动力——含氯度数学模型，针对珠江三角洲天河以下河网区及近海区的实际地形条件，建立网河区至外海区为一体的二维曲线正交网格，对该区域的流场、盐场等进行仿真模拟，并计算不同水文组合条件下河网区至近海区的盐场分布情况。

4.1　二维咸潮数值预报模型介绍

4.1.1　计算范围

二维数学模型的重点计算区域为磨刀门水道珠海、澳门段水域，但因整个珠江三角洲是一个复杂、完整的水动力系统，并且珠海、澳门片水域受海洋动力的直接影响，故研究范围将扩展到高要、石角、博罗以下至八大口门的整个珠江三角洲河网区和口门外60 m等深线以内的浅海区。其中，核心二维数学模型计算范围将扩展到石咀、天河以下至西四口门的珠江三角洲河网区和口门外20 m等深线以内的浅海区。二维模型上边界天河站的流量、水位由珠江三角洲河网区一维水动力数学模型提供，一维模型的上边界为高要、石角、博罗水文站，下边界为八大口门控制站。

4.1.2　计算模式

目前，国际上先进的和使用较广泛的河口海洋数值模式有美国普林斯顿大学的普林斯顿海洋模型（Princeton Ocean Model，POM）和河口陆架海洋模型（Estuary Continental Shelf Model，ECOM）模式、佛罗里达大学的等密度面模式、荷兰的DELFT模式、德国的汉堡模式和丹麦模式。ECOM是当今国内外应用较为广泛的海洋模式，是在POM模式基础上发展起来的。两个模式均采用基于静力和Boussinesq近似下的海洋原始方程和水平正交曲线网格。只是在求解过程上ECOM放弃了分裂算子和时间滤波方法，时间上采用前进格式，并用半隐格式计算水位方程，消除了CFL判据的限制。

现有常用的二维海洋水动力模式有ADI方法、汉堡模式、POM模式、ECOM模式，以及荷兰的DELFT模式和丹麦模式等。这些模式在珠江口的水动力计算中各有优缺点。ADI方法和汉堡模式是在矩形网格上进行，不利于珠江口复杂地形的模拟。POM模式为显式格式，不方便后期的长周期模型的开发。ECOM模式是在POM模式的基础上发展起来的，水位计算改用半隐式计算，使计算效率有所提高。但ECOM模式计算中科氏力项存在弱不稳定性，在计算的编程上存在着所有网格点都进行计算求解，而后再把水点的物理量乘1，陆点的物理量乘0的缺陷，计算中有大量的浪费。ECOMSED模式是在POM模式的基础上加进了泥沙模块、地形变化模块、示踪模块、水质模块等，可以进行环境演变的模拟。还有许多环境演变的模式，程序规模都非常大，只适合应用，不便进行新的研究的再开发和改造。该部分采用基于改进ECOMSED模型建立研究区域的二维咸潮数值预报模型，该模型是既适用于模拟珠江三角洲河流、河口复杂地形，又高效稳定的二维水动力模式。

4.1.2.1　二维平面正交曲线网格上的海洋控制方程

连续性方程：

$$h_1 h_2 \frac{\partial \eta}{\partial t} + \frac{\partial}{\partial \zeta_1} h_2 U_1 D + \frac{\partial}{\partial \zeta_2} h_1 U_2 D + h_1 h_2 \frac{\partial \omega}{\partial \sigma} = 0$$

$$\omega = W - \frac{1}{h_1 h_2} \left[h_2 U_1 \left(\sigma \frac{\partial D}{\partial \zeta_1} + \frac{\partial \eta}{\partial \zeta_1} \right) + h_1 U_2 \left(\sigma \frac{\partial D}{\partial \zeta_2} + \frac{\partial \eta}{\partial \zeta_2} \right) \right] - \left(\sigma \frac{\partial D}{\partial t} + \frac{\partial \eta}{\partial t} \right)$$

（4.1）

动量方程：

$$\frac{\partial (h_1 h_2 D U_1)}{\partial t} + \frac{\partial}{\partial \xi_1} \left(h_2 D U_1^2 \right) + \frac{\partial}{\partial \xi_2} \left(h_1 D U_1 U_2 \right) + h_1 h_2 \frac{\partial (\omega U_1)}{\partial \sigma} + D U_2 \left(-U_2 \frac{\partial h_2}{\partial \xi_1} + U_1 \frac{\partial h_1}{\partial \xi_2} - h_1 h_2 f \right)$$

$$= -g D h_2 \left(\frac{\partial \eta}{\partial \xi_1} + \frac{\partial H}{\xi_1} \right) - \frac{g D^2 h_2}{\rho} \int_\sigma^0 \left[\frac{\partial \rho}{\partial \xi_1} - \frac{\sigma}{D} \frac{\partial D}{\partial \xi_1} \frac{\partial \rho}{\partial \sigma} \right] d\sigma - D \frac{h_2}{\rho} \frac{\partial P_a}{\partial \xi_1} + \frac{\partial}{\partial \xi_1} \left(2 A_M \frac{h_1}{h_2} D \frac{\partial U_1}{\partial \xi_1} \right)$$

$$+ \frac{\partial}{\partial \xi_2} \left(A_M \frac{h_1}{h_2} D \frac{\partial U_1}{\partial \xi_2} \right) + \frac{\partial}{\partial \xi_2} \left(A_M D \frac{\partial U_2}{\partial \xi_1} \right) + \frac{h_1 h_2}{D} \frac{\partial}{\partial \sigma} \left(K_M \frac{\partial U_1}{\partial \sigma} \right)$$

（4.2）

$$\frac{\partial (h_1 h_2 D U_2)}{\partial t} + \frac{\partial}{\partial \xi_2} \left(h_2 D U_2^2 \right) + \frac{\partial}{\partial \xi_1} \left(h_1 D U_1 U_2 \right) + h_1 h_2 \frac{\partial (\omega U_2)}{\partial \sigma} + D U_1 \left(-U_1 \frac{\partial h_1}{\partial \xi_2} + U_2 \frac{\partial h_2}{\partial \xi_1} - h_1 h_2 f \right)$$

$$= -g D h_1 \left(\frac{\partial \eta}{\partial \xi_2} + \frac{\partial H}{\xi_2} \right) - \frac{g D^2 h_1}{\rho} \int_\sigma^0 \left[\frac{\partial \rho}{\partial \xi_2} - \frac{\sigma}{D} \frac{\partial D}{\partial \xi_2} \frac{\partial \rho}{\partial \sigma} \right] d\sigma - D \frac{h_1}{\rho} \frac{\partial P_a}{\partial \xi_2} + \frac{\partial}{\partial \xi_2} \left(2 A_M \frac{h_2}{h_1} D \frac{\partial U_2}{\partial \xi_2} \right)$$

$$+ \frac{\partial}{\partial \xi_1} \left(A_M \frac{h_2}{h_1} D \frac{\partial U_2}{\partial \xi_1} \right) + \frac{\partial}{\partial \xi_1} \left(A_M D \frac{\partial U_1}{\partial \xi_2} \right) + \frac{h_1 h_2}{D} \frac{\partial}{\partial \sigma} \left(K_M \frac{\partial U_2}{\partial \sigma} \right)$$

（4.3）

式中，U_1和U_2分别是曲线网格ξ_1和ξ_2方向上的速度；h_1和h_2是对应方向上的网格步长；η为水位；D为总水深，$D = H + \eta$；垂向采用的是随水深变化的σ坐标。

将以上式（4.2）和式（4.3）垂向积分，就可用于进行二维水动力数值计算求解，差分方法为半隐式，其中水位求解用隐式，速度求解用显式。

4.1.2.2　含氯度模式

含氯度计算模式采用物质输运模块，盐度扩散方程为：

$$\frac{\partial HS}{\partial t} + \frac{\partial uHS}{\partial x} + \frac{\partial vHS}{\partial y} = \frac{\partial}{\partial x}\left(\varepsilon H \frac{\partial S}{\partial x}\right) + \frac{\partial}{\partial y}\left(\varepsilon H \frac{\partial S}{\partial y}\right) \tag{4.3}$$

式中，u、v为水流速度；$H(=h+\eta)$为水深；h为静水深；η为潮位；S为水中含盐量；ε为盐度扩散系数。盐度差分方程采用显式求解。

4.1.2.3　边界条件

开边界（水边界）：$\eta(x, y, t) = \eta|_\gamma(t)$

计算区域有3个开边界，分别为天河、石咀两个河流边界和外海边界。河流实测开边界数据为逐时实测水位值。外海没有实测数据，通过大模型计算的水位值给出。

闭边界（陆边界）：$\vec{v}\cdot\vec{n}=0$；$\vec{v}$为流速矢量，$\vec{n}$是边界向量。

由于潮汐的涨落，水域与陆域的交界地随着潮汐的涨落，时隐时现，因此模型中采用了动边界处理技术。给定干－湿点的判别水深H_0（$H_0 = 0.1$ m），网格点实际水深少于H_0时，认为该点干出，"冻结"该点。在计算过程中当某一干出点的实际水深大于H_0时，该点"融化"，重新参与流场的计算。经过这样处理，随着潮涨潮落，实际滩地的淹没－露出现象可以较好地模拟出来。

4.1.2.4　模式特征

（1）采用平面正交曲线网格；

（2）采用平面有限体积法求解水动力方程组；

（3）通过旋转矩阵克服科氏力产生的计算弱不稳定问题；

（4）水位计算类似于ECOM采用隐式技术；

（5）采用冻结网格法模拟滩地出没水面的动边界技术；

（6）对水点记数，只计算求解水点的物理量。

4.1.3　计算网格

模型采用贴体自适应网格技术，真实地反映了模拟区域的曲折岸线及复杂的网河走向，网格数为85×175。为了反映磨刀门水道的水动力特征及盐度扩散情况，网格在磨刀门水道及附近水域进行了加密。网格在最大长度在外海附近，约为2 000 m，最小长度约为100 m。计算网格及水下地形图如图4.1和图4.2所示。

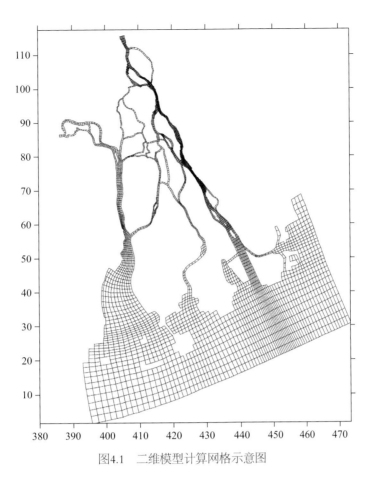

图4.1　二维模型计算网格示意图

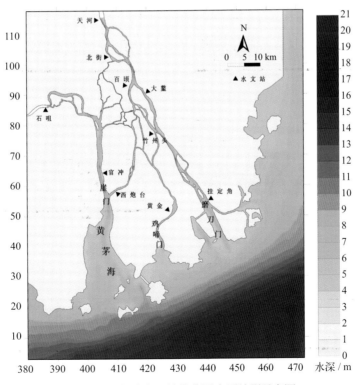

图4.2　站位分布及计算范围水下地形示意图

4.2　模型验证

为验证所构建二维河口模型的精度，该部分选取的数模验证时段为2005年1月18日12：00至2月2日23：00，共372 h，验证项目为潮位、流量和氯化物含量。主要测试模型对于潮周期内潮汐变化、水流运动咸潮上溯过程的模拟精度。采用上述观测资料对珠江口及河网、磨刀门水道二维咸潮上溯的数学模型进行了率定及验证。

4.2.1　水位验证

水位验证共选取8个站点，分别为：官冲、西炮台、黄金、挂定角、竹州头、大鳌、百顷和北街。水位验证结果显示：平均误差最小的为北街站，平均误差为3.5 cm，平均误差最大的为黄金站，平均误差为7.9 cm。除西炮台外，其余7个站点的平均误差均在10 cm以下（表4.1）。从8个验证站的水位过程线与实测资料对比来看，潮位数值相差不大，高高潮、高低潮、低低潮和低高潮的潮位峰值对应较好，潮时基本吻合。水位验证如图4.3所示。

表4.1　各验证站点水位验证平均误差统计

站点	官冲	西炮台	黄金	挂定角	竹州头	大鳌	北街	百顷
平均误差 / cm	5.0	7.5	7.9	5.0	5.0	6.4	3.5	7.7

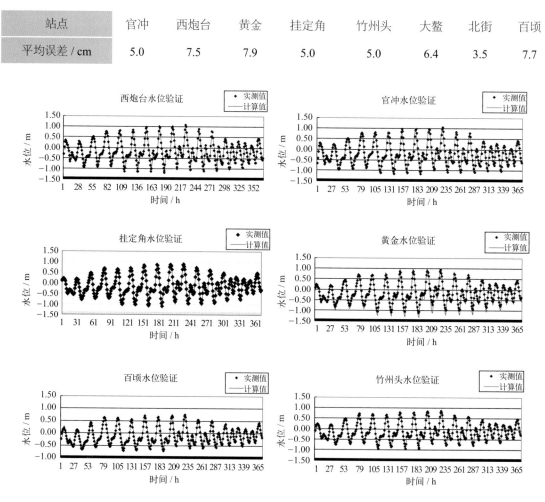

图4.3　典型站点水位验证

4.2.2　流量验证

流量验证共选取6个站点，分别为：官冲、西炮台、黄金、挂定角、天河和石咀。计算流量与实测值对比显示：流量过程线与实测资料基本一致，计算流量峰值与实测值相当，表面模型基本能反映珠江口区域潮周期内的水动力变化。流量验证如图4.4所示。

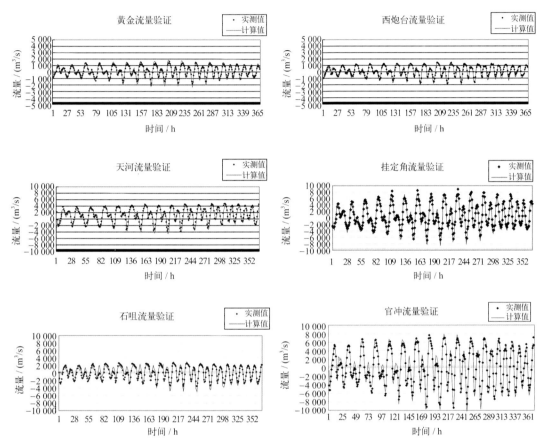

图4.4　典型站点流量验证

4.2.3　氯化物含量验证

氯化物含量验证点选取磨刀门水道的挂定角和鸡啼门水道的黄金。这两站的验证结果显示：各站含氯度变化过程线与实测值基本一致。验证结果如图4.5所示。

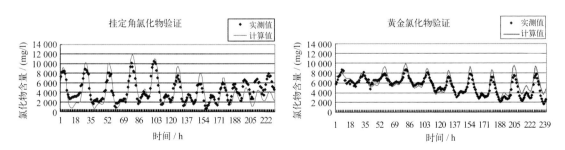

图4.5　黄金、挂定角测站含氯度过程验证

通过模型计算，可以动态获取一个完整潮周期内珠江口区任意时段表层盐度演变过程，从而进行特征分析。通过表征、提取0.45盐度界位置的迁移变化可以知道咸潮入侵位置（图4.6），可能影响的取水范围，从而为水资源的调度提供科学的决策支持。

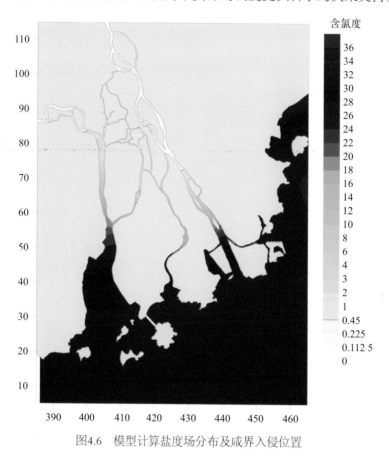

图4.6　模型计算盐度场分布及咸界入侵位置

4.3　本章小结

通过模型计算，模拟了磨刀门水道盐潮上溯的情况，计算结果与实测结果吻合较好，说明该模型总体上可以刻画半月潮汐动力变化和垂向平均的盐度分布状况。模型仍存在一定误差，主要表现在盐度上溯距离较实测值偏低，分析其原因主要有以下几个方面：

（1）对盐度上溯机制的了解尚不全面。本章模型是二维计算，不能考虑风、密度环流、分层流等动力因素的影响。而在磨刀门水道盐水上溯问题的物理过程中，盐度垂向分布不均形成盐水楔，产生强烈的分层流和密度环流。因此，计算结果存在一定的误差，不能很好地反应盐水上溯运动。

（2）地形的影响。由于地形使用的是1999年的实测水深图，而所对比的资料为2005年的实测资料，近年来地形变化较大，造成盐度上溯的距离大幅度增加，地形和实测资料的不对应，同样会对计算结果造成一定的影响。

第5章
珠江口三维咸潮数值预报模型的构建与验证

由于河口地形复杂，又是咸淡水交汇地区，不论是水流还是咸潮都具有复杂的三维结构。因而建立的数值模型必须能够模拟咸潮运动的三维特征，这样才有可能准确地模拟珠江口复杂的咸潮入侵过程。利用数值模型研究河口地区的海洋动力和环境问题，可以很好地与实测资料相互补充，全面系统地反映河口现象，揭示咸潮在河口区的运动规律。考虑到珠江口地形显著的特点是河网结构，四边形结构网格难以实现拟合复杂的岸线和局部加密，需要无结构网格刻画河网的复杂结构。本书应用基于海洋控制方程组的有限体积近岸海洋模型（Finite-Volume Coastal Ocean Model，FVCOM）数值模式模拟构建珠江口咸潮入侵。在模式中考虑径流、潮汐、风等动力因子，通过率定、验证，使模式能较为真实地模拟珠江口的水动力过程和盐度变化过程。

5.1 三维咸潮数值预报模式研究现状

近年来，珠江口咸潮入侵现象频繁出现，而且出现的次数和影响范围呈现出越来越严重的态势。人们希望能够对珠江口的盐水入侵进行深入的研究。通过对野外观测采集的实测资料进行分析，对珠江口混合类型、盐度分布结构等已有所认识。在潮流、径流、地形共同作用下，伶仃洋盐度洪季、枯季大都呈东北—西南走向，呈"S"型，且盐度东高西低，垂向混合多为弱混合型，西槽内伶仃至大虎之间断面存在盐水楔[96-98]。磨刀门因径流强劲，分层现象更为明显，洪季存在显著的盐水楔现象[99, 114]。

由于统计预报模型更多的是从变量间的相关性角度出发，它虽然能得出变量间的定量关系式，但对于河口咸水入侵这种动力过程极为复杂的现象，要通过统计预报模型揭示咸潮入侵的动力机制显然是不够的。为了能从动力机制上揭示咸潮入侵的过程及其影响因子的作用机制，建立一个基于河口动力学的数值模型十分必要。数值模型在分析河口的环流、盐水入侵等的动力机制有着独到的优势。以国内长江河口为例，沈焕庭等[95, 143]较为系统地阐述了长江口的盐水入侵过程。肖成猷[84]、吴辉[88]基于数值模型分析了北支盐水倒灌机制及其对长江口盐水入侵规律的影响。朱建荣等[144, 145]建立了长江口的ECOM-si三维数值模式，并经过其工作组不断的改进和发展[87,91,94,145]，模式已经能较为成熟地应用于长江河口。基于这个改进的三维数值模式，长江河口的环流结构、盐水入侵等的动力机制得到较为全面、深入的研究[93,146-148]。相比较而言，珠江口的盐水入侵研究起步较晚，且受复杂地形的影响，数值模拟在珠江口的应用发展相对较慢。由于对珠江口进行整体建模研究的难度较大，不少学者通过对河口分区进行建模研究，如对三角洲河网区建立一维河网模型[125-127]，对河口区建立二维、三维模型[102,128,137]。为考虑河网与口门区域的整体性，有些学者建立了一维、二维[149-150]或一维、三维连接模型[133-134]。但至今尚未对河网和口外区域整体建立三维模型进行研究。

为了最终能从动力学上解释河口咸潮入侵的动力机制，同时考虑到河口的复杂地形，本书采用无结构三角形网格对珠江口的河网、口门、近海区域建立一个完全三维的珠江口咸潮入侵数值模式。同时，出于实用性和操作简易性考虑，基于实测盐度、流量、潮位时间序列资料处理分析，本章对平岗泵站、广昌泵站、全禄水厂3个测站分别建立各自的咸潮入侵统计预报模型。

5.2　珠江口咸潮入侵三维模型

FVCOM模式是由美国麻省理工大学海洋科学和技术学院海洋生态模型实验室和美国伍兹霍尔海洋研究所于2000年成功建立的具有国际领先水平的非结构网格海洋环流与生态模型。2006年由UMASS-D/WHOI模式开发团队进一步完善。此模型综合了现有海洋有限差分和有限元模型的优点，解决了数值计算中浅海复杂岸界拟合，质量守恒及计算有效性等难题，包含了干湿网络等模块。在边界处理上，FVCOM抛弃了最原始的网格划分，采用新的划分方法（引入了三角形网格），实现了对于海岸的精确刻画和描述，这使得该模式对于水位和潮汐的刻画是非常准确的。该模式适合并行计算，具有较好的扩展性。

FVCOM模型是一个基于无结构三角形网格对海洋原始控制方程组进行数值求解的三维有限体积河口–海岸–海洋数值模式[62,151]。由于采用无结构网格配置，使得FVCOM模型能够应用于地形复杂、岛屿众多的河口、海岸近海区域。模型引入潮滩动边界处理，使得在河口潮滩区域更为适用。

5.2.1　海洋控制方程组

5.2.1.1　Z坐标下海洋控制方程组

FVCOM模式的水动力控制方程基于静压假定和Boussinesq近似，近年来又发展了基于非静压近似物理框架模型。原始海洋控制方程组包括连续性方程、动量方程、温盐输运方程、状态方程如下：

$$\frac{\partial u}{\partial t} + u\frac{\partial u}{\partial x} + v\frac{\partial u}{\partial y} + w\frac{\partial u}{\partial z} - fv = -\frac{1}{\rho_o}\frac{\partial P}{\partial x} + \frac{\partial}{\partial z}\left(K_m\frac{\partial u}{\partial z}\right) + F_u \tag{5.1}$$

$$\frac{\partial v}{\partial t} + u\frac{\partial v}{\partial x} + v\frac{\partial v}{\partial y} + w\frac{\partial v}{\partial z} - fu = -\frac{1}{\rho_o}\frac{\partial P}{\partial y} + \frac{\partial}{\partial z}\left(K_m\frac{\partial v}{\partial z}\right) + F_v \tag{5.2}$$

$$\frac{\partial P}{\partial z} = -\rho g \tag{5.3}$$

$$\frac{\partial u}{\partial x} + \frac{\partial v}{\partial y} + \frac{\partial w}{\partial z} = 0 \tag{5.4}$$

$$\frac{\partial T}{\partial t} + u\frac{\partial T}{\partial x} + v\frac{\partial T}{\partial y} + w\frac{\partial T}{\partial z} = \frac{\partial}{\partial z}\left(K_h\frac{\partial T}{\partial z}\right) + F_T \tag{5.5}$$

$$\frac{\partial s}{\partial t} + u\frac{\partial s}{\partial x} + v\frac{\partial s}{\partial y} + w\frac{\partial s}{\partial z} = \frac{\partial}{\partial z}\left(K_h\frac{\partial s}{\partial z}\right) + F_s \tag{5.6}$$

$$\rho = \rho(T, s) \tag{5.7}$$

上述方程组中，x、y为水平坐标，分别以向东、向北为正；z为垂向坐标，向上为正；u、v、w分别为x、y、z方向的水体流速；T为温度；s为盐度；ρ为密度；p为压强；f为科氏力系数（$f = 2\omega\sin\phi$，ω为地球自转角速度，ϕ为地理纬度）；g为重力加速度；K_m为垂向湍流黏滞系数；K_h为垂向湍流混合系数；F_u、F_v、F_T和F_s分别为动量、温度、盐度的水平扩散项。

5.2.1.2　Sigma坐标下海洋控制方程组

FVCOM垂向采用的是Sigma坐标，Sigma坐标变换定义为：

$$\sigma = \frac{z - \xi}{H - \xi} = \frac{z - \xi}{D} \tag{5.8}$$

坐标变换后，Sigma的取值范围为[-1，0]，其中水底处的Sigma值为-1，自由水表面值为0。相应的控制方程组为：

$$\frac{\partial \zeta}{\partial t} + \frac{\partial Du}{\partial x} + \frac{\partial Dv}{\partial y} + \frac{\partial \omega}{\partial \sigma} = 0 \tag{5.9}$$

$$\frac{\partial uD}{\partial t} + \frac{\partial u^2 D}{\partial x} + \frac{\partial uvD}{\partial y} + \frac{\partial u\omega}{\partial \sigma} - fvD$$
$$= -gD\frac{\partial \zeta}{\partial x} - \frac{gD}{\rho_o}\left[\frac{\partial}{\partial x}\left(D\int_\sigma^0 \rho\, d\sigma'\right) + \sigma\rho\frac{\partial D}{\partial x}\right] + \frac{1}{D}\frac{\partial}{\partial \sigma}\left(K_m\frac{\partial u}{\partial \sigma}\right) + DF_x \tag{5.10}$$

$$\frac{\partial vD}{\partial t} + \frac{\partial uvD}{\partial x} + \frac{\partial v^2 D}{\partial y} + \frac{\partial v\omega}{\partial \sigma} + fuD$$
$$= -gD\frac{\partial \zeta}{\partial y} - \frac{gD}{\rho_o}\left[\frac{\partial}{\partial y}\left(D\int_\sigma^0 \rho\, d\sigma'\right) + \sigma\rho\frac{\partial D}{\partial y}\right] + \frac{1}{D}\frac{\partial}{\partial \sigma}\left(K_m\frac{\partial v}{\partial \sigma}\right) + DF_y \tag{5.11}$$

$$\frac{\partial TD}{\partial t} + \frac{\partial TuD}{\partial x} + \frac{\partial TvD}{\partial v} + \frac{\partial T\omega}{\partial \sigma} = \frac{1}{D}\frac{\partial}{\partial \sigma}\left(K_h\frac{\partial T}{\partial \sigma}\right) + D\hat{H} + DF_T \tag{5.12}$$

$$\frac{\partial sD}{\partial t} + \frac{\partial suD}{\partial x} + \frac{\partial svD}{\partial y} + \frac{\partial s\omega}{\partial \sigma} = \frac{1}{D}\frac{\partial}{\partial \sigma}\left(K_h\frac{\partial s}{\partial \sigma}\right) + DF_s \tag{5.13}$$

$$\rho = \rho(T, s) \tag{5.14}$$

上述方程中，ζ为水面波动；H为静止水深；D为总水深；ω为σ坐标下垂向速度。

5.2.2　FVCOM模型的特点及改进

与POM模型（Princeton Ocean Model）和ROMs模型（Rutgers Ocean Model system）相似，FVCOM模型也应用内外模分裂技术。外模用于求解二维快速运动过程，内模对应求解三维慢运动过程。内外模分裂使得可以选取不同的时间步长对快慢过程分别求解，且将快过程简化为二维过程大大提高计算效率。模式垂向采用Sigma坐标，水平采用笛卡尔坐标系。

FVCOM模型直接对海洋控制方程进行离散差分求解，先对微分控制方程组进行面积积分，通过格林公式变换后，再计算积分单元（三角形或多面体）每边的通量。这样可以方便地以通量计算的方法对方程组进行数值求解，即有限体积法。有限体积法具有有限差分数学概念直观，表达简单，计算效率高的特点，同时也具有有限元对复杂区域的良好适应性特点。由于是对积分方程进行离散求解也使得有限体积法不论对单个控制体积还是整个计算区域都具有很好的守恒性。

基于有限体积法，模型对积分形式的海洋控制方程进行数值求解。其中二维外模采用时间前插和空间二阶精度的四阶修正龙格–库塔格式进行显式求解。内模采用半隐格式求解，即垂向黏滞扩散项应用追赶法进行隐式求解，其余项显式求解，时间差分采用一阶前插欧拉格式，平流项采用二阶精度的迎风格式。模式中湍流闭合模型采用Galperin[152]等改进的Mellor和Yamada 2.5阶湍流闭合模型[37]。

我们知道，任何数值计算的格式总会引起误差。低阶格式如一阶的迎风格式，它虽没有数值频散，但数值耗散强烈。而至于高阶精度的数值格式，如欧拉格式（中央差）、Lax-Wendroff格式等，虽然数值耗散较低，但通常是有频散的。FVCOM模式中，物质输运平流项使用的是二阶迎风格式，具有二阶精度，同样存在数值频散。这使得模型在模拟河口盐度变化过程时精度大为降低。由于一阶格式精度较低（耗散）而没有数值频散，高阶格式精度较高而频散严重，一个很自然的想法便是把两者组合一下，写成如下的形式：

$$u_{j-1/2} = u_L + \phi(u_H - u_L) \tag{5.15}$$

式中，$(u_H - u_L)$为高阶格式和低阶格式的差别，它可以看作一个反耗散（anti-diffusion）项。式（5.15）代表了一大类高阶精度、无数值频散的数值格式的创建思路，其中最广为人知、也是最有效的便是总变差消减法（Total Variation Diminishing，TVD）。TVD格式是单调的，局部极值不会增大，且不会有新的极值产生，这些都是十分好的数值性质。因此，我们引入一种常用的TVD限制算子（minimod算子），将模型中物质输运平流项由二阶迎风格式改进为TVD格式，这大幅度减少了模型的数值频散，提高了模型模拟精度[94, 153]。

5.2.3 珠江口三维数值模式建立

基于FVCOM建立一个珠江口三维数值模式，计算区域覆盖整个珠江口的河网、口门及其近海区域。模式建立首先需要对水深、岸线等地形资料进行收集处理。有了可用的水深、岸线资料后，方可制作模型网格，插值网格水深。此后，还需设置数值模式的径流、潮汐、初始温盐场、余水位场、风场等动力条件。

因为数值模式覆盖区域较广，相应收集到的地形资料数量也十分巨大且来源不同、格式也各不相同，需经过大量复杂处理，生成易于使用的水深、岸线文本文件。三角洲河网区域的水深、岸线资料由广东省水文局提供，而口外区域的地形资料则由国家海洋环境预报中心提供。河网区资料相对较新、较为完整，但资料为Auto CAD的文件格式（.dwg），而dwg文件为二进制图形文件，无法直接使用。要处理成数值模式可以使用的格式，首先需进行文件格式转换，生成程序可处理的文本文件，再通过编程实现有效数据提取。口外区域资料为Arcgis文件（.shp文件），在Arcgis软件中进行坐标投影转换后，导出文本信息，进而提取出水深数据供数值模式使用。后发现，在河网与口外交接的河口区域，资料分辨率很低，这对数值模式的精度影响很大。为了解决河口区的资料分辨率不够的问题，我们收集了珠江口口门区域高分辨率海图，将其扫描后数字化得到密度较高的地形资料。岸线资料也是从Auto CAD文件和Arcgis文件中提取得到，并结合Google Earth对岸线进行了校验、更新。

　　数值模式无结构三角形网格制作主要是利用SMS软件（Surface-Water Modeling System）完成。首先将处理好的岸线数据导入到SMS中，可将数值模式区域划分为数个小区域，按区域逐个设置网格分辨率、网格面积梯度、网格夹角等参数，生成网格后再合并成一个完整区域网格。在初步生成的网格基础上，对所关心的区域进行网格局部加密，此后需对网格进行检查、调整，以保证网格有较高质量。数值模式最终使用的网格共有51 697个三角形单元，33 839个节点（图5.1）。可以看出模式网格很好地拟合了整个珠江口的复杂河网、岸线，并对河口岛屿有较好的分辨率。其中河网区最高分辨率达75 m，外海开边界分辨率约15 km。在此基础上，从SMS中导入已处理好的相对完整、较新的水深文本资料，以四象限距离加权方式，最终插值得到网格的水深（图5.2）。可以看出，图5.3还是比较符合珠江口的实际水深情况，模式外海区域最深不超过200 m。

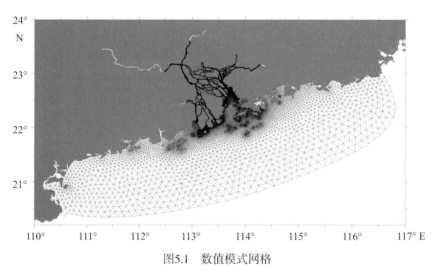

图5.1　数值模式网格

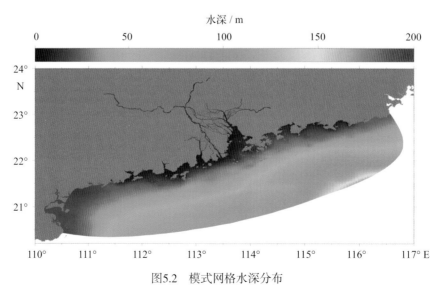

图5.2　模式网格水深分布

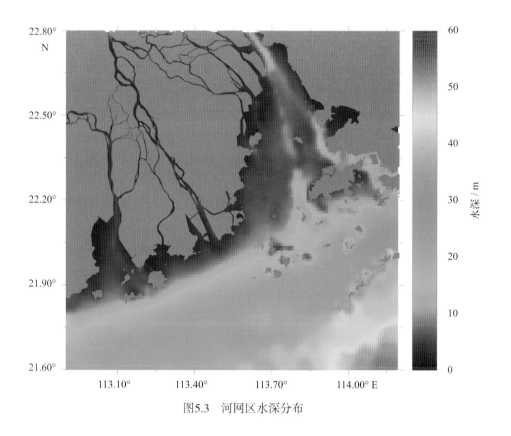

图5.3 河网区水深分布

模式上游开边界共设置了6条河流，分别为西江（高要）、东江（博罗）、北江（石角）、潭江（石咀）、流溪河（老鸦岗）、增江（麒麟咀）。由于潭江、流溪河、增江流量资料相对匮乏，考虑到其流量相对其他3条河流来说是个小量，并不影响模式的模拟精度，因而模式中的流量边界条件仅给出西江、北江、东江的实际流量，流量资料为对应水文站的日均流量。根据模式的不同应用，选取相应时间段的流量给出。数值模式外海开边界考虑了16个主要分潮，并以潮汐调和常数形式给出。与以往4个主要分潮（M_2、S_2、K_1、O_1）相比，本模式中的外海开边界条件更为准确。模式使用的调和常数是从全球潮汐调和常数资料库中插值到数值模式网格的边界节点上得到。

由于河口区斜压作用明显，而温盐场的调整过程相对较慢，因而一个较为合理的初始温盐场可以大大缩减数值模式的调整时间，对数值模式效率及精度都有很大帮助。模式中使用的初始温盐场资料，则是由海洋图集的多年月平均的资料数字化得到，并整合了其他可用的观测资料共同给出（图5.4和图5.5）。

由于模式覆盖了较大范围的近海区域，考虑到沿岸流在近海的影响等，模式外海开边界中加入了1月余水位（多年月平均）。模式中使用的余水位资料为美国SODA（Simple Ocean Data Assimilation）海洋再分析系统产品（图5.6）。

模式中考虑了实时风的作用，实时风场资料由国家海洋环境预报中心提供，具有0.1°×0.1°的空间分辨率和逐时的时间精度。按模式具体应用，制作对应风场序列供模式调用。

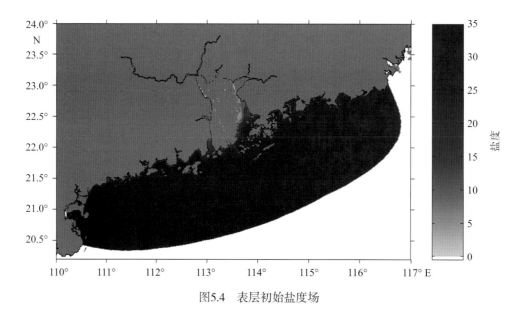

图5.4　表层初始盐度场

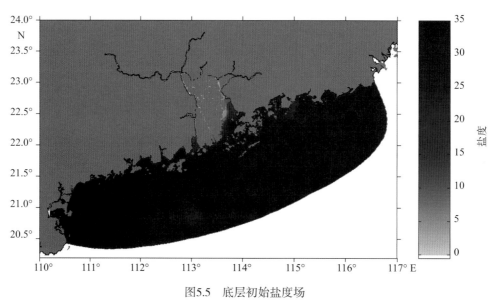

图5.5　底层初始盐度场

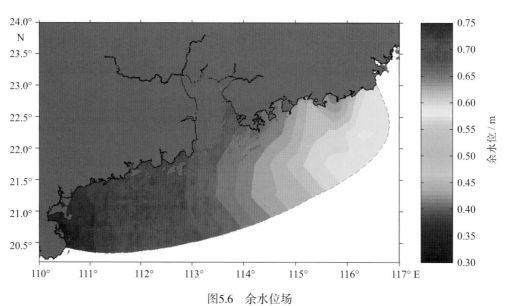

图5.6　余水位场

至此，完成了数值模式的地形、网格及其他各种模式输入文件的设置，再对数值模式代码进行重新编译，最终建立珠江口三维数值模式。数值模式建成后，还需对数值模式的一些输入参数进行调试、率定，以适应珠江口的实际情况。这些参数主要包括底摩擦、混合、扩散系数等。因为河口地区滩槽复杂，底质各异，不同区域底摩擦情况会差别很大，而河口区域的流场、温盐场的三维结构对黏滞、扩散系数极其敏感。河口的这种复杂特性使得模式的调试、率定变得相当重要和复杂。在经过大量数值试验的调试、率定后，最终建立成适用于珠江口咸潮入侵的三维数值模式。

5.3 珠江口三维数值模式验证

河口作为陆海交汇区域，动力因子复杂。一方面外海潮波在向岸传播过程中，振幅增大，使得河口区潮汐现象更加明显，正压运动剧烈；另一方面河口作为咸淡水混合区域，盐度空间分布差异明显，使得河口的斜压作用大为增强。此外，河口区域往往伴随着泥沙冲淤，导致滩槽演变，地形复杂多变，这些因子共同作用使得河口区域的动力过程变得相当复杂。

因此，要检验一个河口数值模式的精度，最直观也最为基础的便是潮位验证。潮位验证合理，则表明数值模式能较好地模拟出河口的正压过程。但由于河口斜压效应明显，仅水位验证合理是不够的，只有对河口流速、盐度等受斜压作用影响的物理量进行验证，才能检验出数值模式的总体精度。本节对所建立的三维数值模式进行潮位、潮通量、流速及流向等多种物理量的验证，检验数值模式的模拟精度。

5.3.1 潮位验证

由于模式覆盖区域范围很大，而潮波传播是从外海向近岸传播，为了检验数值模式总体精度，需选取多个测站进行潮位验证，这样验证结果才具有较好的代表性。为此，本课题从《潮汐表》中收集珠江口区域20多个潮位站的潮位资料，对各个测站的2008年1月的潮位资料进行了数字化。潮位站位置如图5.7所示，可以看出，测站覆盖了珠江口的大部分区域，其位置的空间分布比较均匀，能反映出数值模式在整个珠江口的模拟精度。验证资料时间长度长达1个月，包括了大小潮周期的变化，因而也能较好评估出数值模式在不同潮型下的精度。

由于水位变化主要是正压过程，且调整较快，因而模式起算时间设置为2007年12月25日，提前7 d起算，输出后面30 d（2008年1月）的计算结果。模式上游西江、北江、东江径流分别给为枯季平均流量3 000 m³/s、650 m³/s、500 m³/s。风场考虑枯季平均风场（东北风：6.5 m/s，70°）。模式正压计算，外模时间步长取为5 s，内模取为25 s。由于潮位站较多，为节约篇幅，本书仅列出部分潮位站的验证结果（潮位验证图5.8～图5.21中，红点为潮汐表数字化潮位值，蓝线为模式计算潮位值）。

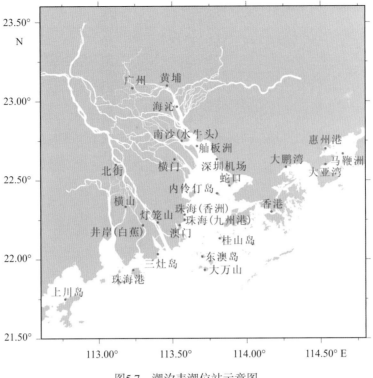

图5.7 潮汐表潮位站示意图

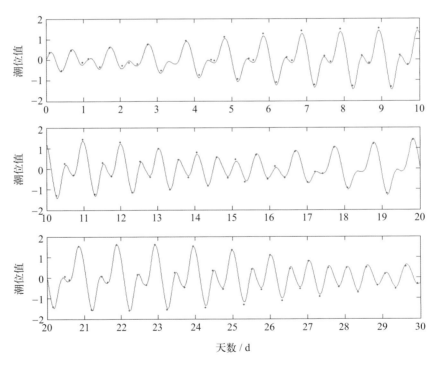

图5.8 上川岛潮位验证

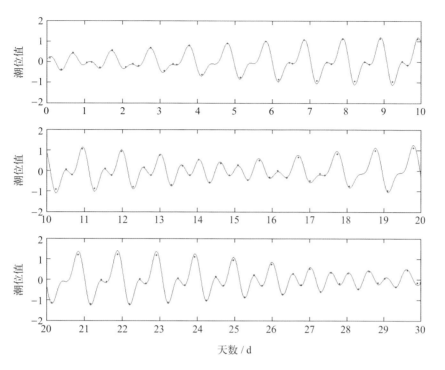

图5.9 大万山潮位验证

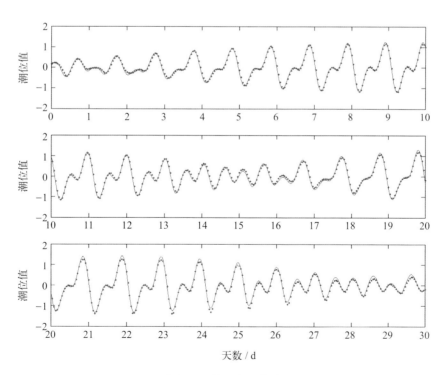

图5.10 桂山岛潮位验证

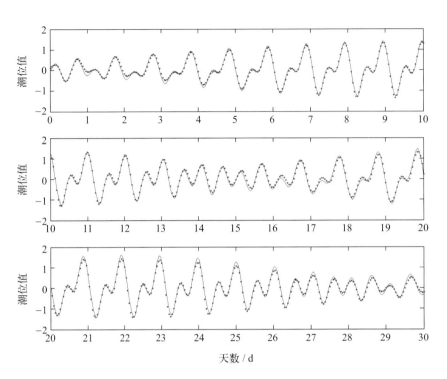

图5.11 内伶仃岛潮位验证

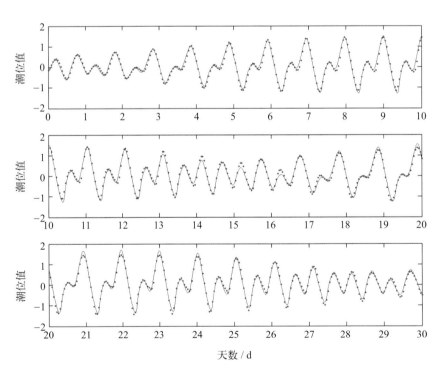

图5.12 舢舨洲潮位验证

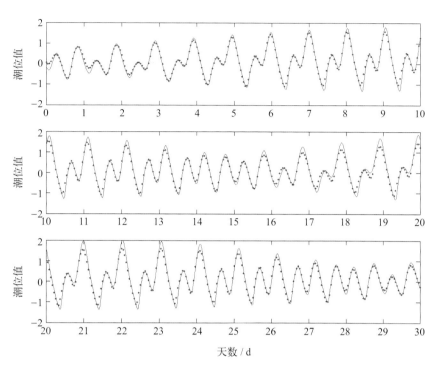

图5.13 黄埔站潮位验证

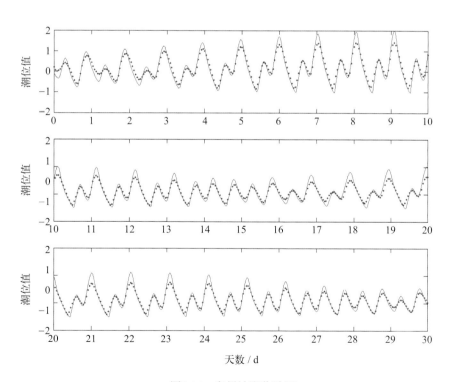

图5.14 广州站潮位验证

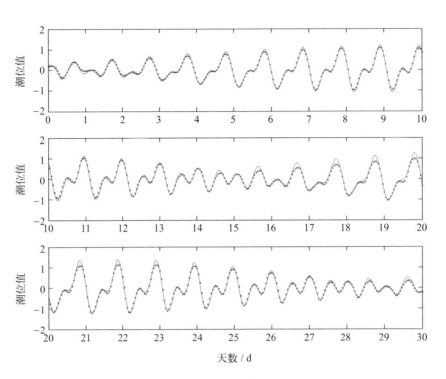

图5.15　香港潮位验证

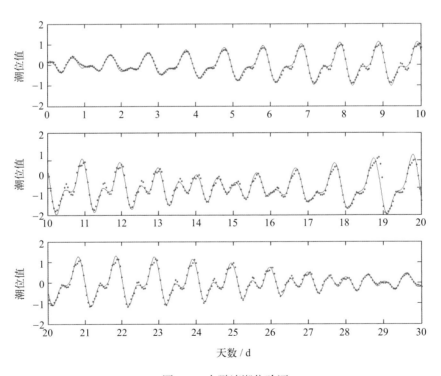

图5.16　大鹏湾潮位验证

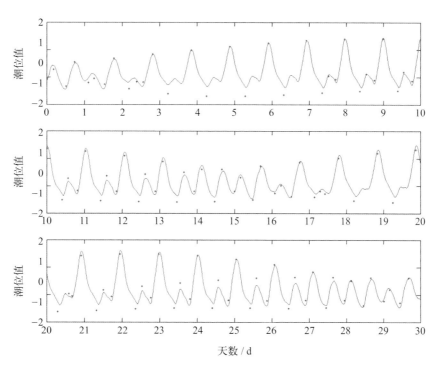

图5.17　横山潮位验证

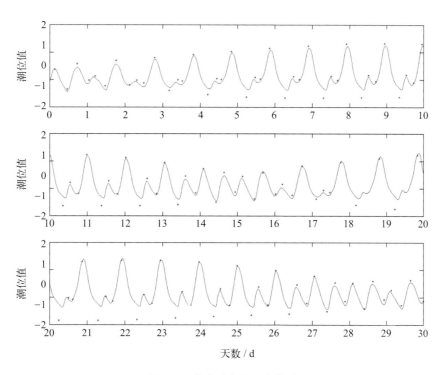

图5.18　井岸（白蕉）潮位验证

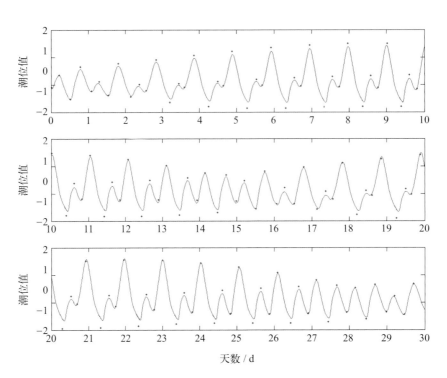

图5.19　南沙（水牛头）潮位验证

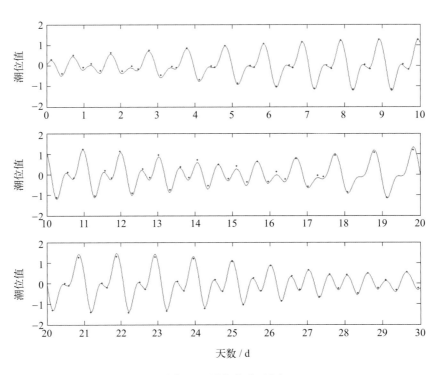

图5.20　澳门潮位验证

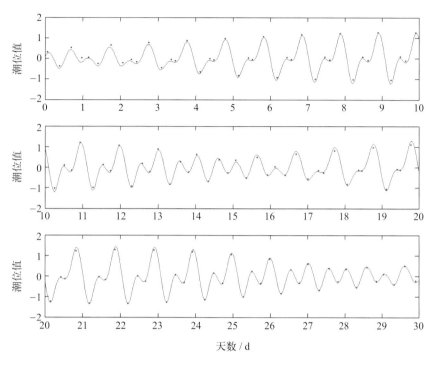

图5.21　三灶岛潮位验证

　　珠江口具有明显的潮汐日不等现象：高高潮位（低低潮位）与低高潮位（高低潮位）不等。潮汐的日不等现象小潮较不明显，小潮到大潮过程中日不等差异逐渐增大，大潮时最为明显。从以上潮位站的验证结果可以看出模式计算值与潮汐表资料十分吻合，较为真实地模拟出了珠江口的潮汐变化过程。模式对位于八大口门外的潮位站模拟精度更高，但河道内的部分潮位站如横山、南沙（水牛头）、井岸（白蕉）等潮位站，模式计算的小潮结果较好，但大潮低低潮位相比潮汐表值偏高。这是因为潮汐传播到河道内受地形影响变形加剧，而河道由于人工疏浚、采砂等地形资料相对口外变化较大，使得模式在河道内的精度相对口外略有降低。

　　此外，对珠江口相对中心位置的内伶仃岛潮位站进行调和分析对比。对潮汐表潮位和计算潮位时间序列调和分析出11个主要分潮的调和常数（图5.22）。可以看出，珠江口主要日潮、半日潮的振幅较大，尤其是M_2、K_1、O_1、S_2最为主要，其中又以M_2分潮振幅为最大达50 cm余。而浅水分潮M_4、MS_4、M_6振幅很小，均不超过5 cm。总体上计算值与潮汐表的调和分析结果无论是振幅还是相位都较为一致，仅浅水分潮由于振幅太小导致相位误差较大。

　　总体上讲，潮位验证结果表明模式对珠江口的潮汐变化过程的模拟有着较好的精度。

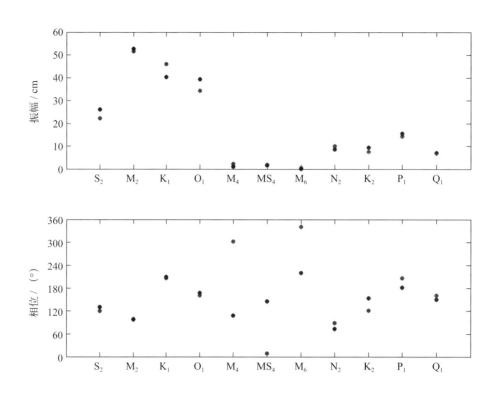

图5.22　内伶仃岛潮位站潮汐调和分析结果对比

红点为潮汐表调和结果，蓝点为计算值调和结果

5.3.2　断面潮通量、盐度验证

为确保国家防总批复实施的珠江压咸补淡应急调水方案顺利完成提供必需的水文及咸潮数据，研究珠江三角洲网河区枯水期复杂的水文和咸潮上溯规律，为珠江三角洲河道治理、八大口门的综合治理、水资源的合理调配、开发利用和保护提供基本资料，并为网河区建立减灾预警方案及制定相应防灾减灾应急措施提供科学依据，同时也为该地区站网布设、信息系统采集和传输选型提供依据，经水利部珠江水利委员会和广东省水利厅批准，广东省水文局联合珠江委水文局于2005年1月开展大规模同步水文、水质断面监测。本节采用这次观测资料验证数值模式。

此次监测共布设56个断面，测验项目包括水位、流速、大断面、流量、含氯度、水质等。全部断面统一从2005年1月18日（农历十二月初九）9:00开始同步水文测验，分两个阶段：一是1月18日至2月5日进行32个完整周潮同步水文测验和咸潮监测；二是1月28日至2月9日进行调水压咸水文同步监测，因具体要求不同，故观测时间先后有所不同，在2月7日至2月9日结束。测量时选取断面某一代表线按当地水深不同，进行垂向两点法（0.8 h、0.2 h）或是一点法（0.6 h）进行测量。

本节选取其中部分断面的流量和含氯度的实测资料进行整理，用于模式验证。选取的断面主要位于各口门附近区域及西江入海的马口——磨刀门沿程区域，具体断面位置如图5.23所示。

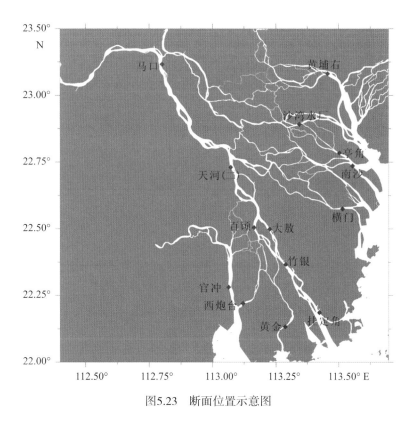

图5.23 断面位置示意图

考虑到河口的斜压过程调整较慢，模式提前约一个月起算。以《南海海洋图集》（2006版）多年月平均的12月温盐场作为模式初始温盐场。此外，模式上游西江、北江、东江径流给为日平均流量（由于模式提前计算，期间缺少的流量资料等值外插给出），下游开边界除了潮汐作用外，引入余水位作用，并考虑实时风场作用。模式进行斜压计算，外模时间步长取1 s，内模取10 s。实测断面盐度资料虽是某一代表线上测得的垂向平均值，但也能较好地代表断面总体情况，可认为是断面平均值。因而模式输出断面流量、断面平均盐度与实测资料进行对比验证（图5.24～图5.26）。

断面资料显示流量序列与潮位序列变化过程有相似之处，也存在明显的潮汐日不等。小潮时（2005年1月31日，农历2004年十二月二十二日）一日之内的两次最大落（涨）潮量差值不大，但大潮时（2005年1月25日，农历2004年十二月十六日）的两次最大落（涨）潮量却差异明显。虽然日最大落潮流量小于日最大涨潮流量，但落潮历时较长，且流量均值较大，这与河口净通量（径流）向海相符。图5.24中各个口门附近的断面潮通量计算值与实测值吻合良好，马口—磨刀门沿程断面潮通量的计算值与实测值也较为一致（图5.25）。但挂定角断面流量略有偏差，流量振幅计算值相比实测值偏小。这是由于挂定角邻近马骝州河道分岔口，而马骝州河道相对较小，模式中的水深资料较为稀疏且较为陈旧，使得模式中的马骝州河道水深浅于实际水深，导致对应的通量计算值也偏小。此外，流量对比验证可以发现部分断面处，模式对日小潮的潮通量计算值偏差相对日大潮略大，这是由于日小潮的潮动力较弱，潮通量较小，对应观测难度也增大，难免增大实测资料的误差；另一方面珠江口河网中存在较多的水闸，这些水闸的人工调度产生的影响也会在日小潮中得到放大。总体而言，模式能比较可靠地模拟出流量的潮周期变化过程。

　　至于断面处的盐度变化，从图5.26可以看出，盐度的模拟精度相对流量有所降低，这也可以理解，因为盐度的模拟难度本身较高。考虑到模式结果为断面平均盐度，而实测资料为断面代表线垂向平均值，二者的差异也会导致验证精度降低。但可以看出数值模式还是比较准确地模拟出断面盐度的变化特征及趋势，尤其是挂定角的独特盐度变化特征，这表明数值模式是可靠的。

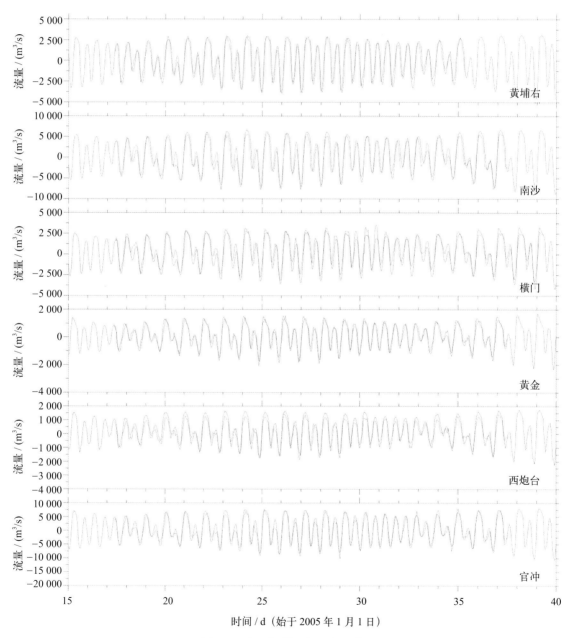

图5.24　各口门附近断面流量验证

红线为实测断面流量，蓝线为模式计算流量；流量正值表示落潮，负值表示涨潮

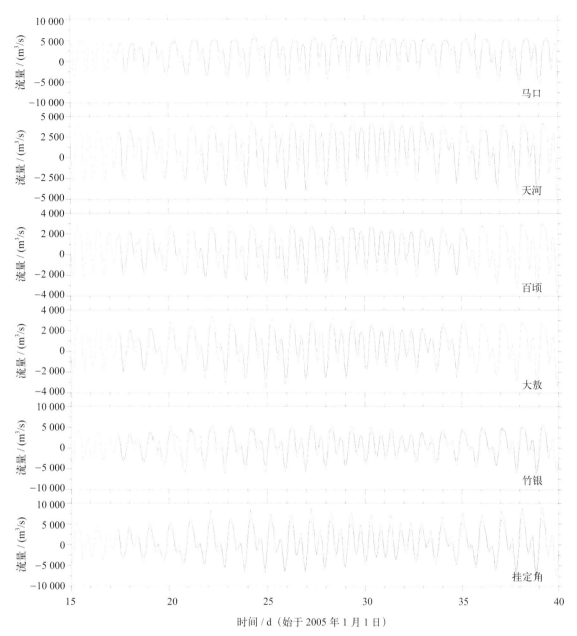

图5.25　马口—磨刀门沿程断面流量验证

红线为实测断面流量，蓝线为模式计算流量；流量正值表示落潮，负值表示涨潮

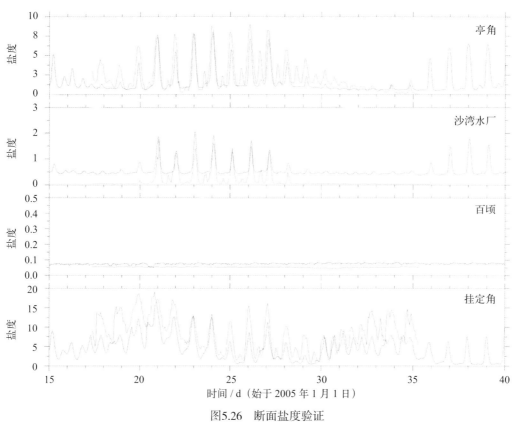

图5.26　断面盐度验证
红线为实测断面盐度，蓝线为模式计算盐度

5.3.3　流速、盐度验证

此前已对模式的潮位、断面潮通量、断面盐度进行了对比验证，模式取得较好的验证结果，但模式是否真正能模拟珠江口的三维水动力、咸潮入侵过程，尚需进一步对模式的定点流速、盐度的潮周期过程进行检验。为了提供数值模式流速盐度验证资料，也为了能给珠江口咸潮入侵研究积累宝贵的野外观测资料，通过海洋公益性行业专项项目——珠江口咸潮数值预报技术研究支持，由国家海洋环境预报中心、中国科学院南海海洋研究所等单位于2009年2月实施了珠江口的大范围同步观测。其中包含船只定点测站20个，测站位置见图5.27。观测项目包括温盐深剖面（CTD观测），海流剖面（三层）、悬沙浓度和部分站的海面风速测量。

具体观测分两个阶段进行，第一阶段于2009年2月16日至18日（农历一月二十二日至一月二十四日）的小潮期间进行同步观测，第二阶段于2009年24日至26日（农历一月三十日至二月二日）的大潮期间进行同步观测。本节整理了各个测站的表、底层流速流向、表、底层盐度资料，用于珠江口三维数值模式验证。

在模式中做了相应设置，应用模式对2009年2月的观测资料进行了一个后报试验（后文称：200902试验），以检验数值模式精度。模式起算时间设置为2009年1月1日零时，共计算60模式天。模式初始温盐场来自南海海洋图集多年月平均资料。模式上游西江、北江、东江径流按由相应上游水文站（高要、石角、博罗）的日平均流量给出，流量资料覆盖完整的60模式天。下游开边界也是同时考虑潮汐作用和余水位作用，并考虑实时风场作用。模式进行斜压计算，外模时间步长取为1 s，内模取为10 s。模式输出对应测站位置的流速、盐度序列进行对比验证（图5.28～图5.47）。

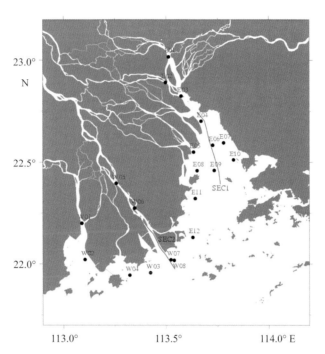

图5.27　2009年2月观测站位置示意图

SEC1、SEC2为后文用于盐度分析的虎门、磨刀门纵断面

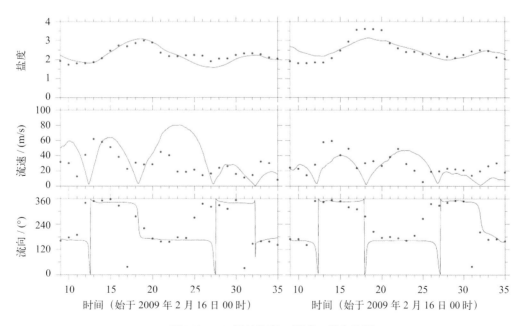

图5.28　E01测站盐度、流速、流向验证

左：表层，右：底层；红点为实测值，蓝线为模式计算值

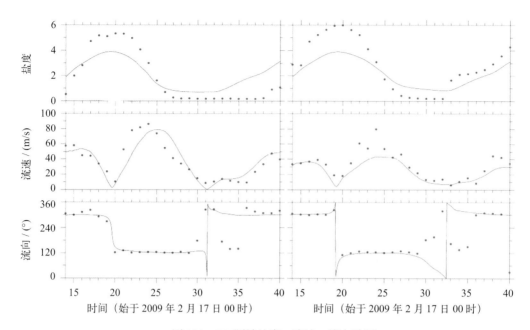

图5.29　E02测站盐度、流速、流向验证
左：表层，右：底层；红点为实测值，蓝线为模式计算值

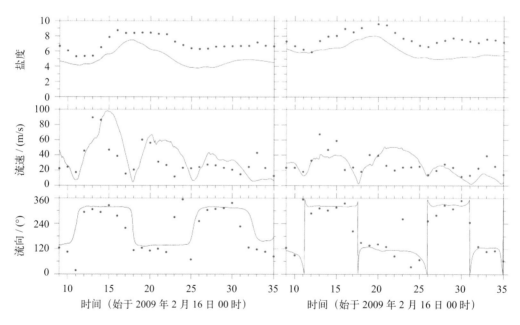

图5.30　E03测站盐度、流速、流向验证
左：表层，右：底层；红点为实测值，蓝线为模式计算值

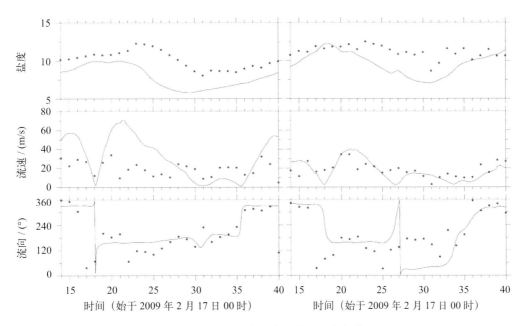

图5.31 E04测站盐度、流速、流向验证

左：表层，右：底层；红点为实测值，蓝线为模式计算值

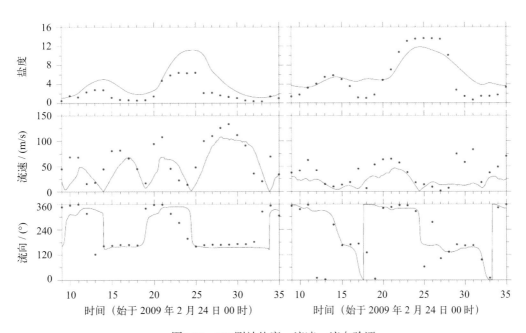

图5.32 E05测站盐度、流速、流向验证

左：表层，右：底层；红点为实测值，蓝线为模式计算值

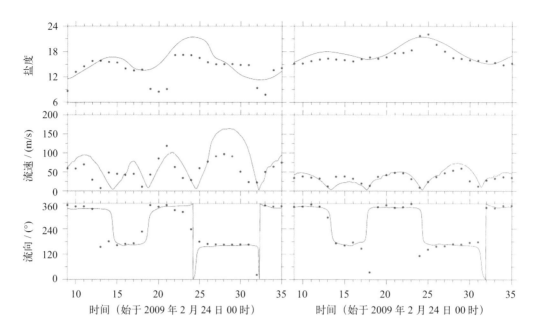

图5.33　E06测站盐度、流速、流向验证
左：表层，右：底层；红点为实测值，蓝线为模式计算值

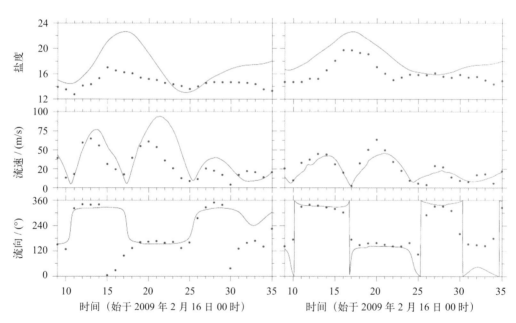

图5.34　E07测站盐度、流速、流向验证
左：表层，右：底层；红点为实测值，蓝线为模式计算值

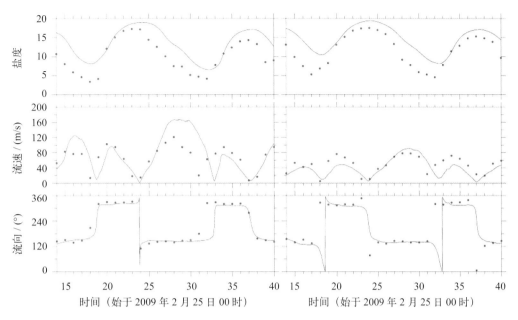

图5.35　E08测站盐度、流速、流向验证
左：表层，右：底层；红点为实测值，蓝线为模式计算值

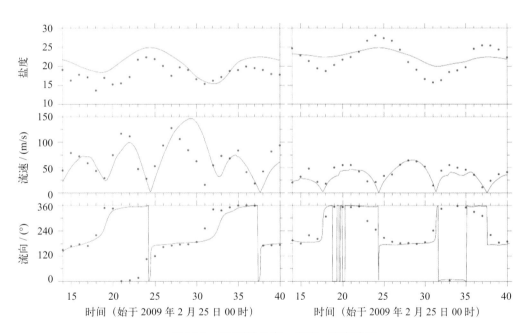

图5.36　E09测站盐度、流速、流向验证
左：表层，右：底层；红点为实测值，蓝线为模式计算值

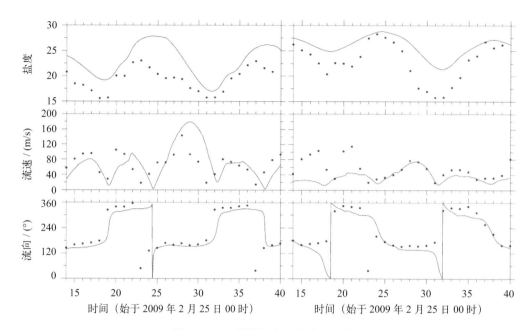

图5.37 E10测站盐度、流速、流向验证
左：表层，右：底层；红点为实测值，蓝线为模式计算值

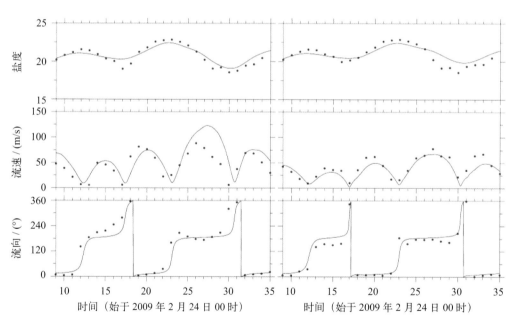

图5.38 E11测站盐度、流速、流向验证
左：表层，右：底层；红点为实测值，蓝线为模式计算值

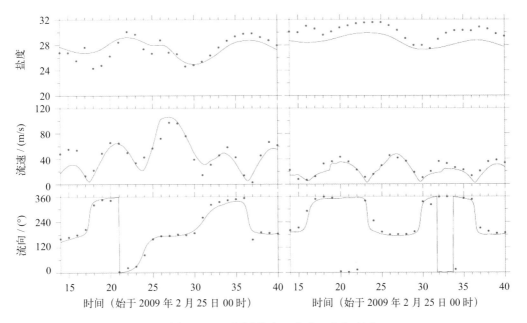

图5.39 E12测站盐度、流速、流向验证
左：表层，右：底层；红点为实测值，蓝线为模式计算值

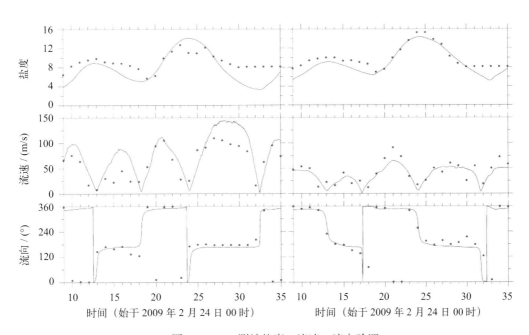

图5.40 W01测站盐度、流速、流向验证
左：表层，右：底层；红点为实测值，蓝线为模式计算值

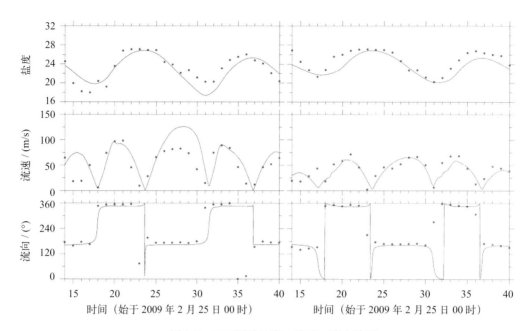

图5.41　W02测站盐度、流速、流向验证
左：表层，右：底层；红点为实测值，蓝线为模式计算值

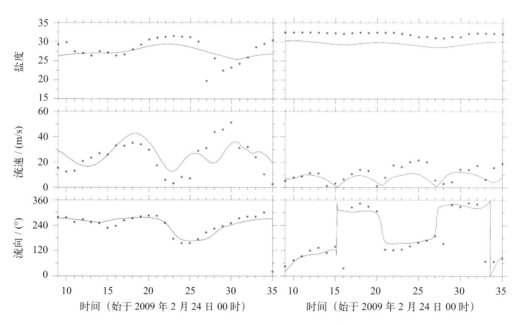

图5.42　W03测站盐度、流速、流向验证
左：表层，右：底层；红点为实测值，蓝线为模式计算值

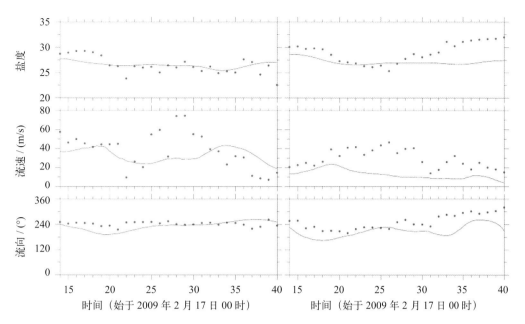

图5.43　W04测站盐度、流速、流向验证
左：表层，右：底层；红点为实测值，蓝线为模式计算值

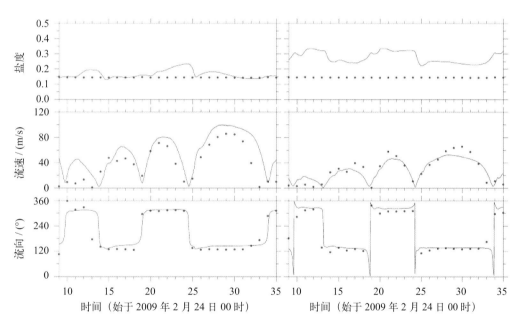

图5.44　W05测站盐度、流速、流向验证
左：表层，右：底层；红点为实测值，蓝线为模式计算值

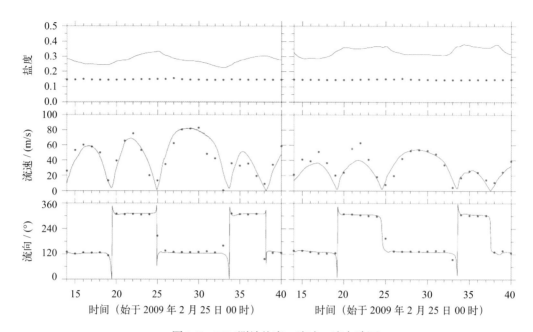

图5.45　W06测站盐度、流速、流向验证
左：表层，右：底层；红点为实测值，蓝线为模式计算值

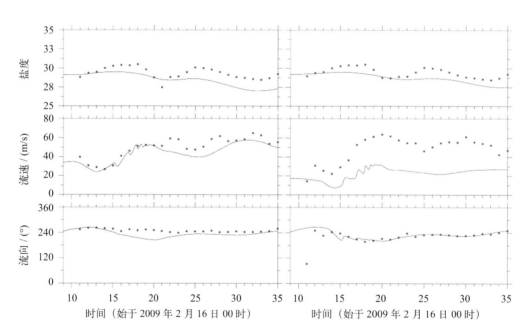

图5.46　W07测站盐度、流速、流向验证
左：表层，右：底层；红点为实测值，蓝线为模式计算值

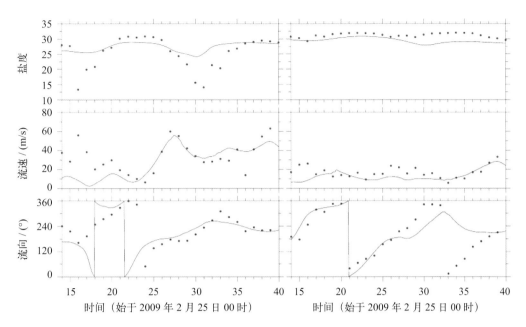

图5.47 W08测站盐度、流速、流向验证
左：表层，右：底层；红点为实测值，蓝线为模式计算值

以上各图中的实测数据点表明珠江口无论是水动力还是盐度变化都有明显的空间差异性。位于河道内测站水流呈明显的往复流（E02、W05等），而口外区域的测站则有些为旋转流（W08），有些依然是往复流（E06）。此次观测发现风应力对珠江口潮流影响明显，如部分测站潮流几乎完全受风应力控制，观测期间维持着恒定的流向（W04）。各测站盐度情况也十分复杂，水平梯度、垂向梯度各不相同。狮子洋上游（E01）盐度水平混合相对较为均匀，盐度涨落潮变化在1～4之间；而伶仃洋西部沿岸具有很强的盐度水平梯度，如E08测站观测到0～20之间的盐度涨落潮变化。盐度的垂向分层也因站而异，如E05测站表、底层盐度分层明显，而E11、W02等测站则混合较为均匀。

从模式对各个测站的验证结果来看，模式模拟出了不同测站的往复流、旋转流等流态特征，对风作用占主导的W04等测站，模式也较好地模拟出恒定流向值。模式计算的流速值除个别站的表层落潮流速有所偏大，大部分站点流速值还是与实测值较为接近。总体上还是比较真实地反映出整个珠江口的水动力变化情况。对盐度的模拟，模式也有较好的表现，能比较真实地模拟出珠江口盐度的潮周期变化过程。但对个别表、底层盐度分层明显的测站，模式计算结果垂向混合偏强，分层较不明显。

此次进行的流速、盐度潮周期过程的验证比较全面，验证站点达20个，覆盖了较为完整的珠江口区域。从数值模式的验证结果可以看出，模式总体上还是能较为真实地反演出当时珠江口的实际情况，具有较好的可信度。

5.4　数值模式精度评价

前节中数值模式对多批资料进行了验证。这些验证结果虽然直观地表明了模式具有较好的精度，能较为真实地模拟出珠江口的水动力过程和盐度变化过程，但若要对数值模式的精度作出明确的量化评价，则需引入一些评价指标。数值模式的精度或准确度即模式计算结果与实测值的接近程度，可用误差来衡量，所谓误差在测量学中是指测量值与真值之间的差量。常用的评价指标有绝对误差、相对误差等。本书引入这些量化的评价指标，以2009年2月的模式盐度后报结果为例，对数值模式准确度进行评价。

绝对误差：

$$E = |X - \mu| \tag{5.16}$$

相对误差：

$$Er = \frac{E}{\mu} \times 100\% = \frac{|X - \mu|}{\mu} \times 100\% \tag{5.17}$$

式中，X 为模式计算值；μ 为实测值。

绝对误差反映了数值模式计算结果与实测结果的差距的大小，但不能反映误差在实测值中所占比例，无法比较不同实测值的模拟精度。相对误差则反映出计算误差在实测值中所占的比例，当实测值变化明显时，衡量数值模式的相对误差更有意义。

由于各个测站都进行了长达27 h的潮周期的连续观测。为描述数值模式在不同测站的模拟精度，对测量序列 $\{X_i\}$ 中对应各次测量的绝对误差、相对误差分别取其算术平均值得到各测站的平均绝对误差、平均相对误差。

平均绝对误差：

$$\overline{E} = \frac{1}{n} \sum_{i=1}^{n} |X_i - \mu_i| \tag{5.18}$$

平均相对误差：

$$\overline{Er} = \frac{1}{n} \sum_{i=1}^{n} \frac{|X_i - \mu_i|}{\mu_i} \times 100\% \tag{5.19}$$

式中，下标 i 表示测次。

平均绝对误差、平均相对误差这两个指标能够较好地反映出数值模式在不同测站区域对盐度变化的模拟精度。本节对磨刀门、虎门附近及其上游测站和其他区域的部分测站的盐度模拟结果进行了误差统计（表5.1）。

从表5.1中可以看出，模式具有较高的准确度，误差总体较小，绝大部分站点的盐度模拟结果都与实测值相当接近。除W05站点外，各测站最大的总体相对偏差不超过25%，各站平均的总体相对偏差为13.6%，总体绝对偏差为2.2‰。

表 5.1　珠江口三维数值模式盐度模拟精度统计

测站	平均绝对偏差				平均相对偏差				总体绝对偏差	总体相对偏差
	小潮		大潮		小潮		大潮			
	表层	底层	表层	底层	表层	底层	表层	底层		
E01	0.177 5	0.276 6	0.304 5	0.660 3	8.2%	11.8%	20.0%	44.6%	0.354 7	21.2%
E03	1.968 9	1.670 7	2.033 3	1.030 2	28.4%	21.4%	29.4%	13.1%	1.675 8	23.1%
E04	2.207 4	1.657 3	2.630 1	2.213 8	22.0%	14.9%	22.7%	21.8%	2.177 2	20.3%
E06	1.565 1	3.001 6	2.408 5	1.118 6	11.5%	16.7%	20.7%	6.7%	2.023 5	13.9%
E07	2.636 6	2.203 5	2.823 1	3.920 1	17.6%	13.7%	18.5%	25.1%	2.895 8	18.7%
E09	4.111 2	2.039 4	2.772 6	2.227 6	24.9%	8.0%	15.9%	10.8%	2.787 7	14.9%
E10	5.347 3	2.256 0	3.592 6	3.032 0	26.8%	9.7%	18.6%	15.1%	3.557 0	17.5%
E11	3.280 2	2.939 4	0.650 2	0.837 9	18.2%	15.9%	2.9%	3.6%	1.927 0	10.2%
E12	2.550 5	2.099 2	0.965 2	1.550 4	10.0%	7.0%	3.6%	5.1%	1.791 3	6.4%
W02	3.195 9	1.408 7	1.384 6	1.209 0	14.8%	4.9%	6.4%	4.8%	1.799 6	7.7%
W03	1.563 3	0.917 8	1.857 7	2.547 1	5.1%	3.0%	7.0%	8.0%	1.721 5	5.8%
W04	1.075 5	2.098 5	5.629 1	3.306 4	4.1%	6.9%	27.4%	10.6%	3.027 4	12.3%
W05	0.035 5	0.136 5	0.024 0	0.132 9	25.5%	97.8%	16.5%	91.3%	0.082 2	57.8%
W07	1.003 3	0.761 6	3.911 2	1.176 7	3.4%	2.6%	19.0%	3.9%	1.713 2	7.2%
W08	3.225 1	3.729 4	3.099 4	1.749 6	10.3%	11.7%	16.5%	5.6%	2.950 9	11.0%

　　磨刀门附近区域（W07、W08）的总体相对误差分别为7.2%和11.0%，很好地满足了项目预期的30%的误差要求。磨刀门上游的W05测站相对偏差较大，达57.8%，这是因为W05测站的实测盐度值较低，实测平均盐度约0.15。相对误差计算公式自然会使得模式误差显得较高，而实际上模型计算的盐度值与实测值是相当接近，绝对误差很小，仅0.08。虎门附近（E04、E06、E07）的模拟效果也很好，总体相对偏差约为17.6%（误差＜30%），其上游区域（E03、E01）则偏差在22.2%（误差＜50%），都很好地达到了预期目标。

5.5　本章小结

　　收集和数值化大量的珠江口岸线、水深及潮汐、流速流向、盐度等资料，为珠江口的咸潮入侵数值模式的建立奠定了基础。基于FVCOM数值模式首次建立了整个珠江口三维咸潮入侵数值模式，模式覆盖了整个珠江三角洲的复杂河网、河口及口外近海区域，网格完全拟合岸线、河网内充分加密。由于数值模式是一个完全三维数值模式，无论是对河网区还是对口门、近海区都进行三维求解，避免了以往对珠江口进行一维、二/三维数值模式联解时交界面处数值模式间变量传递所需做的一些假设和特殊处理。此外，对数值模式的物质输运平流项进行了改进，提高了数值模式的精度。数值模式的外海开边界引入了16个主要分潮，比以往的4个分潮有了很大改进，使得开边界的动力条件精度更高。

模式对27个潮位站2008年1月潮位、1月18日至2月9日14个断面潮通量和盐度、2009年2月16日至2月26日20个定点船测流速流向和盐度作了验证，模式计算结果和实测资料吻合良好，表明建立的珠江口咸潮数值模式能正确模拟潮汐潮流和咸潮入侵等动力过程。在2009年2月观测资料的盐度验证中，数值模式较为真实地模拟出了河口测站的盐度变化情况。磨刀门附近盐度相对误差不超过12%（＜30%），其上游的绝对误差为0.08‰（＜0.25‰）。虎门附近相对偏差约为17.6%（＜30%），其上游相对偏差在22.2%（＜50%），都很好地达到了预期目标。

由于河口地区复杂性，模式在部分区域的咸潮入侵的模拟中，精度尚有不足，如个别测站模拟结果的分层现象不够明显等。一方面可能是由于数值模式的部分参数取值还不够合理，需要更多的观测资料对模式进行进一步率定。但另外一个重要原因则在于河口地形演变较快，而模式中的地形资料相对未能更新，地形的失真自然会导致数值模式误差较大。相信模式地形资料得到更新后会有更高的精度。

第6章
珠江口潮汐与
环流特征模拟

河口作为河与海的交汇区域，潮汐现象是它最基本的现象，而水体在潮汐作用下发生的涨潮、落潮则是它基本的流态特征。水体的涨落潮运动直接影响着水体中的盐度、营养盐、悬浮泥沙、污染物等物质的分布，这些物质的最终去向、长期输运模式与水体的余流形态密切相关[154]。考虑到潮汐动力是河口水动力过程中的一个基本动力因子，对河口的盐度分布及盐水入侵运动规律有着重大的影响，有必要先对珠江口潮汐潮流进行研究，了解其特征及变化规律。

不少学者对伶仃洋海域的潮流、余流情况进行了研究。莫如筠和阎连河基于早期观测资料发现，伶仃洋洪季以西槽为主要涨落潮通道，枯季以东槽为主要通道[96]。受西岸下泄径流影响，西部径流作用较强，东部潮流作用较强[97,104]。由于径流存在，伶仃洋的余流基本由北向南，受科氏力和水位坡降的影响，余流洪季有偏西分量，枯季有偏东分量[155]。韩保新等应用ADI法首次对整个珠江口海区的潮汐和潮流进行了二维数值模拟，并对海区的余流平面分布进行了初步分析[156]。在考虑潮汐动力的基础上还考虑了径流和比降，王建美等基于二维数值模式分析了伶仃洋流场，认为伶仃洋余流主要受径流控制，比降也起着不可忽视的作用[157]。沈汉堃等基于二维曲线坐标网格模式探讨了不同湾口形态与伶仃洋的水动力变化关系[158]。李孟国采用非交错正方网格在伶仃洋海区建立了三维正压数值模式，分析了海区洪、枯季流场空间分布[159]。此后，不少学者在引入了风、斜压等动力因子基础上，对珠江口的环流结构进行了数值模拟研究[102,128,130-134,136,141]，其中Wong等基于POM模式的数值模拟研究，较为全面地讨论了珠江口及邻近海域的环流模式，尤其对河口盐度锋面的动力机制进行了深入的探讨，但他的研究主要侧重于河口盐度锋区域[159]。

本章基于无结构三维数值模式对珠江口及邻近海域的潮汐、潮流、河口环流时空变化特征进行分析。为此，设置了一个控制数值试验，控制数值试验对应设置为模拟枯季珠江口的水动力过程。试验中西江、北江和东江径流量取2005年1月至2月的每日观测值的平均值，分别为1 980 m³/s、267 m³/s和204 m³/s。潭江、增江、流溪河3条小河近似取一恒定流量，分别取为50 m³/s、20 m³/s和30 m³/s。风况取枯季平均的东北风，风速6.5 m/s、风向70°[159]。模式从2004年12月16日起算，运行60模式天。基于控制试验计算结果，本章分析了珠江口潮汐特征、伶仃洋潮流和余流特征，并通过一些敏感性试验探讨了珠江口河口环流的动力机制。

6.1　潮汐

潮汐调和分析是分析海区潮汐特征的一个重要方法，是指根据一定时间长度的潮汐实测资料计算出主要分潮的振幅和位相的方法，是潮汐分析和预报的一种经典方法[160]。海洋中潮汐可以看成是由无数个周期不同、振幅不一的分潮叠加而成，每一个分潮可表示成：

$$y = fH \cos (\sigma t + V_0 + u) \tag{6.1}$$

式中，y为分潮的潮高；f，u分别表示月球轨道18.6年变化引进来的对平均振幅H和相角V_0的订正值，f为修正系数；$(V_0 + u)$为平衡引数（equilibrium argument），即观测期间开始日世界时零时假想天体的位相角（初位相）；σ为分潮角速度。

由于海底摩擦、惯性力等影响，实际高潮并非发生在$\sigma t + V_0 + u = 0$时刻，而往往要落后一段时间。因此，为了更符合实际情况，式（6.1）中引入一迟角K（phase lag），相当于平衡潮理论推算与实际发生时间之间隔，可得：

$$y = fH \cos (\sigma t + V_0 + u - K) \tag{6.2}$$

式中，H、K为分潮调和常数的振幅和位相。一般来说，它们是由海区的深度、海底地形、沿岸外形等自然条件决定的，如果海区自然条件相对稳定，那么对不同时期观测资料的分析结果H、K应该基本上相同，在这个意义上称之为常数。

观测潮位$\zeta(t)$为各分潮潮高$y(t)$总和，可以表达为：

$$\zeta(t) = H_0 + \sum_{i=1}^{M} y_i(t) = H_0 + \sum_{i=1}^{M} f_i H_i \cos[\sigma_i t + (V_0 + u)_i - K_i] \tag{6.3}$$

式中，H_0为平均海水面；M为分潮个数。式中各分潮的f，σ，$(V_0 + u)$均为已知，只要观测潮位资料序列足够长，通过最小二乘法便可确定出每一分潮的H及K。这个过程便为潮汐调和分析。调和分析得到的潮汐调和常数H、K是潮汐各分潮的重要特征参数，通过分析各个分潮的振幅、位相可以了解海区潮汐传播的一些特征。

本节对模式计算的水位序列进行调和分析，给出珠江口及邻近海域的潮汐同潮图，并对海区的潮汐动力特征进行分析。

6.1.1 珠江口潮汐传播特征

6.1.1.1 珠江口外的浅海陆架海域潮汐传播特征

K_1、O_1、P_1、Q_1这4个主要全日分潮的振幅、位相在口外浅海陆架海域的分布如图6.1所示。K_1分潮的振幅在东部区域略小于30 cm，向西传播过程中振幅增大，在西北角达到最大约45 cm，增幅达50%。等振幅线分布总体上呈东北—西南走向，且越往西越平行于北岸。这些特征与Fang等和朱佳等结论较为一致[161-162]。等位相线的分布大致与等振幅线相垂直，沿西北—东南方向分布。越往西，等位相线分布越密集，表明因水深变浅及雷州半岛和海南岛的阻挡潮汐向西传播变慢。位相值东侧约为189°，西侧略大于240°，相比文献[161, 162]的位相值，存在约120°的位相差。这是因为本书中迟角的计算使用的是格林尼治时间而不是北京时间，二者存在8 h的差别，对应全日潮正好约为120°的位相差别。口外浅海陆架海域东西两侧的位相差约为60°，表明K_1分潮从研究区域东侧传播到西侧约需1/6个潮周期（4 h左右）。O_1分潮的振幅，无论是在量值上还是分布上都与K_1相接近。位相上，O_1分潮与K_1分潮也较为相似，等值线分布总体上与岸线垂直，这与文献[162]、Zu等结论较为一致[163]，但同文献[161]结论略有差别，与其网格分辨率近岸较低有关。P_1和Q_1分潮的振幅、位相分布也与K_1相似。

就振幅而言，P_1分潮在$10\sim15$ cm之间，而Q_1分潮则仅在$5\sim9$ cm之间。位相上，两个分潮均比K_1分潮有所滞后，但东西侧位相差都与之较为接近，约$60°$。

口外浅海陆架海域的半日分潮以M_2分潮为主，其振幅自东向西传播过程中得到明显增强，从约12 cm增大到约56 cm（图6.1），与Fang等[164]的$20\sim60$ cm结果相近。等振幅线的分布与全日分潮相似，但等位相线则有明显不同。从图6.2中可以看出，位相值在东南角出现一个低值，约$48°$，向西和向东北位相均增大，表明从吕宋海峡传入的半日潮分成两个分支分别向西和向东北传播，与现有研究相一致。此外，等位相线在东侧有明显的汇聚，这是因为从吕宋海峡和台湾海峡传播进来的两股半日潮的相遇导致。位相值与文献[161,162]的结果相差约$240°$，这也是因为采用的时间标准不同引起的。S_2分潮的振幅约是M_2的一半，介于$3\sim26$ cm。N_2和K_2分潮振幅大为减小，二者最大值均不超过10 cm，其中K_2振幅约$1\sim8$ cm，而N_2约为$3\sim7$ cm。各分潮的东西侧位相差互不相同，K_2的位相差最大，超过$100°$，而最小为N_2，不到$30°$。总体来看，M_2、S_2、K_2这3个半日分潮的振幅、位相的分布具有较大的相似性。N_2分潮则与他们有所不同，无论是振幅还是位相，在往西传播过程中并不是单调增大，而是在西侧出现一定的减小。

6.1.1.2 珠江口区域潮汐传播特征

全日分潮进入珠江口区域后，振幅和位相分布与口外浅海陆架海域分布较不相同（图6.3）。K_1分潮在伶仃洋中振幅为$36\sim40$ cm，东侧振幅比西侧大，这与观测结果相符[104]。这是因为东部水深较深，是潮汐的主要传播通道，西侧因浅滩消耗，使得潮汐能量减少。在伶仃洋中向北传播过程中，振幅并没有进一步增强，而是有所减弱，最终等振幅线呈马鞍形分布，最大值在东北侧。进入各个口门时，受浅滩的损耗和地形阻挡，振幅有所减小，等振幅线大体平行于岸线分布。因潮波从口外浅海陆架海域的向西传播，转为向北进入珠江口，等位相线相应地从东南—西北走向变化到西南—东北走向。在伶仃洋区域，东侧潮波传播较快，等位相线相对西侧稀疏。湾口到湾顶位相差大约为$30°$（2 h）。其余3个分潮（O_1、P_1、Q_1）的振幅分布与K_1分潮都较为相似。其中，O_1分潮的振幅与K_1分潮最为接近，为$36\sim40$ cm。P_1分潮振幅则大为减小，为$14\sim16$ cm。Q_1分潮最弱，仅$6\sim7$ cm。位相上，各全日分潮也保持较为一致的分布，且传播过程中的位相变化情况也较为一致，伶仃洋的湾口与湾顶的位相差都保持在$35°$左右。

河口区域，M_2分潮占主导地位，振幅明显大于O_1、K_1分潮，达$42\sim55$ cm（图6.4）。在伶仃洋区域振幅依然保持着东高西低的特征及马鞍状的分布形态。靠近鸡啼门和磨刀门时振幅略有减小。在传入黄茅海时振幅几乎不变，但还是存在横向差异，东侧振幅较大，西侧振幅较小，这同样是由于西侧浅滩的能量损耗引起的。相比全日分潮，M_2分潮的等位相线分布更为均匀，方向更接近于正东方向。从伶仃洋湾口到湾顶，位相变化约$60°$（2 h）。S_2分潮在振幅和位相的分布都与M_2分潮相似，但振幅大约只有M_2分潮的一半。K_2分潮与M_2、S_2分潮较不相同，其等振幅线大体呈横跨伶仃洋、黄茅海方向分布，且朝北增大。N_2分潮振幅较小，最大不超过9 cm。K_2、N_2分潮的位相分布都与M_2较为相近。在伶仃洋和黄茅海中，它们的等位相线基本都保持着横向分布。相对于全日分潮，半日分潮的振幅在伶仃洋中增大较多，且传播速度更为均匀。

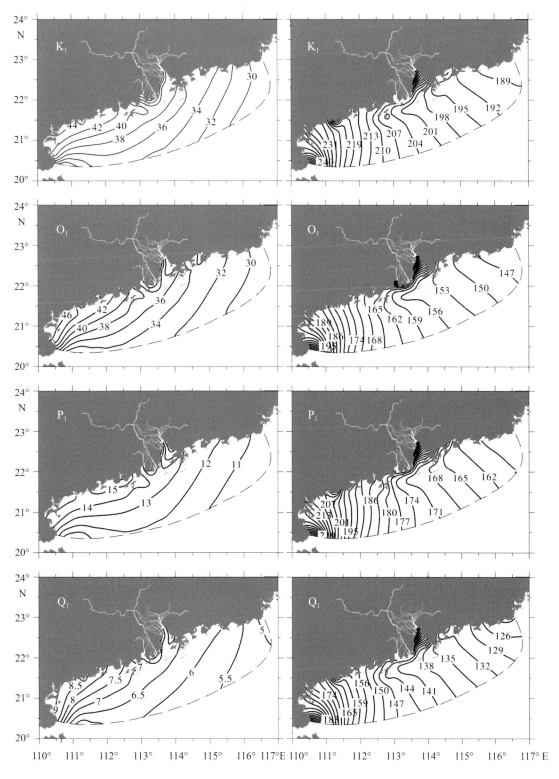

图6.1　口外浅海陆架海域全日分潮同潮图

左：振幅，单位：cm；右：位相，单位：（°）

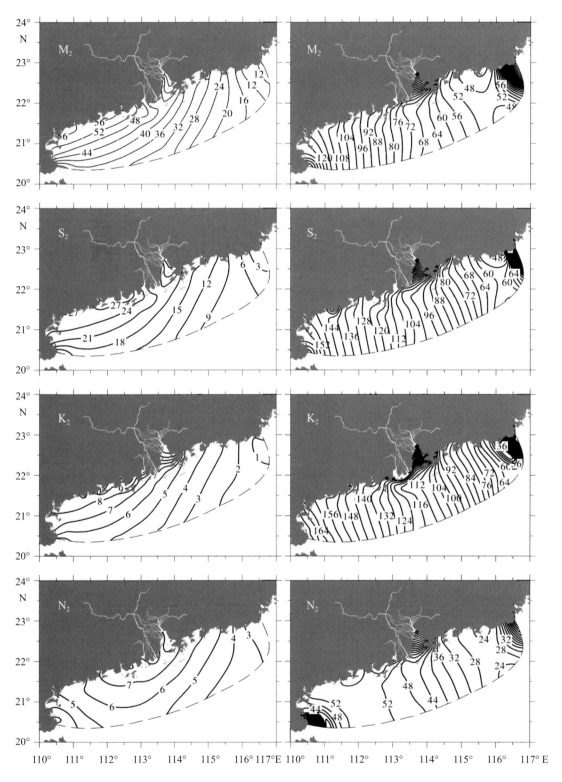

图 6.2　口外浅海陆架海域半日分潮同潮图

左：振幅，单位：cm；右：位相，单位：(°)

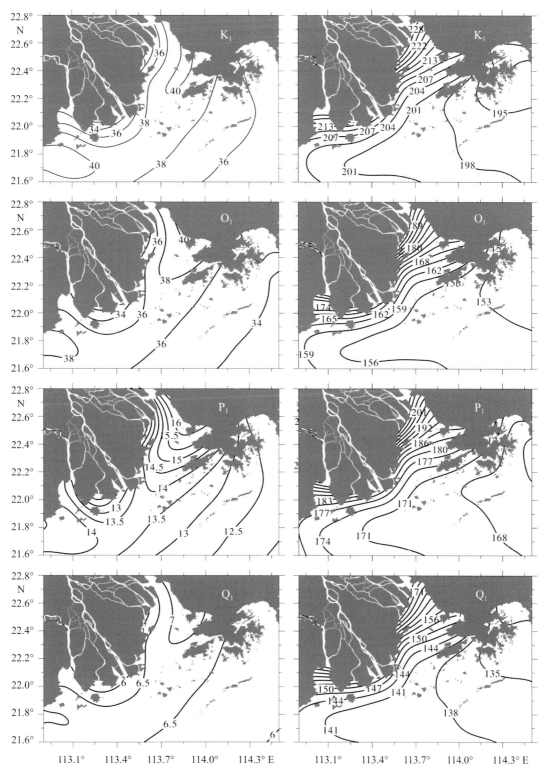

图 6.3　河口区域全日分潮同潮图
左：振幅，单位：cm；右：位相，单位：(°)

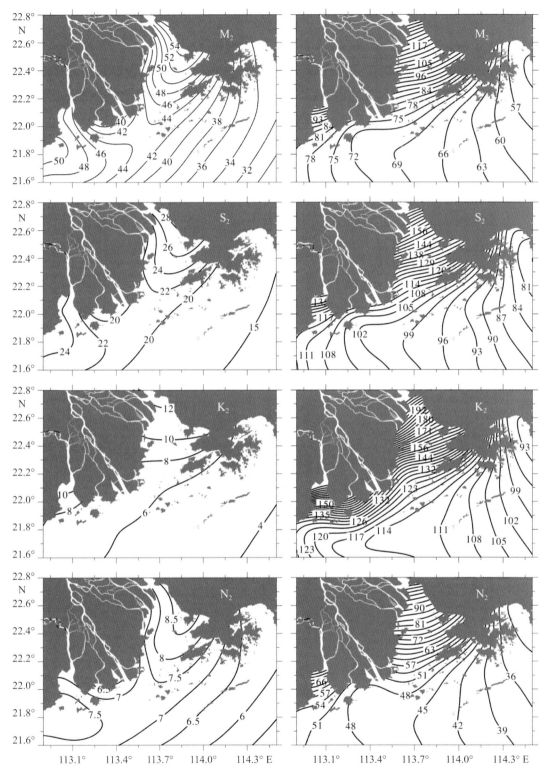

图 6.4 河口区域半日分潮同潮图
左：振幅，单位：cm；右：位相，单位：（°）

6.1.2　潮汐类型

不同河口潮汐类型不同，有半日潮、全日潮以及混合潮类型等。对于河口潮汐类型，Dietrich定义了潮型系数F[Form factor: $F=(K_1+O_1)/(M_2+S_2)$]，即全日分潮的振幅（K_1+O_1）与半日分潮的振幅（M_2+S_2）之比。潮型系数F小于0.25时表明潮汐为半日潮类型，介于0.25～1.5时，为混合潮类型，且以半日潮为主；介于1.5～3.0时，为混合潮类型，且以全日潮为主；大于3.0时为全日潮类型。基于调和分析结果计算了珠江口区域的潮型系数F，其量值大小和空间分布如图6.5（左）所示。潮型系数F主要分布在0.8和1.5之间，表明珠江口的潮汐类型为混合潮类型，且以半日潮为主，这与赵焕庭结论较为一致[164]。曹德明和方国洪指出在向岸传播过程中，半日潮的振幅增大幅度大于全日潮增幅，约是其2.5倍，[165] 本书计算的F值空间分布也体现了这一特征。F值最大值出现在东南角，向岸传入各个口门时F值逐渐减小，这说明随着潮波的传入，半日潮成分所占比重越来越大。伶仃洋和黄茅海区域，F值也有一定的横向差异，西高东低，这表明东侧半日分潮成分增多，与前文分潮振幅分布结果相一致。

M_4、MS_4、M_6这3个分潮振幅常用来表征浅水分潮的强度，书中也对其进行了潮汐调和分析。图6.5（右）给出了他们振幅之和在珠江口区域的分布。可以看出，浅水分潮在珠江口是非常微弱的，大部分都小于3 cm，仅在进入伶仃洋和黄茅海之后，浅水分潮才略有增大，但总振幅最大也仅为5 cm左右。

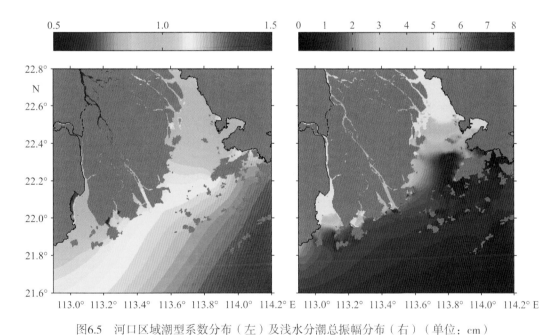

图6.5　河口区域潮型系数分布（左）及浅水分潮总振幅分布（右）（单位：cm）

6.1.3　潮差分布

6.1.2节分析了珠江口及口外浅海陆架海域各个主要分潮的振幅、位相及分布特征，但并不能直观反映出珠江口的潮汐强度。为了对珠江口的潮汐强度有个直观的认识，分别统计了大潮和小潮期间的日最大潮差，并在图6.6中给出潮差的空间分布。因本书主要侧重珠江口区域以及邻近海域区域的潮汐特征，对珠江河网区域情况暂不讨论，下面的分析结论也不涉及河网区域。图6.6表明，无论大潮还是小潮，潮差向西和向北都有所增大。大潮期间，东南端的潮差最小，约2.2 m，伶仃洋湾顶处潮差最大，约3.1 m。伶仃洋潮差总体较大，平均约为3 m，这是由于纳潮量大，使得较多的潮汐能量传入其中，而外形呈倒漏斗状对潮差也有放大效应。伶仃洋西岸的潮差迅速减小，表明潮汐能量主要传入北面的虎门，而传入蕉门、洪奇门、横门的能量较少。这是由于伶仃洋西侧浅滩的消耗和阻挡作用以及西部下泄径流的顶托作用导致。同样地，鸡啼门外潮差也减少（沿岸出现的一些异常低值，这是落潮时岸滩露出水面导致的统计偏差）。磨刀门潮差也明显减小，这主要是因为磨刀门的径流量大（分流比为29.6%），径流作用强导致；此外，磨刀门水道河道较窄，不利于潮波的汇聚增强。黄茅海区域除了西侧因浅滩落潮时露出水面导致统计潮差异常偏小，其余区域潮差较为均匀，表明潮汐能量的损耗与放大近乎平衡。相比大潮，小潮期间珠江口区域的潮差大为减小，东南端潮差仅0.6 m，而伶仃洋湾顶处潮差也仅为1.1 m。潮波进入伶仃洋和黄茅海时，潮差增大明显，且受地形影响存在横向差异，潮差东高西低。伶仃洋中潮差平均约为0.9 m。

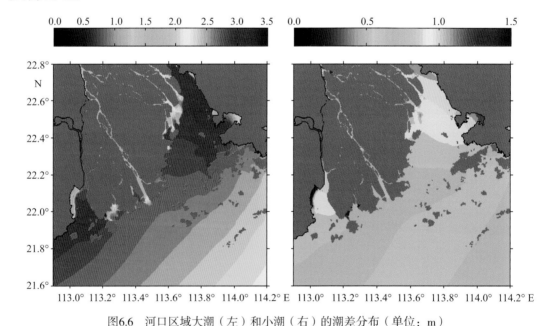

图6.6　河口区域大潮（左）和小潮（右）的潮差分布（单位：m）

6.2　潮流

为了了解珠江口潮流的时空变化规律，模式分别输出了伶仃洋湾顶（站点A）、西槽——伶仃水道（站点B）、东槽——矾石水道（站点C）、伶仃洋湾口（站点D）、盐度锋面（站点E）及磨刀门河道中的灯笼山（站点F）等位置附近6个站点长达15 d的潮流时间序列，用于分析潮流在大小潮周期内的变化。站点位置如图6.7所示。

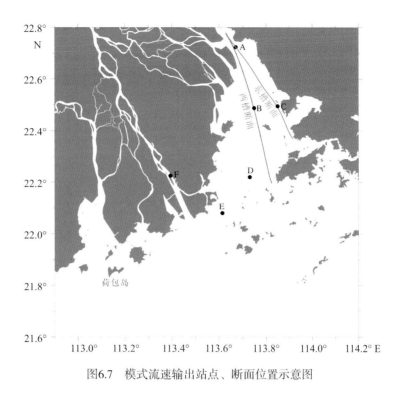

图6.7 模式流速输出站点、断面位置示意图

6.2.1 潮位时间变化

为了便于确定大、小潮对应的时间，图6.8给出了伶仃洋中站点B处的潮位过程，从图中可以看出本次算例的小潮发生在第48天左右，大潮约在第55天。

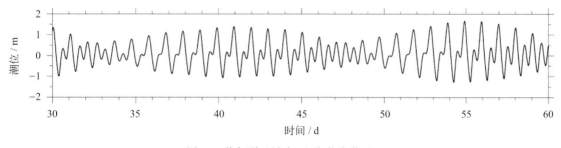

图6.8 伶仃洋（站点B）潮位变化过程

虽然珠江口总体上属于弱潮河口，但伶仃洋倒漏斗状地形的汇聚作用，使得湾顶虎门附近（站点A）以潮汐动力为主，潮流较强，流态为往复流，涨潮流向约325°，落潮流向约145°（图6.9）。表层流速的涨落潮不对称显著，最大落潮流速可达200 cm/s（约在大潮期间），最大涨潮流速则约130 cm/s（约在大潮后1~2 d）。小潮期间涨落潮不对称减弱，落急流速约100 cm/s，涨急约80 cm/s。在一个大小潮周期中，涨落潮流速差异在小潮期间最小，大潮较大，但差异最大出现在小潮后的中潮期间。相对于表层，底层流速明显减小，且落潮流速减少较多，而涨潮流速减少较少，对应流速的涨落潮差异大为减小。大潮涨落急，流速较为接近，约80 cm/s，涨潮流速略微大于落潮流速。小潮时，涨潮流速大于落潮流速的现象较为明显，涨急流速约50 cm/s，落急流速约40 cm/s。这是因为小潮期间，随着潮汐动力

减弱，混合也减弱，对应的盐度分层更为明显。盐度分层导致斜压作用增强，虎门处水深较深，相应斜压作用更为明显。斜压梯度力指向上游，越往底层越强，从而导致了底层涨潮流大于落潮流。无论表层还是底层，站点A的潮流都十分强劲，如此强劲的潮流除了伶仃洋的倒漏斗地形作用外，也与该站点虎门独特的"门"状地貌有关。唐兆民等、Wu等指出，由于虎门峡口上、下游水域开阔，使得涨落潮过程中可以形成强大的双向射流系统，落潮最大流速可达2～3 m/s。[92-94,166] 从站点A的流向变化上，可以看到一个明显的特征，在小潮后的中潮期间，潮流转变成较不规则的全日潮，一天之中只有一个涨落过程。Mao等基于潮流资料准调和分析给出的潮流时间变化规律也体现了这一特征。在此不规则全日潮期间，涨潮历时远大于落潮历时，涨潮历时约15.5 h，落潮历时约9.5 h。[104] 此时潮流的日周期变化为：一个较强的落潮过程伴随两个连续的较弱涨潮过程。大潮期间，两个较弱的涨潮过程被一个新出现的落潮过程隔开，使得潮流从不规则全日潮恢复成不规则半日潮。可以看出，这个新出现的落潮过程增强迅速，在大潮后的中潮期间流速最大。

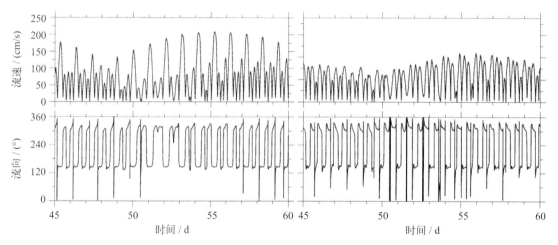

图6.9　伶仃洋湾顶（站点A）表（左）、底（右）层流速（上）、流向（下）随时间变化过程

伶仃水道（站点B）潮流与虎门相似，基本为往复流，流态在小潮后的中潮期间同样出现异常，转变成较不规则全日潮，这种不规则性在底层更为明显（图6.10）。大潮时，表层最大涨潮和落潮流速分别约为100 cm/s和150 cm/s，小潮时分别约为40 cm/s、60 cm/s。对于底层流速，大潮时落急流速（约85 cm/s）略大于涨急流速（约78 cm/s），小潮则相反，涨急流速（约35 cm/s）大于落急流速（约25 cm/s）。这同样是因为小潮期间斜压作用较强所致。

相比西部深槽（站点B），东部深槽（站点C）的表层潮流出现落潮流减弱，涨潮流增强（图6.11），这反映出伶仃洋东部潮流动力更强，而西部径流动力更强，与以前研究结果较为一致。大潮表层涨急、落急流速分别为120 cm/s、140 cm/s。最大涨急流速约比最大落急流速迟一天出现。底层流态与西部深槽流态相似，也是大潮时落急流速较大，而小潮时则是涨急流速较大。同样地，东部深槽的潮流随时间变化也很不规则，在小潮后的中潮期间，一天只有一个涨落过程。

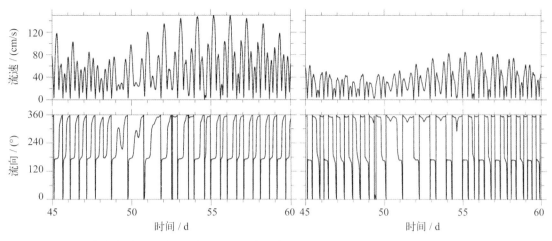

图 6.10　伶仃水道（站点B）表（左）、底（右）层流速（上）、流向（下）随时间变化过程

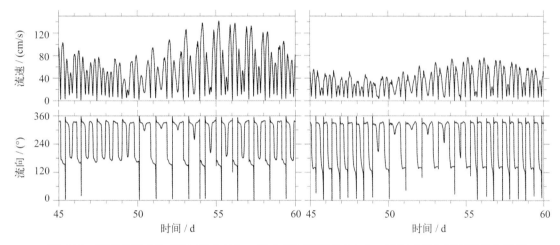

图 6.11　矾石水道（站点C）表（左）、底（右）层流速（上）、流向（下）随时间变化过程

湾口处（站点D）潮流与伶仃洋内的潮流有所不同，其流态体现出一定的旋转流特征（图6.12）。无论表、底层，大潮期间都是落急流速明显大于涨急流速，而小潮期间涨落潮流速较为接近。流向上则依然保持了小潮后中潮为不规则日潮的独特潮流特征。

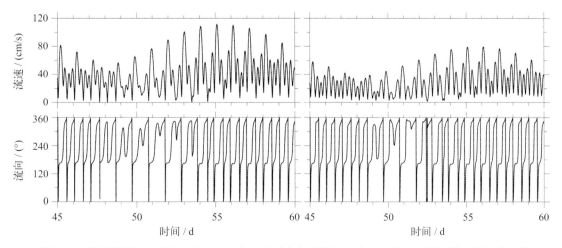

图 6.12　伶仃洋湾口（站点D）表（左）、底（右）层流速（上）、流向（下）随时间变化过程

　　盐度锋面附近站点E的流态与此前几个站点的流态完全不同（图6.13）。表层流速序列体现出较为明显的大小潮周期，最大流速接近100 cm/s，但流速涨落潮的潮周期变化极不明显，这与其对应的流向序列变化相一致。流向序列在整个大小潮周期中，几乎都是在240°附近进行小幅震荡，没有明显的涨潮流向或是落潮流向。240°的水流方向正是模式中设置的枯季平均风对应的风向方向，这说明珠江口近海区域的表层水流受风影响明显。由于风的作用在底层较弱，所以相对而言，底层的流速、流向变化显得较为规则，除了小潮后中潮期间本身的不规则潮流变化外，总体上还是体现出较为明显的涨落潮特征。

　　图6.14给出了磨刀门水道的灯笼山（站点F）处的潮流变化。受河道束缚，流态表现为标准的往复流流态，涨潮流向约320°，落潮流向约140°。总体上表层落潮流占优，最大落潮流速约85 cm/s，而底层则是涨潮流占优，最大涨潮流速约50 cm/s。同样地，在小潮后的中潮期间，潮流转变为不规则全日潮，涨潮历时远大于落潮历时，涨落潮历时分别约为15 h和9 h与文献[123]资料分析结果相一致。较为特别的是，在此期间涨潮流速出现一个较大峰值，表层涨潮流速最大几乎接近100 cm/s，底层也达40 cm/s，这可能与其下游汊道中涨潮水体汇入主槽有关。其余时段，灯笼山站的潮流历时都是落潮历时大于涨潮历时，这与较强的径流作用有关。

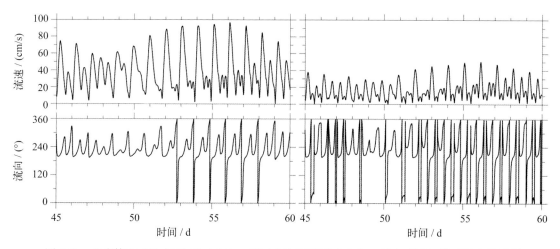

图 6.13　盐度锋面（站点E）表（左）、底（右）层流速（上）、流向（下）随时间变化过程

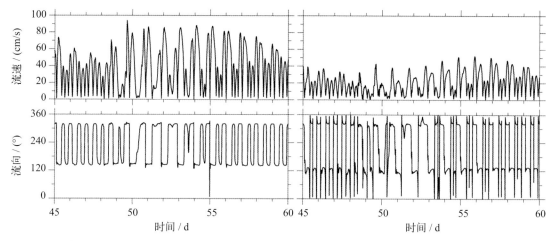

图 6.14　磨刀门水道灯笼山（站点F）表（左）、底（右）层流速（上）、流向（下）随时间变化过程

以上6个站点的流速过程表明，珠江口区域的潮流不同区域特征不同，内伶仃岛以北流态为往复流，湾口处开始出现旋转流特征。表层涨落潮流速差异较大，落潮流速大于涨潮流速；底层涨落潮流速差异较小，二者流速较为接近，且在小潮期间往往会出现涨潮流速大于落潮流速。纵向上，越往上游，流速越大，其中虎门流速最强，最大落急流速可达200 cm/s；横向上，西槽径流动力较强，东槽潮流动力较强。在一个大小潮周期过程中，潮流变化较不规则，总体上为不规则半日潮，但在小潮后的中潮期间潮流转变为不规则全日潮，此时对应的涨潮历时远大于落潮历时，涨落潮流速差异也为最大。

6.2.2　潮流空间变化

对于珠江口海区潮流的空间特征，图6.15～图6.18给出了大潮和小潮期间的涨急、落急时刻的潮流平面分布（涨落急参照内伶仃岛处的流速过程）。

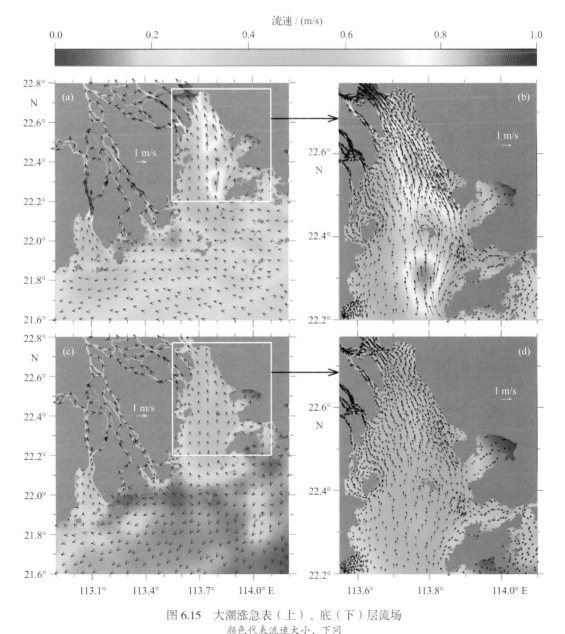

图6.15　大潮涨急表（上）、底（下）层流场
颜色代表流速大小，下同

第6章　珠江口潮汐与环流特征模拟

159

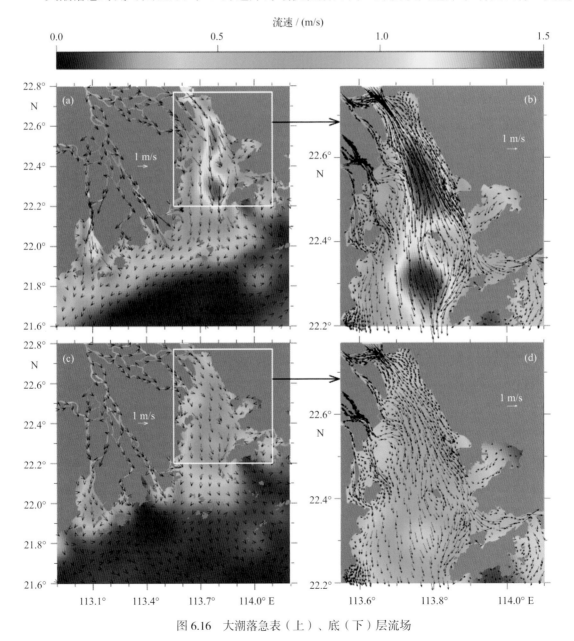

大潮期间，伶仃洋表层涨急流速基本由南向北，口外邻近海域潮流主要呈西北向至西向[图6.15(a)]。流速上可以明显看出伶仃洋海域流速较大，普遍超过60 m/s，而口外海域流速大为减弱，普遍不足50 cm/s。伶仃洋中，大濠岛两侧涨潮流汇集后主要沿东部深槽上涨；而淇澳岛附近，潮流流路的分散和汇聚都有发生，这主要是受岛屿和浅滩等地形的作用[图6.15(b)]。伶仃洋潮流在深槽处流速较大，而浅滩处则较小。总体上，伶仃洋潮流呈现东强西弱，东部流速除了内伶仃岛阻挡导致周围流速略小，其余流速普遍超过80 cm/s，而西部流速大都小于80 cm/s。底层潮流在口外浅海陆架海域主要是沿西南方向，与岸线走向总体一致，偏南分量主要是由东北风向岸Ekman输运导致近岸水体堆积，使得底层水体发生补偿性质的离岸运动[图6.15(c)]。伶仃洋海域底层潮流分布与表层一致，但受底摩擦作用，流速量值较小，最大约70 cm/s[图6.15(d)]。

大潮落急时刻（图6.16），口外近岸海域仅在磨刀门口外及以西近岸水域表层有一支流

图6.16 大潮落急表（上）、底（下）层流场

速较大的潮流，流速约40 cm/s，但潮流流向主要为沿岸向西，这是下泄径流在科氏力、东北风作用所致；口外近海海域潮流非常弱，表、底层流速几乎都不到10 cm/s，流向以偏南到偏东方向为主。伶仃洋海域总体上以往复流为主，落急时刻潮流的表、底层分布基本与涨急潮流的分布相似，但流向相反。可以看出，无论表层还是底层，伶仃洋海域的落急流速明显大于涨急流速。这一方面与径流汇入落潮流有关；另一方面与潮汐的涨落潮不对称性有关。表层落急流速大多可达150 cm/s，底层流速有所减小，但也大都接近100 cm/s，部分区域（大濠岛西北水域）流速超过100 cm/s。

小潮涨急时刻（图6.17），无论是口外还是伶仃洋海域，潮流分布基本与大潮涨急分布相似。口外近海海域表层潮流主要为西北方向，而近岸海域则为西南偏西方向，底层潮流总体为西南到偏西向。总体上，口外海域流速较弱，表层流速普遍不足30 cm/s，而底层流速总体不超过20 cm/s，仅荷包岛南面局部海区流速稍强，表层可达60 cm/s。伶仃洋海区潮流同样也体现

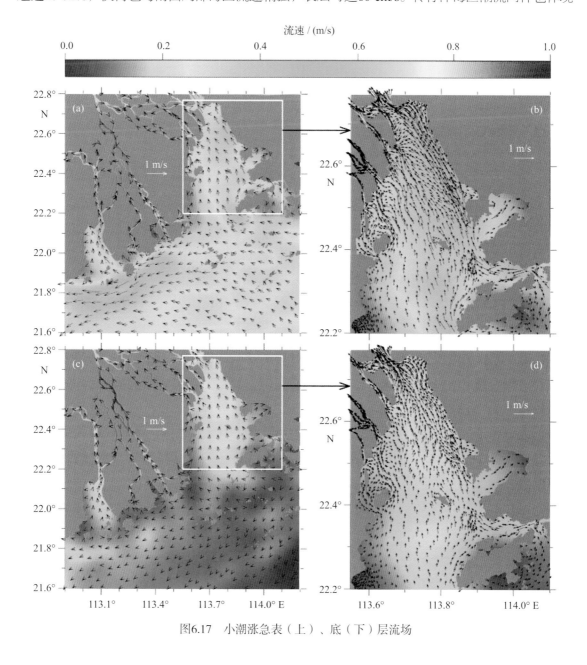

图6.17 小潮涨急表（上）、底（下）层流场

出东强西弱的特征，但相比大潮，流速大为减小，总体上，表、底层流速平均约为50 cm/s、30 cm/s。小潮潮汐动力减弱，东北风的影响相对增强，使得伶仃洋的潮流体现出一定的横向环流特征，如伶仃洋上游段（内伶仃岛以北区域）表层流速出现偏西分量，底层出现偏东分量。

小潮落急时刻（图6.18），在表层可以观察到一支较强的落潮流自伶仃洋流出后沿海岸向西运动，流速为40～50 cm/s。这股强流的形成一方面受到科氏力右偏效果的影响；另一方面东北风也有利于驱动下泄径流沿岸西流。由于径流主要沿表层下泄，风也仅是直接作用在表层，使得这股强流仅存在表层，底层几乎完全消失。口外其他区域潮流较弱，总体上表层呈西北向，底层呈西南向，这表明珠江口潮流较弱，受风影响明显。在伶仃洋区域，因落潮流右偏，增强了西侧的下泄流，使得伶仃洋海域中的落潮流在整个湾中潮流强度较为均匀，表层流速在50～60 cm/s，底层约35 cm/s。

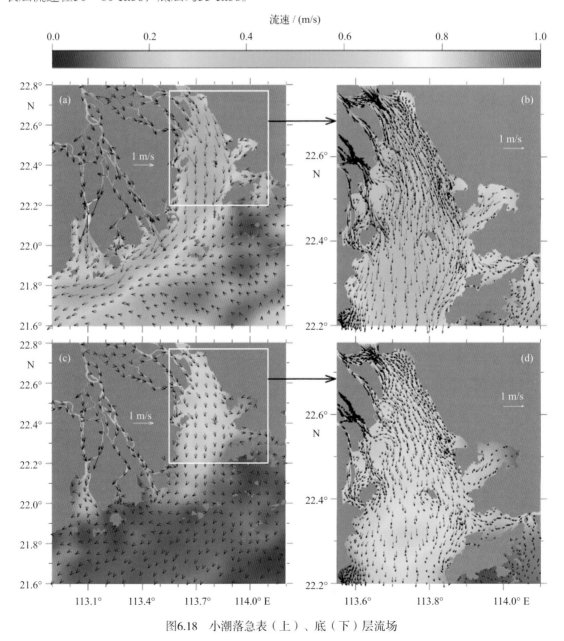

图6.18　小潮落急表（上）、底（下）层流场

6.3 余流

6.3.1 余流的平面分布

小潮期间，珠江口口外邻近海域余流较强，且表、底层差异明显（图6.19）。从图6.19可以看出，表层余流呈西北向，这是由东北风的向岸Ekman输运所致。因下泄径流以及外海的Ekman向岸输运水流的汇聚产生一个较强的近岸沿岸西向流，在荷包岛南面局部海区流速超过50 cm/s。底层余流相对较弱，约10 cm/s，流向为西南向，底层的离岸流与东北风Ekman输运造成近岸水体堆积有关，近岸水体堆积产生的离岸方向水位梯度力驱动底层发生离岸运动。

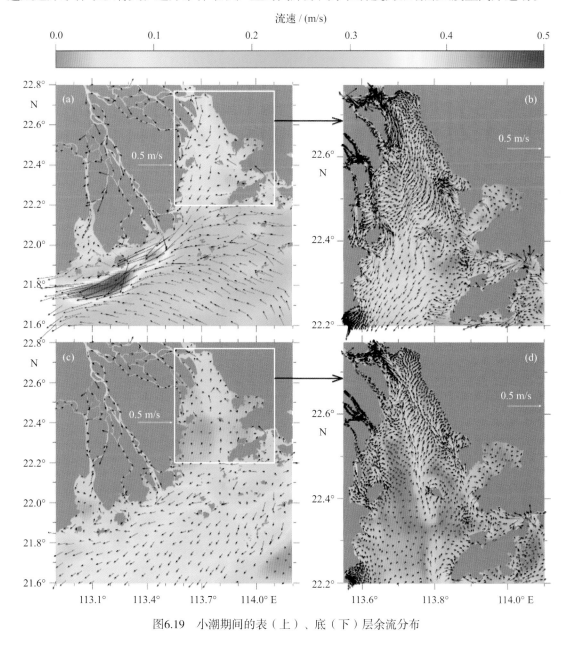

图6.19 小潮期间的表（上）、底（下）层余流分布

相比口外海域，伶仃洋的余流总体较弱。在伶仃洋上游段，表层余流相对较强，流速最大可达20 cm/s，以西南方向为主，部分区域向西，这主要是径流和风的共同作用导致。湾顶

处，深槽余流较强（约25 cm/s），且方向指向下游，而浅滩余流较弱（不足5 cm/s），但却指向上游，与深槽余流构成一个环流。这种环流与潮汐的非线性作用有关，在潮汐与地形的非线性相互作用下，容易在深槽区域形成下泄余流，而在浅滩区域则形成上溯余流。[167]内伶仃岛西侧向海余流较强，东侧较弱，表明径流主要沿西部深槽下泄，与文献[104]结论一致。底层余流总体较弱，仅在东、西深槽处有较为明显的指向上游方向的余流，大小约10 cm/s，两支上溯余流在虎门附近汇集，流速可达20 cm/s。深槽区明显的表层向海、底层向陆的河口环流模式与文献[102]的数值模拟结果相似。这种环流结构表明伶仃洋小潮期间在深槽区域存在较强的盐度分层，与文献[96]的观测结果相符。对比表、底层，可以发现伶仃洋总体上存在一个表层偏西、底层偏东的横向环流，这显然是东北风局地拖曳作用产生的结果。

大潮期间（图6.20），口外海域的表、底层余流结构均与小潮一致，仅流速上略有减

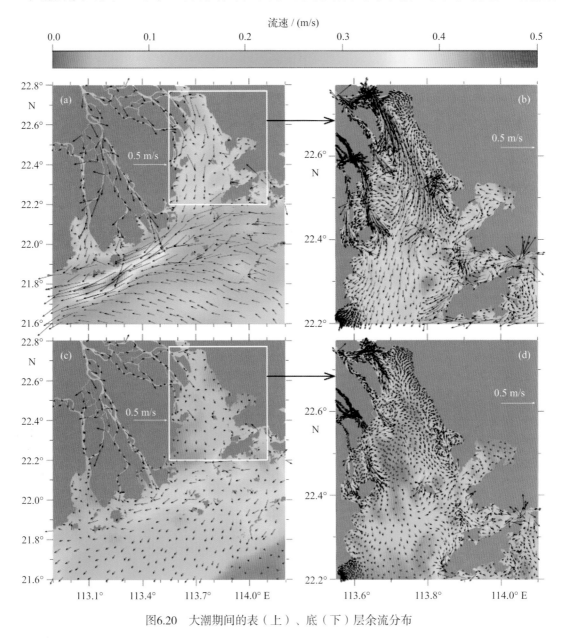

图6.20　大潮期间的表（上）、底（下）层余流分布

小，而伶仃洋海域的余流结构变化较为明显。相比小潮而言，大潮期间伶仃洋表层下泄余流得到增强，流向更加偏南；湾顶处的浅滩—深槽环流依然存在。底层总体上已观察不到明显的余流存在，东、西深槽中的上溯余流大为减弱，仅虎门附近略微还存在一股上溯余流。这是因为大潮的潮汐混合较强，破坏了盐度的分层结构，导致了斜压作用减弱。[168] 大潮期间伶仃洋的横向环流也有所减弱，这是由于潮汐动力增强，风力作用相对减弱所致。

6.3.2 余流的剖面分布

为了进一步了解伶仃洋环流模式的三维结构，本小节分析了沿东、西深槽的两个纵断面的余流剖面结构，断面位置见图6.7。

图6.21给出了小潮、小潮后中潮、大潮、大潮后中潮4个不同潮形下东部深槽的余流剖面分布。小潮期间，在断面近海端部分区域，切向余流由表至底均指向上游，其余区域基本上是表层余流向下游、底层余流指向上游，具有明显的重力环流特征，与前文的余流平面分布结果相一致，这是因为小潮盐度分层明显，斜压作用较强。在上游5～10 km区域，因水深较大，斜压作用更强，相应的重力环流结构更加明显，表层流速可达25 cm/s，底层流速可达20 cm/s。小潮后中潮期间的余流剖面与小潮相似，但流速大小有所变化，总体上表层向海的余流和底层向陆的余流分别都得到增强，重力环流结构更为明显，表层最大下泄余流可达40 cm/s，而底层最大也有30 cm/s。大潮期间，中上层水体余流均指向下游，而中下层水体的上溯余流则大为减弱，仅在上游水深较深处流速较大（15 cm/s），其余区域仅保持着微弱的向陆余流，表明相比小潮及小潮后中潮，大潮期间向海余流增强。大潮后的中潮期间，向海余流进一步增强，即便在底层也很难观测到向陆方向余流（除局部深水区域）。从断面法向流速分布可以看出，在整个大、小潮周期中，断面法向余流分布基本相似，仅在小潮后的中潮期间底层余流偏东分量有所减弱，甚至局部转为偏西，但总体上保持了表层向西、底层向东的余流结构，体现出明显的横向风生环流结构。向东的法向余流流速最大值约10 cm/s，主要出现在水体中层，而向西余流最大也达到10 cm/s，出现在表层。但相比小潮，大潮期间表、底层法向余流强度都有所减弱，意味着横向环流减弱，与前文余流平面分布分析结果相一致。

图6.22给出了西部深槽的余流分布随大小潮的变化。总体上，西槽的断面余流随大小潮的变化规律与东部深槽剖面的余流情况相似。小潮期间存在明显的河口重力环流，表层最大流速20 cm/s，底层流速最大约10 cm/s；小潮后中潮期间，重力环流出现加强趋势，但相对东槽而言，增强不够明显。此后，大潮至大潮后中潮期间，向海的余流逐渐增强，并在大潮后的中潮向海余流达到最强，此时对应的表层向海流速最大约30 cm/s，而底层也开始出现向海余流。西槽的法向流速分布也与东部深槽相同，大、小潮周期变化不大，总体上都是表层向西、中下层向东，且流速最大值发生在水体中层，量值约10 cm/s。

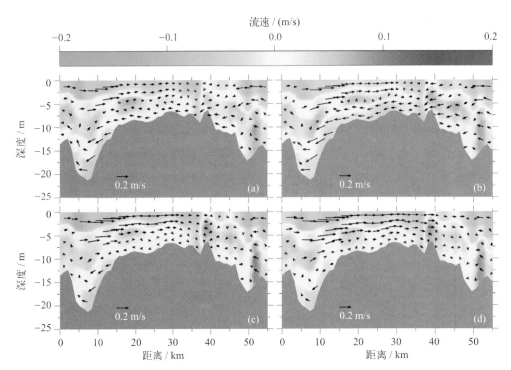

图 6.21　沿东槽断面小潮（a）、小潮后中潮（b）、大潮（c）和大潮后中潮（d）余流剖面图
坐标轴向海为正；颜色代表法向流速，正值指向断面东侧

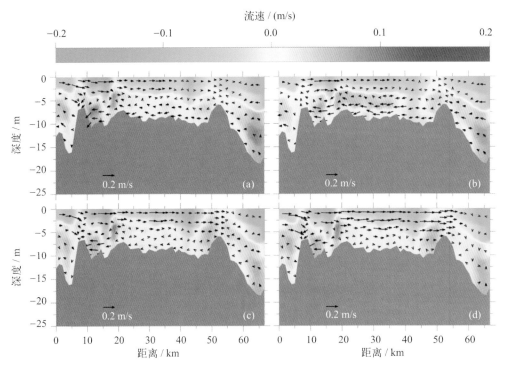

图 6.22　沿西槽断面小潮（a）、小潮后中潮（b）、大潮（c）和大潮后中潮（d）余流剖面图
坐标轴向海为正；颜色代表法向流速，正值指向断面东侧

上述东、西深槽的余流分析表明，伶仃洋深槽余流在大小潮不同潮形下呈现出不同环流结构。在小潮期间深槽区域余流有明显的表层向海、底层向陆的重力环流特征，但这个重力环流是在小潮后的中潮达到最强，而此后由表至底都呈现出向海余流增强（或是向陆余流

减弱）趋势，最终在大潮后的中潮期间，向海余流最强。影响余流变化的原因主要有两个方面，一方面是因为潮流本身随大小潮变化相应引起余流变化[45]；另一方面，由于潮汐混合随大小潮变化，影响河口盐度的垂向分层，进而改变了斜压效应，引起余流发生变化[169]。至于潮流的变化，从前文的潮流时间序列分析可以发现，伶仃洋的潮流具有较为独特的变化过程，在小潮后的中潮期间潮流从不规则半日潮转变为不规则全日潮，而此后在大潮期间又恢复为不规则半日潮，且其中一次落潮过程迅速增强，并在大潮后的中潮期间达到最大。余流恰好也是从大潮开始落潮方向增强，在大潮后的中潮期间达到最大，这表明大潮之后直至中潮的余流结构变化主要是由于潮流的变化引起的。对于小潮至小潮后的中潮期间的重力环流增强，这与潮流不规则变化无关。因为潮流变化具有表、底层一致性，其导致的余流变化必然也具有表、底层一致性，而重力环流的增强则是表层向海增强，底层向陆增强，二者截然不同。可以推断，小潮后中潮重力环流增强的原因主要是盐度分层的大小潮差异引起的。为了进一步证实，对西槽中的站点B盐度垂向分布的大小潮的变化过程进行分析。图6.23表明，站点B的盐度分层随着涨落潮发生变化，落憩时分层较强，涨憩时分层较弱，而且不同潮形下分层强度不同。参照文献[12]的分层系数，本节计算了该站点的盐度分层系数，可以看出，分层系数在小潮后的中潮期间最大，约0.5，其潮周期平均的分层系数也在小潮后的中潮最大，约0.15。虽然小潮期间潮汐混合较弱，有利于盐度形成分层结构，但由于盐度形成新的分层形态需要一定的时间，最终导致小潮后的中潮盐度分层最为明显。盐度分层结构的潮周期变化分析表明，伶仃洋盐度分层在小潮后的中潮最强，相应的斜压作用也最强，从而导致此期间的重力环流最为明显。

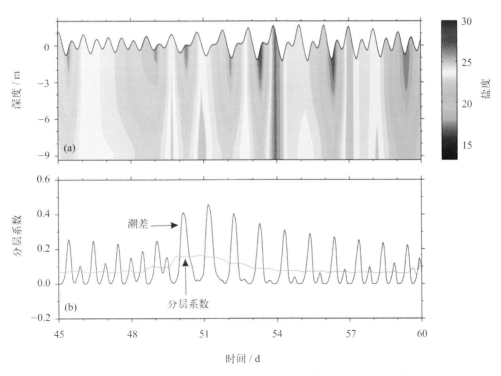

图6.23　站点B的盐度剖面（a）及垂向分层系数（b）的时间变化

6.4　动力因子分析

　　影响河口水动力过程的动力因子主要有径流、潮汐、风、斜压作用等，为了分析这些动力因子对珠江口环流模式的影响，本小节基于3个敏感性试验，给出了这些动力因子发生变化时的余流结构，3个敏感性试验中分别单独改变了径流（改为径流量增大50%）、风力（改为无风，风速变为0）和斜压（改为正压）动力。

　　图6.24和图6.25分别为径流增大50%情况下的珠江口大潮和小潮期间的余流情况。对比控

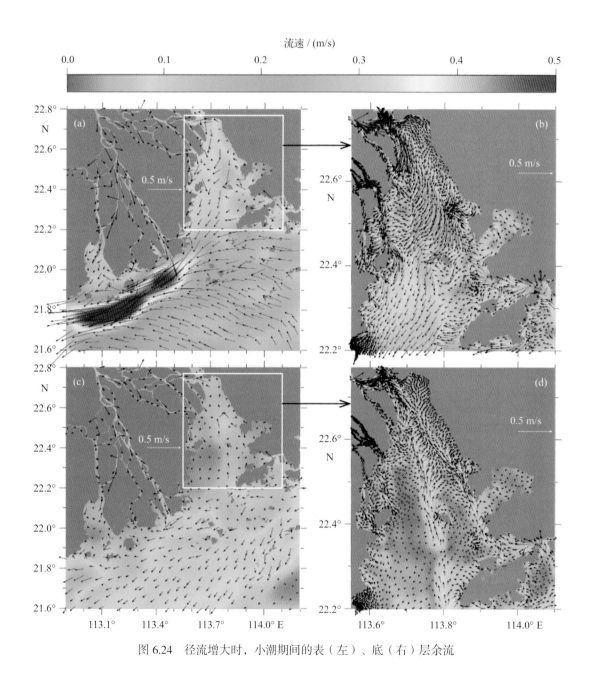

图 6.24　径流增大时，小潮期间的表（左）、底（右）层余流

制试验（图6.19和图6.20），可以看出，虽然径流增强，但动力机制相同，其导致的余流形态几乎完全一致，只是在余流强度上略有差别。在口外区域，径流增大主要导致磨刀门口外向西的沿岸流强度增大，这是因为这股向西沿岸流是由于下泄径流与外海Ekman输运的水体汇集而成，汇入的径流量增大自然导致这股余流强度增大。而在伶仃洋中，无论大、小潮，都是表层下泄余流增强，底层上溯余流增强的现象，即河口的重力环流得到增强。这是由于伶仃洋中东四口门的下泄径流增大，导致河口盐度分层明显，相应引起的斜压作用也增强，利于增强河口的重力环流。

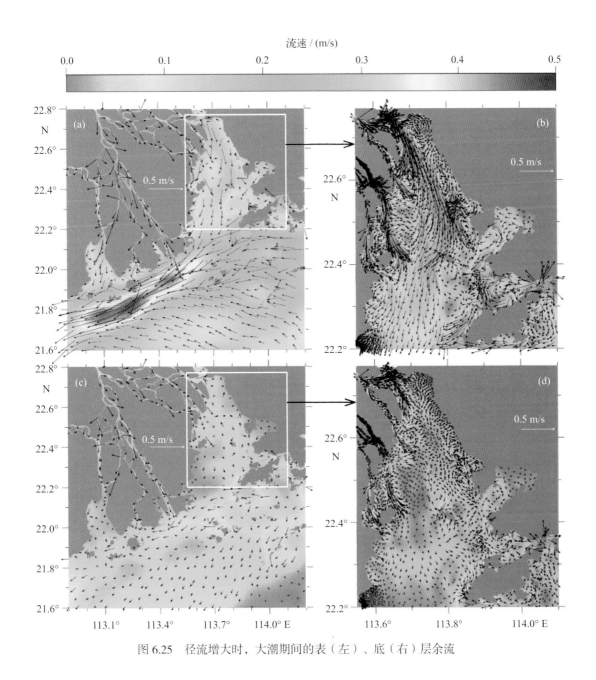

图6.25 径流增大时，大潮期间的表（左）、底（右）层余流

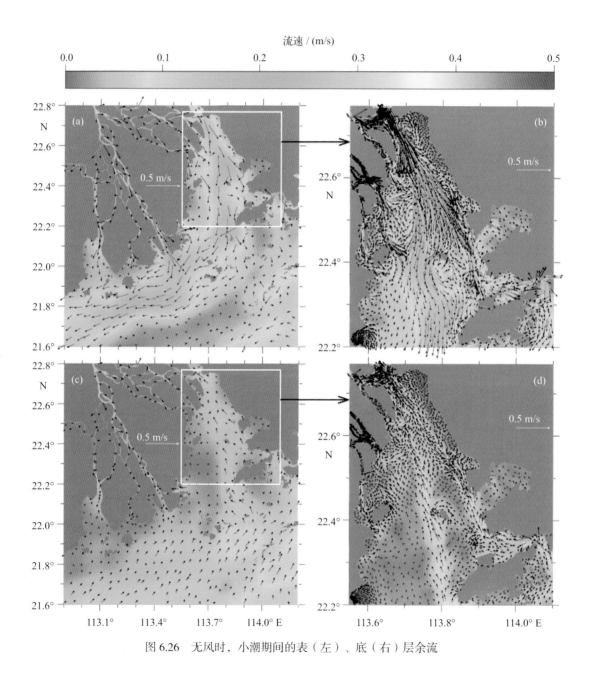

　　图6.26和图6.27分别为无风作用下珠江口的大小潮余流情况，相比控制试验（图6.19和图6.20），口外海域的余流发生明显变化，伶仃洋海域相对变化较小。口外海域的余流大小潮相似，表层西北向余流大为减弱，仅在磨刀门口外向西的沿岸流还较为明显，但因缺少东北风的束缚，余流流幅宽度明显变宽，流速也降低，不足30 cm/s；底层余流由原来的西南向转为东北向。在伶仃洋区域，由于不存在东北风作用，相应的横向环流的特征已不存在。深槽区域重力环流特征在小潮期间依然较为明显，但大潮期间则消失。

图 6.26　无风时，小潮期间的表（左）、底（右）层余流

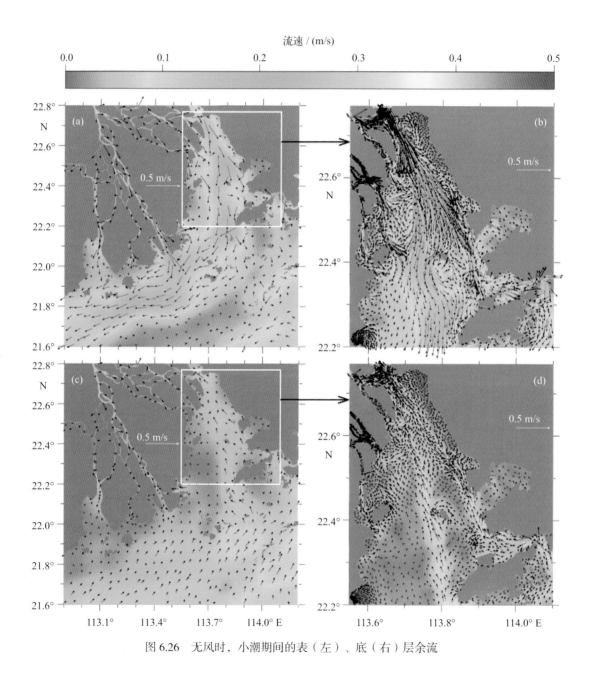

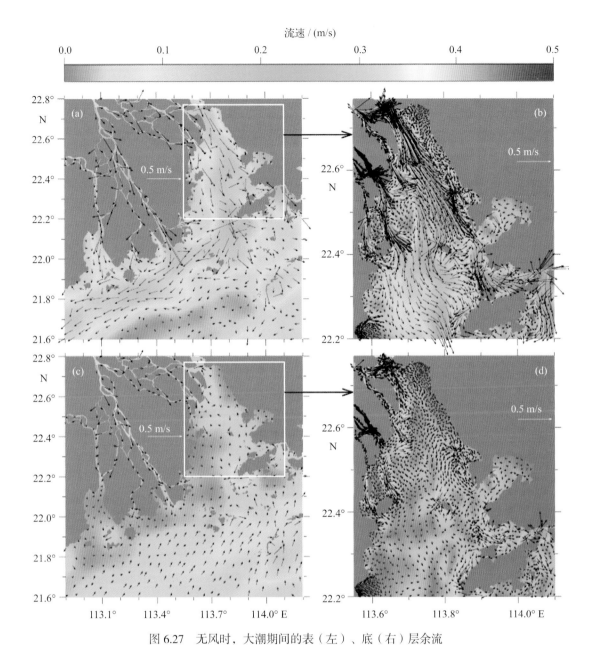

图 6.27　无风时，大潮期间的表（左）、底（右）层余流

图6.28和图6.29分别为正压作用下的珠江口的大、小潮余流情况，与控制试验（图6.19和图6.20）相比，无论是口外海域还是伶仃洋海域，表、底层余流都发生明显变化。口外海域的余流大小潮相似，表、底层余流总体上均为自东向西沿岸流，相对而言，底层略有偏南，其中磨刀门口外以西近岸海域表层较强的西向余流消失，表明这股强流受斜压作用影响明显。小潮期间，因斜压作用不复存在，伶仃洋海域表、底层余流均为向海，但余流强度很弱，且在东北风作用下，表层余流具有明显的偏西分量，底层余流偏东。大潮期间表、底层的下泄余流都明显增强，表明上游径流在大潮期间下泄通量较大，小潮期间较小。

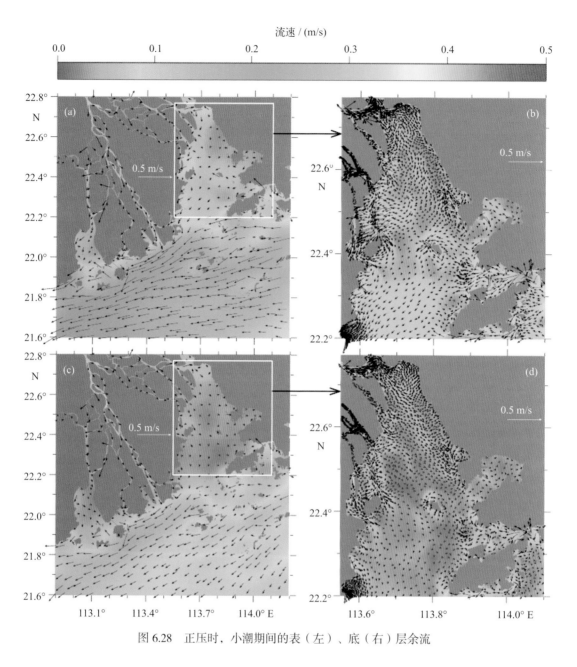

图 6.28　正压时，小潮期间的表（左）、底（右）层余流

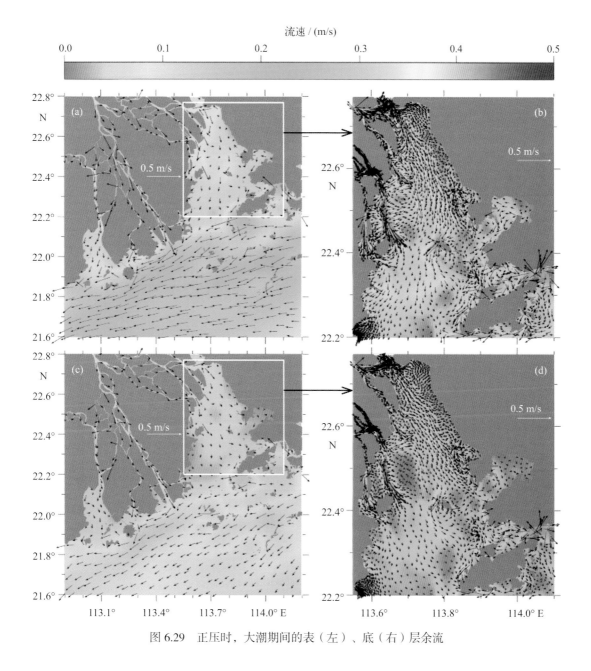

图 6.29 正压时，大潮期间的表（左）、底（右）层余流

6.5 本章小结

考虑到盐水入侵与河口的潮汐、环流紧密相关，本章对珠江口的潮汐、潮流以及河口环流特征进行了数值模拟，基于数值模拟结果，分析了珠江口的潮汐、潮流特征以及河口环流动力机制。

通过对模式计算水位序列的潮汐调和分析，给出了8个主要分潮的同潮图，分析了珠江口及口外浅海陆架海域的潮汐传播特征。总体上，口外浅海陆架海域各个分潮都是自东向西传播，传播过程中振幅均有所增大，且半日分潮比全日分潮增大的多。各分潮的等振幅线大体呈东北—西南走向，等位相线则是东南—西北走向，其中半日分潮因两股分支的汇合，等位相线在模式计算区域东侧出现汇聚。K_1 和 O_1 分潮的振幅较大，在口外浅海陆架海域均可达到 $30 \sim 45$ cm，而 M_2 分潮振幅则在 $12 \sim 55$ cm。进入河口区域，潮波从向西传播，逐渐转为向北，等位相线从东南-西北走向变化到西南—东北走向，其中半日分潮等位相线更加接近东西方向分布。河门区域 M_2 分潮振幅最大，$42 \sim 55$ cm，其次为全日分潮 K_1 和 O_1，二者振幅相近，$36 \sim 40$ cm。在伶仃洋中，大多数分潮的等振幅线呈马鞍状分布，东北角振幅最大。珠江口潮汐类型为混合潮类型，以半日潮为主，潮型系数为 $0.8 \sim 1.5$。浅水分潮（M_4、MS_4、M_6）成分较小，总振幅最大不超过 5 cm。珠江口区域潮差由口外向口内逐渐增大。总体上大潮期间潮差为 $2.2 \sim 3.1$ m，而小潮期间为 $0.6 \sim 1.1$ m。其中伶仃洋区域的平均潮差在大小潮分别约为 3.0 m 和 0.9 m，且向东和向北方向增大。

珠江口的潮流总体上为不规则半日潮，在小潮后的中潮期间会从不规则半日潮转变成不规则全日潮，此时对应涨潮历时远大于落潮历时，相应的涨落潮流速差异也为最大。珠江口口外邻近海域受风的影响较强，导致涨潮期间向西潮流得到增强，其中荷包岛南面局部海区的涨急流速较大；而落潮期间潮流受东北风的阻挡，即便落急时刻，潮流也仅是偏南（大潮）甚至依然偏西（小潮）。受下泄径流、科氏力、锋面斜压以及风等作用，小潮落急时刻，可在表层观察到一支较强的落潮流自伶仃洋流出后沿海岸向西运动，流速为 $40 \sim 50$ cm/s。伶仃洋海域的潮流基本为往复流，越往上游，流速越大，其中虎门流速最强，最大落急流速可达 200 cm/s。总体上，东部潮流较强，西部较弱，在涨潮期间相对更为明显。表层流速涨落潮差异较大，落潮流速大于涨潮流速，底层流速涨落潮差异较小，在深槽区域小潮期间往往会出现涨潮流速大于底层流速。

余流平面分布分析表明，枯季珠江口口外邻近海域大潮期间和小潮期间的余流分布较为一致，小潮余流相对比大潮强，且表层比底层强。表层余流总体为西北向，而底层总体为西南向，这主要是东北风作用的结果。此外，在磨刀门口外向西有一支明显的西向沿岸流，这股强流在底层迅速减弱，这主要与盐度锋面较强的斜压作用有关。伶仃洋余流总体上表层较强，方向向海，且大潮比小潮明显；而底层余流无论大小潮都较弱，但小潮期间在深槽区可观察到较为明显的上溯余流。受东北风作用，伶仃洋存在一个表层向西、底层向东的横向环流。内伶仃岛西侧向海余流较强，东则较弱，表明径流主要沿东部深槽下泄。在东西两条深槽，因潮流和盐度分层的大小潮周期变化，深槽的余流结构具有较为独特的大小潮变化特征：小潮期间存在明显的表层向海、底层向陆的重力环流，并在小潮后的中潮期间达到最强；大潮期间向海余流开始增强（或向陆余流减弱），最终在大潮后的中潮期间向海余流达到最强。

第7章
珠江口咸水入侵
数值研究

珠江口与上游河网通过八大口门相连，东四口门位于伶仃洋西岸，分布相对集中，西四口门则较为分散，由于径流出口较多，且各口门径流分流比大小各异，径流动力情况较为复杂。此外，珠江口地形也较为复杂，岸线分布较不规则，岛屿众多，滩槽相间。上游径流在珠江口复杂地形作用下会形成怎样的盐度空间分布，而这种空间分布特征在潮汐、径流、风、海平面等动力因子发生变化时又会有怎样的响应？

通过实测资料了解河口盐度变化规律是最基本的手段。要了解河口盐度的空间分布特征，需要组织大规模的野外观测。由于受经费、人力、天气等因素影响，大规模观测资料非常稀少。近几十年，在1978—1984年以及1999—2000年期间进行了珠江口及附近海域的大规模观测，其中1978—1984年期间的观测资料依然是人们研究珠江口及附近海域的水动力、盐度空间分布的主要资料[106]。基于这些野外观测资料，不少学者进行了分析，使得人们对珠江口盐度平面分布、盐度垂向结构以及河口盐度锋面特征等有了一定的认识[96,98,103,106]。由于大规模观测往往是准同步观测，资料测量周期往往达数天甚至数周，而河口区域受潮汐涨落潮影响，盐度具有明显的半日变化周期，因而基于准同步的大面积观测资料得出的盐度空间分布，其代表性也大为降低。此外，野外资料仅能揭示观测期间的动力条件下的情况，无法从中了解动力条件变化时的相应情况。因而，不少学者借助数值模式，对珠江口盐度的时空变化特征进行了模拟研究。但总的来说，这些数值研究中对珠江口盐水入侵的专题研究不多，使得人们对珠江口盐度的时空变化特征认识也相对不够深入和全面。

本章主要目的是基于三维盐水入侵数值模式，对珠江口盐度时空变化特征如涨落潮差异、大小潮变化等进行分析，并就不同动力因子对珠江口盐度分布的影响展开讨论。为此，设置了一个控制试验模拟枯季珠江口盐水入侵，试验中的动力条件设置与第6章的控制试验完全一致，只是本试验中，为了让模式盐度调整更为充分，将模式起算时间相对提前，即模式从2004年12月1日开始计算，共计算74 d。此外，对径流、风速、风向、海平面等动力因子进行了敏感性试验（其中径流、风速敏感性试验与第4章相同，仅计算时间提前）。接下来对试验结果进行分析，其中部分输出站点和断面位置如图7.1所示。

7.1 盐度时空变化

7.1.1 盐度时间变化

图7.2给出了珠江口各个输出站点的表、底层盐度以及潮周期平均垂向平均盐度随时间变化过程。

从图7.2中可以看出，A1站点表、底层盐度变化具有明显的大小潮和涨落潮周期。与潮汐不规则性相对应，盐度变化也较不规则，也在小潮后中潮期间出现全日周期变化特征。

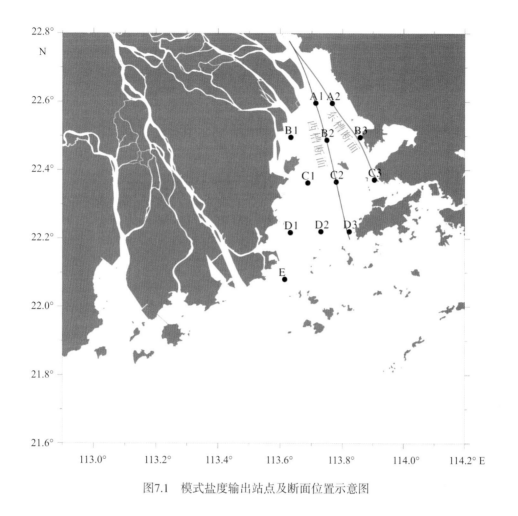

图7.1　模式盐度输出站点及断面位置示意图

表、底层盐度变化规律较为相似，大潮期间盐度总体较高，小潮期间盐度总体较低，相应的日最大和日最小盐度也是大潮期间较大，小潮期间较小。表层盐度总体在10～22之间，底层盐度在13～23之间。表、底层盐度差在落憩期间较为明显，可达3左右，涨憩期间盐度差值很小。潮周期平均垂向平均盐度的大小潮变化表明，盐度变化总体上与潮差在相位上保持一致，即盐度峰值出现在大潮期间，盐度谷值出现在小潮期间。A2站的盐度表层为10～26，底层为17～27。总体上，A2站点的盐度比A1站点盐度高，这表明东槽盐水入侵较西槽更为严重。日最大盐度的大、小潮变化较为明显，而日最小盐度则较不明显。日最大盐度，无论表、底层，谷值均出现在小潮，峰值出现在小潮后的中潮前后，而且底层出现时间略微较表层早。日最小盐度的表、底层变化规律不同，表层谷值出现在小潮后1～2 d，峰值出现在小潮期间，而底层谷值出现在小潮期间，峰值出现在大潮期间。A2站点的盐度峰值与潮差峰值开始出现相位不一致，最小值出现在小潮，最大值出现在小潮后中潮，这一特征在潮周期平均垂向平均盐度变化中也可以看出。此外，对比A1、A2站点盐度可以发现，盐度涨落潮变化在表层较大，底层涨落潮变化较小，这一特征在东侧A2站点更为明显。这与径流作用使得表层盐度水平梯度相对较大有关，而表层潮流较强，相应涨落潮潮程较大也是一个原因。

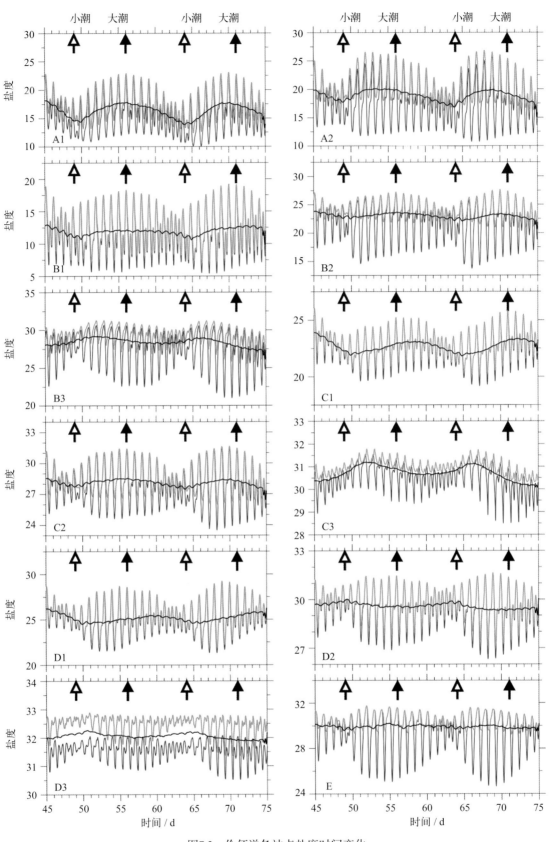

图7.2　伶仃洋各站点盐度时间变化

红线：表层；绿线：底层；黑线：潮周期平均垂向平均

　　B1站点相对靠近西岸，受洪奇门、横门等下泄径流影响，盐度相对较低，表层盐度在5～17，底层盐度为8～18。表、底层的日最大盐度变化较为一致，峰值主要出现在大潮期间，谷值主要出现在小潮期间。日最小盐度的变化相对较不规律，总体上，峰值出现在小潮期间，谷值出现在小潮后中潮期间。潮周期平均垂向平均盐度的大小潮变化较不明显，总体上还是大潮较大，小潮较小。B2站点表、底层盐度的日最大值都是在小潮期间较小，大潮期间较大；但表、底层盐度的日最小盐度的峰值均出现在小潮，而谷值则分别出现在小潮后中潮和大潮期间。表、底层盐度差在小潮后的中潮较大，意味着此时盐度垂向分层较强。潮周期平均垂向平均的盐度变化与潮差变化在相位上总体较为一致。B3站的盐度的表、底层变化规律相似，在一个大小潮周期中，最高盐度往往出现在小潮后中潮，而最低盐度多出现在大潮。但表、底层盐度差较为明显，大潮落憩时盐度差可达5左右，即便涨憩也存在一定的盐度差。潮周期平均垂向平均盐度变化与潮差变化存在相位差，最大值出现在小潮后中潮，最小值出现在小潮之前1～2 d。从B1、B2、B3站点盐度变化规律可以看出，各站点在小潮后中潮期间盐度都出现日周期的涨落潮变化；此外，自西往东各站盐度逐渐增大，而且盐度-潮差之间的相位差也趋于明显。

　　C1站点表层盐度为19～25，底层盐度为20～26，表、底层盐度差主要在落憩期间存在，差值约在1左右。盐度变化表、底层较为一致，日最大盐度的峰值主要出现在大潮，谷值出现在小潮；而日最小盐度的峰值在小潮，谷值在小潮后的中潮。C2站点盐度涨落潮波动较为对称，大潮时振幅较大，小潮时振幅较小，表层盐度最低约24，最高31.5，底层则分别为26和32。虽然涨落潮振幅较大，潮周期平均垂向平均盐度在一个大小潮周期中变化幅度较小，约1左右。C3站点的表层盐度涨落潮差异较为明显，但底层涨落潮差异明显减小，相对而言底层盐度的大小潮的变化更为明显。其潮周期平均垂向平均盐度变化表明，盐度峰值约出现在小潮后的中潮，盐度谷值约出现小潮前的中潮。

　　D1站点的盐度变化在21～29之间，表、底层盐度变化几乎一致，仅在落憩时刻，底层盐度比表层略高0.5左右。日最小盐度的谷值主要出现在小潮后的中潮，峰值出现在小潮；日最大盐度的谷值出现在小潮，峰值出现在大潮或大潮前1～2 d。其潮周期平均垂向平均的盐度峰值主要出现在小潮前中潮到小潮之间，谷值出现在小潮到小潮后中潮之间。D2站点盐度涨落潮变化的振幅在大潮前中潮到大潮之间较大，小潮期间较小，盐度变化总体在26～31.5。潮周期平均垂向平均盐度大小潮差异较小，相对而言，小潮期间盐度值略高。较D1站点而言，D2站点的表、底层盐度差更为明显。D3站点盐度底层盐度总体比表层盐度高1左右，日最小盐度的大小潮变化比日最大盐度的大小潮变化明显，在底层尤为如此。潮周期平均垂向平均盐度在小潮到小潮后中潮期间略高于其他时段。

　　E站点的盐度表、底层差异明显。大潮期间表层涨落潮盐度变化较大，盐度落憩时约25，涨憩时可达31.5；底层盐度的变化幅度则仅有2左右（29.5～31.5），表明表层盐度梯度较大，底层盐度梯度较小。表层日最小盐度大小潮变化较大，而日最大盐度的大小潮变化较小；底层则相反。潮周期平均垂向平均盐度几乎没有大小潮变化，保持在30左右。

从以上多个站点的盐度大小潮变化分析可知，珠江口（主要为伶仃洋海域）的盐度变化较不规则，大部分时间为不规则半日变化，但在小潮后中潮期间出现较为明显的不规则全日周期变化。伶仃洋盐度总体上东高西低，与以往研究结论一致[98]。表层盐度的涨落潮差异较大，底层相对较小。此外，伶仃洋中自西向东，盐度峰值与潮差峰值开始出现相位差，即盐度峰值逐渐提前于潮差峰值出现，盐度-潮差之间的相位差越往东越明显。

7.1.2　盐度空间变化

7.1.2.1　平面分布

对于珠江口的盐度空间分布，图7.3和图7.4给出了大小潮涨落憩时刻的表、底层盐度分布。

从图7.3(a)中可以看出，大潮涨憩时刻，珠江口表层盐度分布的一个明显特征是，盐度等值线呈沿岸带状分布，盐度锋面在磨刀门口外相对较大。伶仃洋中盐度总体上是东高西低，但还存在一些细微特征，主要体现在东西深槽的等盐度线分布上。从30等盐度线上可以明显看出，内伶仃岛两侧深槽的盐度较高，等盐度线明显向上游凸起，表明深槽涨潮流较强使得盐度也较高。28、25等盐度线中也依然体现了这一特征，随着深槽向虎门汇合，等盐度线的双峰的细微结构消失，变成一个单峰向上游凸起。伶仃洋湾顶虎门附近盐度约为15，湾口盐度东西差异较大，西侧约20，东侧可达32。黄茅海中的盐度同样也存在东高西低的现象，这是因为科氏力作用下，涨潮流相对在东部较强，而落潮流在西部较强。磨刀门区域的盐度情况将在第8章中进行详细分析，本章暂不讨论。由于涨憩时刻盐度垂向混合均匀，底层盐度分布[图7.3(b)]与表层几乎完全一致，但相对而言，底层的盐水入侵较强，如口外近岸海域的等盐度线更向岸逼近、伶仃洋中深槽区域的等盐度线向上游突出更为明显。

大潮落憩时刻[图7.3(c)]，表层盐度的等值线明显被推向口外，盐度等值线分布较涨憩时刻稀疏，表明落憩时刻盐度梯度减弱。在伶仃洋中，等盐度线分布相比涨憩时刻从原来的东北—西南走向略微向东西方向偏，表明盐度的东西差异有所减小，但总体上还是保持东高西低分布。伶仃洋湾顶盐度5～10，由于下泄径流影响，等盐度向下游突出；横门、洪奇门外附近10等盐度线具有向东和向南两个方向凸起，表明径流沿这两个方向下泄量较大，这与地形分布相符；同样因深槽流速较大，内伶仃岛两侧的等盐度线在深槽处也有明显的向下游凸起。黄茅海的盐度分布，中部较低，两侧较高。底层落憩时刻盐度分布[图7.3(d)]与表层较不相同，各口门附近底层盐度明显较表层要高。此外，伶仃洋区域也存在较明显的表、底层差异。伶仃洋湾顶盐度约10左右，且10、15等盐度线不是向下游而是向上游凸出，这是由于湾顶水深较深，斜压作用较强，使得底层落潮流较弱，因而盐度得以保持了深槽较高两侧较低的分布。同样的原因导致内伶仃岛两侧深槽的等盐度向下游凸出也不明显，甚至在东槽30等盐度线依然明显上凸。总体上伶仃洋底层盐度的东西差异较表层明显。黄茅海区域的底层盐度分布与表层类似，但等盐度线的下凸程度较表层弱。此外，黄茅海区域底层盐度虽比表层高，但盐度梯度则明显减弱，底层15和20的等盐度线间隔距离明显比表层大。

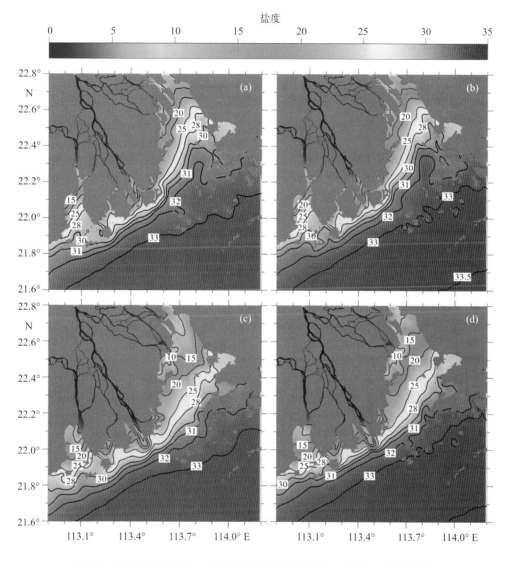

图7.3　大潮涨憩（上）、落憩（下）的表（左）、底（右）层盐度场

　　相比大潮，小潮期间潮流较弱，对高盐水的输运作用也减弱，因而涨憩时刻等盐度线向上游入侵的迹象不明显，盐度总体较低[图7.4(a)、图7.4(b)]。伶仃洋中盐度等值线呈东北—西南走向，湾顶盐度10左右，湾口最大可接近32，深槽区的等盐度线略有向上游凸起，但相比大潮并不明显。黄茅海中盐度为10～29，东部盐度较西部高，但东西部盐度差不如大潮时明显。底层盐度分布总体上与表层盐度分布相似，伶仃洋中虎门处10等盐度线向上游入侵较为明显，大濠岛水道（大濠岛西侧的深水区）的32等盐度线也有较为明显的入侵[图7.4(b)]。

小潮期间盐度涨落潮变化较小，与涨憩时刻相比，落憩时刻主要在近口门区域盐度变化较大，如伶仃洋北部和黄茅海北部的盐度都有较为明显地降低，而口外区域盐度分布几乎没有变化[图7.4(c)、图7.4(d)]。其中，伶仃洋表层盐度的15等值线因中间的浅滩（淇澳岛东北面）阻碍落潮流速较小，使得该处盐度相对两侧较高，而从底层25等盐度线上还是可以较为明显地看到高盐水沿伶仃洋深槽入侵现象。

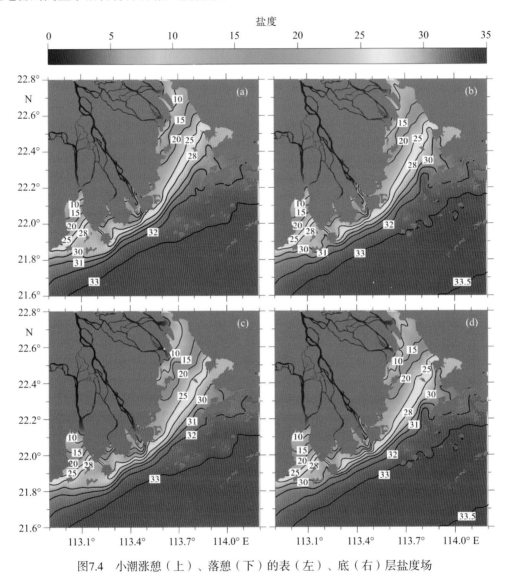

图7.4 小潮涨憩（上）、落憩（下）的表（左）、底（右）层盐度场

从以上大小潮涨落憩时刻的盐度分布可以看出，珠江口盐度等值线大体沿岸分布，这与下泄径流受科氏力作用以及东北风的作用有关。总体上，涨憩时大潮盐水入侵比小潮强；落憩时小潮盐水入侵比大潮强。伶仃洋中盐度总体是东高西低，这与径流出口主要位于伶仃洋西岸有关，而伶仃洋水域较为宽阔，科氏力作用也一定程度上有利于形成这种分布。此外，伶仃洋受独特地形影响，盐度分布存在一些细微的特征，即盐水入侵在东、西深槽区域较强，大潮涨憩时更为明显。

图7.5是2000年1月14—24日期间观测的伶仃洋的表、底层盐度分布,可以看出,表层盐度存在一条很强的沿岸盐度锋面带,而底层高盐水沿西侧深槽入侵非常强烈。本书模拟的盐水入侵总体上较实测资料弱,尤其在底层西槽区域,模拟的盐度入侵特征不如实测资料明显,总体上,模拟结果与实测盐度分布存在较明显的差异。造成此差异的原因较多,首先该批次的实测资料历时较长(前后约10 d),其盐度分布与本书的涨落憩盐度分布所描述的对象本身存在差异;其次控制试验中的模式动力条件是一个枯季特征条件,并不能代表当时观测期间动力条件,如径流、风、口门岸线等都有较大差异,历史记录也表明2005年珠江口正好发生较为严重的盐水入侵,而2000年则没有(控制试验主要以2005年1月、2月径流为依据);此外,模式自身精度在局部区域还比较有限,这也是造成模式模拟结果与实测资料差异的一个原因。

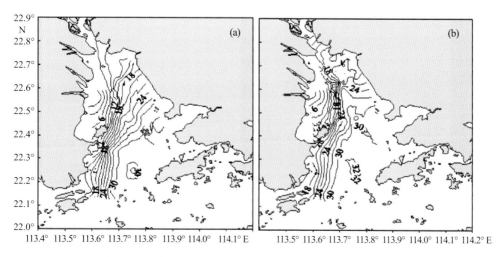

图7.5　2000年1月14—24日期间观测得到的伶仃洋表(a)、
底(b)层盐度平面分布[102]

总体而言,模拟结果定性上与现有研究相同,由于实测资料较少,各家对于伶仃洋盐度分布的认识也存在差异,本书模拟结果对珠江口盐度空间分布的认识有一定参考意义。

7.1.2.2　剖面分布

伶仃洋东部深槽大潮期间盐度剖面的潮周期变化如图7.6所示。涨急时刻盐度分布仅在断面上游区域还保持了盐度部分分层结构,下游段已经垂向混合较为均匀;随着涨潮过程的持续,盐度垂向混合更为均匀,涨憩期间表、底层盐度几乎没有差别;落潮期间,由于流速表层大底层小,盐度垂向开始出现分层,上游分层更为明显,落憩时盐度分层达到最强,出现较为明显的盐水楔特征(图7.6)。小潮期间盐度剖面变化规律与大潮相似,涨潮期间盐度趋于均匀混合,涨憩时垂向混合最为均匀;而落潮时盐度趋于分层,落憩时垂向分层最为明显(图7.7)。相比大潮,小潮期间的盐水入侵总体较弱,而且涨急时刻小潮垂向混合不如大潮均匀,落急时刻小潮分层也不如大潮明显,表明大潮期间盐度垂向结构的调整较快,小潮盐度调整较慢。这与潮流强度大小潮变化直接相关。大潮潮流较强，盐度垂向结构的调整相对较快，涨潮期间容易较快达到垂向混合均匀状态，而落潮期间也容易较快出现分层；小潮潮流较弱，相对盐度结构的调整也就较慢。由于涨落急是参照内伶仃岛附近流速，因而导致所选涨急时刻时上游尚未涨急、下游已过涨急，同样落急时刻时，上游尚未落急、下游已过落急，这导致图7.6和图7.7中出现断面上游区域盐度在落急时较高，涨急时较低，而断面下游区域则是涨急盐度小于落急盐度。

对于西部深槽，图7.8给出了大潮期间的盐度剖面的潮周期变化。可以看出，西槽的盐度剖面的潮周期变化过程与东槽很相似，也是涨潮时盐度趋于均匀混合，落潮时盐度趋于分层。同样地，落憩时刻可以观测到较为明显的盐水楔特征，这与文献[96]指出即便在枯季西槽也可观测到盐水楔现象相一致。小潮期间（图7.9），西槽的盐度剖面变化也与东槽相一致。在涨急时，上游段盐度保持了一定的分层结构，涨憩时盐度分层进一步减弱，但在上游区域还是保持了部分分层特征；落潮时盐度开始恢复分层结构，落憩时在整个断面的中上游区段都可观察到较为明显的分层特征。

从以上盐度剖面的大小潮分析可知，伶仃洋深槽区域的盐度剖面在大潮潮周期内变化较为明显，小潮时变化相对较弱。盐度分层最强出现在大潮落憩时刻，此时，在东西深槽都可观察到盐度的盐水楔状结构。总体上，大潮期间盐水入侵较强，小潮期间盐水入侵较弱。

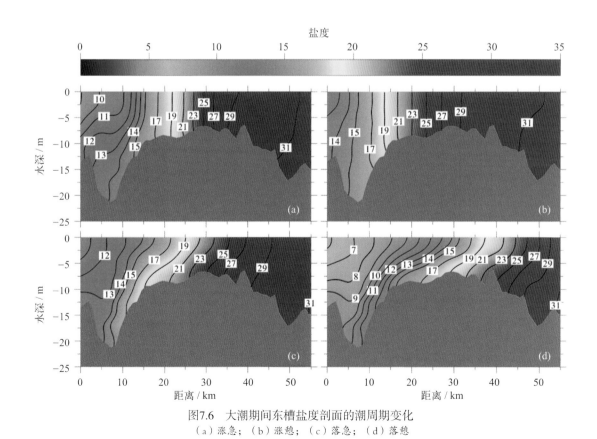

图7.6　大潮期间东槽盐度剖面的潮周期变化
（a）涨急；（b）涨憩；（c）落急；（d）落憩

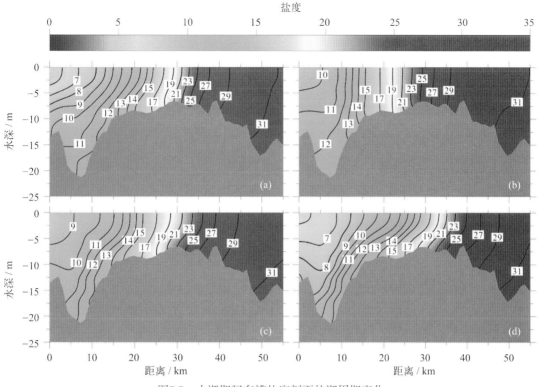

图7.7 小潮期间东槽盐度剖面的潮周期变化
（a）涨急；（b）涨憩；（c）落急；（d）落憩

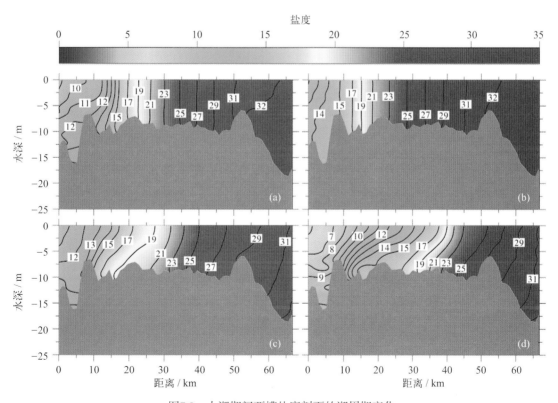

图7.8 大潮期间西槽盐度剖面的潮周期变化
（a）涨急；（b）涨憩；（c）落急；（d）落憩

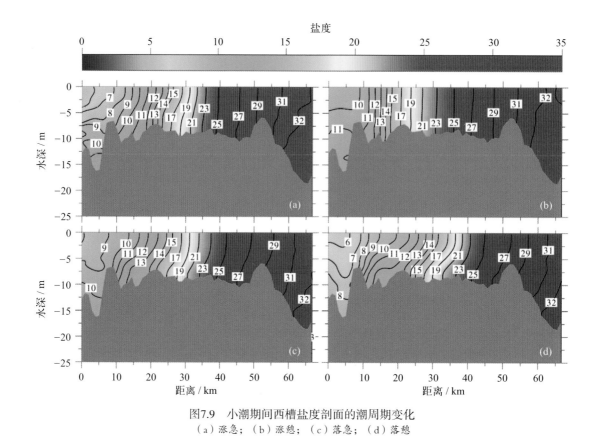

图7.9 小潮期间西槽盐度剖面的潮周期变化
（a）涨急；（b）涨憩；（c）落急；（d）落憩

7.2 潮周期平均盐度

对于潮周期平均盐度的平面分布，图7.10表明，大潮期间珠江口表、底层盐度分布总体上较为相似：口外海域等值线总体呈沿岸方向，伶仃洋中等盐度线总体为东北—西南走向，盐度东高西低；但表、底层略有不同，主要体现在水深较深区域，如虎门、东深槽、西深槽等区域。由于水深较深，底层盐水入侵较表层要强，相应等盐度线向上游入侵明显，其中虎门附近的盐水入侵最为明显。小潮期间，珠江口的潮周期平均盐度的分布与大潮期间相比，无论表层还是底层都较为一致。但在盐水入侵强度上，小潮期间入侵强度总体相对较弱，这从15等盐度线位置的大、小潮变动可以较为明显地看出。总体上，模式计算的潮周期平均盐度的平面分布特征与文献[102]的数值模拟结果较为相似，相对而言，本书中的盐度水平梯度以及深槽区盐水入侵强度较弱，这与模式网格、动力条件等不同有关。

对于深槽区的盐水入侵特征，图7.11和图7.12分别给出了东、西深槽在小潮、小潮后中潮、大潮、大潮后中潮等不同潮形下的潮周期平均盐度的剖面分布。在东槽区域，小潮期间，盐度垂向分层在断面上游区域较为明显，越往下游，垂向分层越不明显（图7.11）。盐度的纵向梯度随上下游位置不同而不同，盐度锋面主要位于断面中部偏上游段，在此区域盐度梯度较大，而此区域的上游或下游区域的盐度梯度都相对较小。小潮后中潮期间，盐度的剖面分布特征与小潮基本相似，上游盐度分层较下游明显，同样盐度纵向梯度与上下游位置有关，但可以看出，小潮后中潮期间盐度垂向分层较小潮期间更为明显，如距上游20~30 km区域的盐度等值线倾斜较为明显。虽然小潮期间潮汐混合动力较弱，但由于盐度垂向分层结构的形成需要一定时间，因而在小潮后中潮期间出现相对较强的盐度分层结构。大潮期间，随着潮汐混合动力增强，盐度的垂向分层有所减弱，但从图7.11中可以看出，在断面上游区域，大潮期间盐水入侵较小潮、小潮后中潮期间都更为显著，表层11等盐度线可上溯到距上游10 km范围内；而在断面下游区域盐水入侵强度则有所减弱，表层30等盐度线下移至距下游仅4 km左右。大潮后的中潮期间，断面盐度分布与大潮大体相似，但盐水入侵强度有所减弱，盐度垂向分层也有所减弱。

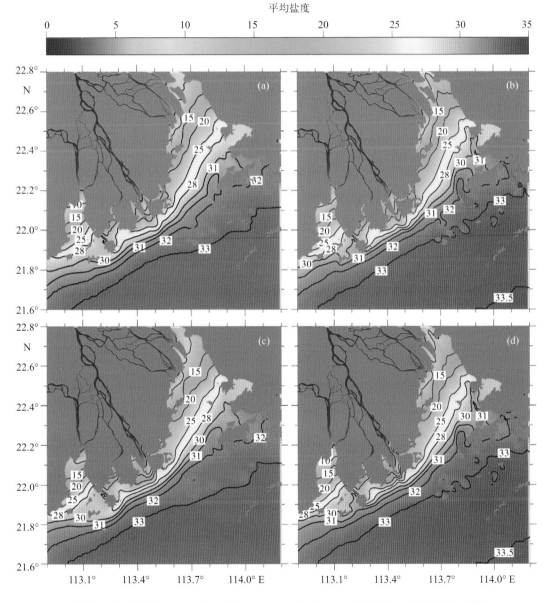

图7.10　大潮（上）、小潮（下）的潮周期平均盐度的表（左）、底（右）层分布

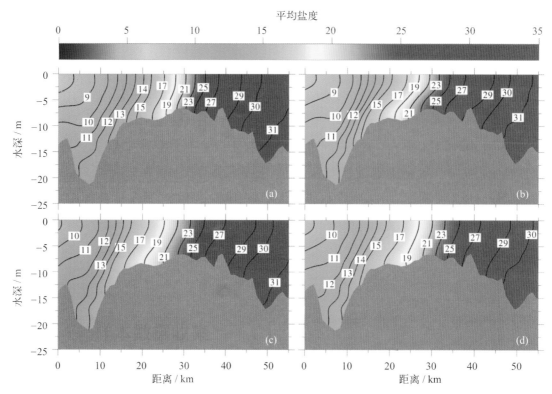

图7.11　东槽潮周期平均盐度的大、小潮变化
（a）小潮；（b）小潮后中潮；（c）大潮；（d）大潮后中潮

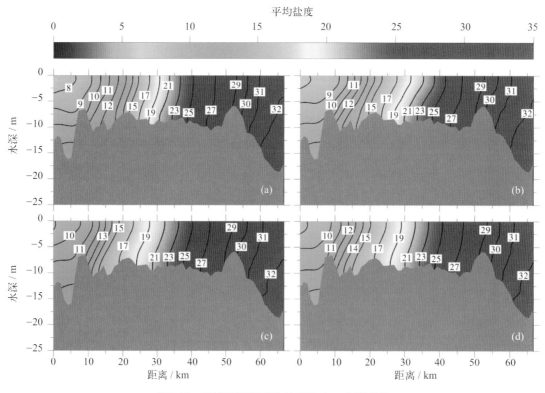

图7.12　西槽潮周期平均盐度的大、小潮变化
（a）小潮；（b）小潮后中潮；（c）大潮；（d）大潮后中潮

西槽的断面盐度结构在大小潮周期的变化过程与东槽相似（图7.12）。大潮期间盐水入侵总体上较强，盐度分层在小潮后的中潮期间相对较为明显，且断面中部偏上游段区域的盐度纵向梯度相对较大。总体上，枯季潮周期平均盐度垂向分层不是很明显。陈子燊在分析西槽内伶仃岛至大濠岛之间的盐度分层时也指出，西槽周日平均盐度剖面分布具有非常明显的季节变化特征，洪季时垂向分层十分明显，但枯季时垂向几乎完全混合。

以上潮周期平均盐度的空间分布特征分析表明，枯季珠江口盐度等值线分布在口外主要沿岸走向分布，在伶仃洋内总体呈东北—西南走向，这与以往研究结果总体上较为一致。大潮和小潮期间的盐度分布较为相似，但总体上大潮期间盐水入侵较小潮期间强；伶仃洋海域的盐度分布表、底层略有差异，底层深槽区盐水入侵较强。盐度剖面的大小潮变化表明上游区域分层较强，下游区域分层较弱，盐度垂向分层最大约出现在小潮后的中潮期间。

7.3　动力因子分析

第7.2节基于控制试验结果，分析了枯季珠江口盐度时空变化的特征，为了进一步了解珠江口盐水入侵对风（风速和风向）、径流、海平面等影响因子的响应，本节对各个动力因子进行敏感性试验，对试验结果进行分析。

7.3.1　风的影响

7.3.1.1　风速的影响

为了分析珠江口盐水入侵对不同风速的响应，本小节设置了无风和强风两组数值试验，将试验结果与控制试验进行对比分析。

无风试验表明，珠江口的潮周期平均盐度的空间分布在大、小潮期间较为相似，但由于没有风的作用，盐度的空间分布相比控制试验发生了较大变化，盐度等值线沿岸线分布特征消失（图7.13）。大潮期间，伶仃洋表层盐度等值线总体上沿东北东—西南西走向，盐度的东西差异有所减弱；底层深槽区盐水入侵明显，等盐度线在内伶仃岛附近具有较为明显的双峰结构，30等盐度线也具有较为明显的入侵趋势，这表明由于不存在风的混合作用，盐度的表、底层差异增大。小潮期间的盐度分布与大潮几乎一致，但盐水入侵强度略有减弱，在伶仃洋底部同样存在明显的双峰结构。

从无风试验与控制试验的盐度差值分布可以看出，除了黄茅海海域的盐度出现明显升高，其他海域盐度以降低为主，这是因为东北风的局地拖曳、混合以及向岸Ekman输运作用导致。东北风的局地拖曳作用导致径流在河网的分流比发生变化，径流偏向西侧汊道分流，最终使得西部口门的分流较大；同时东北风的拖曳作用使伶仃洋西岸水位抬升，不利于径流从东四口门下泄。从表7.1统计的分流比可以看出，6.5 m/s东北风作用时东四口门分流比之和为53.68%，西四口门分流比之和为46.32%；而无风时东部口门分流比明显增大，总和达

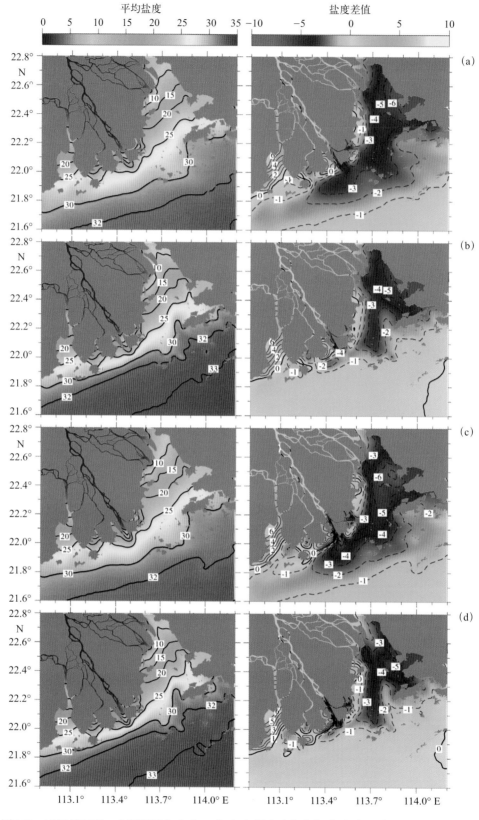

图7.13　无风情况下，大潮期间表（a）、底（b）层和小潮期间表（c）、底（d）层的潮周期
平均盐度分布（左）及其与控制试验的差异（右）

盐度差等值线间隔为1，下同

61.87%，西四口门分流比之和减小为38.13%，且越往西，口门（虎跳门、崖门）分流比减小越多。表7.1中数值试验计算的分流比与前文介绍的1999—2007年期间的各口门实测分流比存在一定差异，如实测虎门分流比仅12.1%。这其中的主要原因包括：①实测分流比是多批实测资料统计的平均结果，受观测期间的风、径流等天气因素影响较大，与本书理想数值试验有本质区别；②不同年代统计的各口门实测分流比具有明显差异，如虎门在20世纪90年代分流比一度达到25.1%，这表明珠江河网的实际分流比本身具有较大的波动性（表7.2）；③本书的风况数值试验（包括后文的风向试验）结果表明，珠江河网的分流比受风影响非常明显，因而各试验计算的分流比与实测分流比存在差异也是正常现象。表7.1统计的分流比表明，东北风作用确实改变了各口门的分流比，相应引起盐水入侵强度发生变化。东北风的混合以及向岸Ekman输运也会增大外海的盐水盐度。

表7.1 不同风速试验与控制试验中八大口门的分流比统计（%）

试验	虎门	蕉门	洪奇门	横门	磨刀门	鸡啼门	虎跳门	崖门
控制试验*	20.22	13.59	9.95	9.92	22.46	2.86	8.54	12.48
无风	21.47	14.93	12.77	12.70	25.50	2.33	2.98	7.34
强风	17.69	7.13	6.37	6.05	16.98	5.83	17.95	22.03

注：*表示的试验为该组试验的对照试验。

表7.2 不同时期八大口门的实测分流比（%）

时间	虎门	蕉门	洪奇门	横门	磨刀门	鸡啼门	虎跳门	崖门
20世纪60—70年代	16.0	17.1	15.9	12.4	24.7	4.7	3.6	5.6
20世纪80年代	18.5	17.3	6.4	11.2	28.3	6.1	6.2	6.0
20世纪90年代	25.1	12.6	11.3	14.5	24.9	2.9	3.9	4.8
1999—2007年	12.1	14.0	13.2	16.2	29.6	3.7	4.9	6.3

注：该表整理自文献[4]和文献[170]。

盐度差值分布表明，大潮期间，伶仃洋海域表层盐度降幅东高西低，东部最大降幅约为6，而西部近岸水域降幅为0～1，底层盐度下降幅度略有减小，总体约为3。伶仃洋盐度差的空间分布不同，与东北风作用下形成的环流形态有关，第四章中环流分析表明，东北风会在伶仃洋形成表层向西、底层向东的横向环流，在东岸容易出现补偿流性质的上升流，使得底层高盐水向东侧输运，而无风作用时，这些风生环流消失，相应东侧盐度降低更为明显。黄茅海区域，表、底层盐度差分布几乎一致，盐度升幅西高东低，在湾顶东北角盐度最大升幅可达6，而湾口盐度升幅不大，在湾口东侧甚至出现1左右的盐度下降。口外海域表层依然存在较为明显的盐度下降，近岸区域降幅可达3，而底层口外降幅普遍不足1。小潮期间，盐度差值的空间分布与大潮期间分布相似，也是黄茅海海域盐度出现上升，其他区域以下降为主。相对而言，小潮期间的盐度变化比大潮更大，表明小潮期间风力作用相对较强，引起的盐度变化也更为明显。在伶仃洋表层最大降幅约7，口外海域表层降幅可达4，底层盐度变化相对表层较小。

强风试验下（图7.14），盐度的空间分布与控制试验较为相似，等盐度线沿岸分布特征较为明显，伶仃洋中盐度东高西低特征也很显著。随着风力增强，风的混合作用也增强，使得表、底层盐度差异减弱，即便在伶仃洋底层深槽区盐度线的形态也与表层较为一致，不存在明显的双峰结构。强风试验与控制试验盐度差的空间分布表明，强风作用下，盐度总体升高，仅在黄茅海、鸡啼门附近水域盐度出现降低，动力成因与无风试验中分析相同，主要是东北风作用导致口门分流比发生变化，如虎跳门、崖门在10 m/s强风作用下分流比分别可达17.95%和22.03%（表7.1）。大潮期间，盐度差的表、底层分布在量值和形态上都极为相似，伶仃洋海域盐度升高较为明显，最大升幅可达7，出现在横门、洪奇门出口附近，伶仃洋东北部盐度升幅也相对较高，达6左右。黄茅海水域在上游段盐度出现下降，降幅达3，而下游段盐度出现上升，升幅约1，上游段的盐度下降是因为风的拖曳作用使得下泄径流增大，而下游段盐度升高是因为风的Ekman向岸输运作用。珠江口近岸海域的盐度出现一定程度的增大，升幅普遍小于1，这主要是东北风的向岸Ekman输运引起的。小潮期间，在黄茅海海区最大盐度降幅可达5，鸡啼门附近盐度也下降明显，而在磨刀门区域盐度出现明显抬升，升幅可超过10。相对而言，伶仃洋海域最大升幅变化不大，保持在7左右，但海域平均盐度升幅有所增大。总体上，小潮期间的盐度变化比大潮大，这与小潮潮动力减弱，风的作用相对增强有关。

风速试验表明，东北风作用产生向岸的Ekman输运，总体上使得珠江口及其近海水域的盐水入侵增强；但同时由于东北风的局地拖曳作用，使得珠江口各个口门附近水域的盐度变化不一致，黄茅海、鸡啼门附近区域盐水入侵趋于减弱，磨刀门、伶仃洋海域盐水入侵趋于增强，且伶仃洋东部增强较西部明显。此外，风的混合作用也一定程度上有利于增强盐水入侵，同时会影响到盐度的垂向分层结构，使盐度表、底层差异减弱。风的作用在小潮期间更为显著。

7.3.1.2　风向的影响

珠江口属于亚热带季风气候，夏季主要为西南风；冬季主要为东北风，但东风和北风也较为常见。对于不同风向对珠江口盐水入侵的影响，不同学者观点不同[117, 118, 120]。本节针对这个问题，设置了东风（6.5 m/s）、北风（6.5 m/s）、西南风（250°，6.5m/s）三组数值试验。为了更清楚对比不同风向的风对珠江口盐度变化的影响，三组数值试验分别与无风试验进行比较，而非与控制试验进行比较。

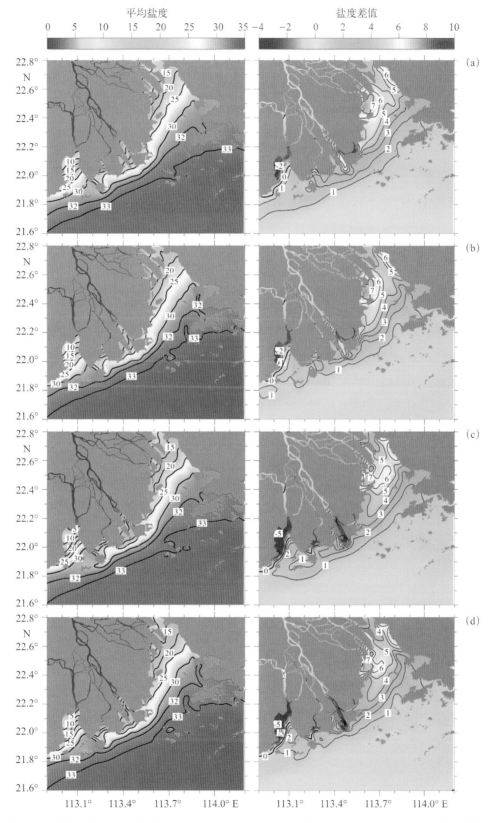

图7.14　强风情况下，大潮期间表（a）、底（b）层和小潮期间表（c）、底（d）层的潮周期
平均盐度分布（左）及其与控制试验的差异（右）

图7.15给出了东风作用下的珠江口盐水入侵及其与无风试验的差异。由于东风（90°）与控制试验的东北风（70°）风向较为接近，因而东风作用下的珠江口盐水入侵与控制试验总体上较为相似（图7.10），盐度等值线呈现出沿岸分布特征，伶仃洋盐度东高西低。大潮期间，伶仃洋海域表层盐度在10～30之间，黄茅海海域表层盐度在10～25之间，口外近岸海域盐度普遍大于32，其中33等盐度线分布较不规则。底层盐度分布总体与表层相似，在伶仃洋且在深槽区底层盐水入侵相对更为明显，口外33等盐度线分布较表层规则。小潮期间的盐度空间分布特征与大潮较为一致。东风作用引起的盐度变化在动力机制上与上文有风、无风的风速试验中的分析结果相同，因而东风与无风试验的盐度差的空间分布与图7.13形态一致，正负相反（一个是无风减东北风，一个是东风减无风）。由于风向与控制试验略有不同，相应的盐度差在数值上略有差别。大潮期间，表层盐度差在伶仃洋中为正，盐度升高，最大升幅约为4，位于东岸，而西岸区域盐度增幅较小，仅0～1；磨刀门区域盐度差也总体大于0；黄茅海中盐度差为负，盐度下降，降幅越往上游越大，最大可达7，位于西北角；口外海域盐度也有较为明显的升高，升幅在0～3之间。底层盐度差总体较表层低，如口外海域盐度增幅仅0～1，但黄茅海区域底层盐度降幅仍然保持在0～6。小潮期间，盐度差的表、底层分布分别与大潮期间分布较为相似，仅在局部区域有一定差异，如磨刀门出口处表层盐度升幅较大，虎门附近的底层盐度则出现略微的下降。

北风作用时，口外海域盐度等值线分布总体上保持着沿岸走向，伶仃洋为东北—西南方向（图7.16）。大潮期间，伶仃洋盐度总体较高，虎门附近表层盐度可达15，在横门、洪奇门出口处盐度相对较低，为10左右；底层盐度相对较大，同时底层等盐线在深水区域具有较为明显的向上游入侵。小潮期间等盐线分布与大潮相似，伶仃洋中底层盐度在深水区入侵形态更为明显。与无风试验的盐度差值平面分布表明，大潮期间伶仃洋中表层盐度有较大幅度的增大，盐度增幅越往北越大，最大增幅约7；磨刀门区域略有增大（约2），鸡啼门盐度出现降低（约2），黄茅海盐度也略有降低，口外海域盐度升高（增幅0～3）。相比表层，伶仃洋海域的底层盐度增幅更为明显，最大约8；黄茅海、磨刀门、鸡啼门等区域的底层盐度差与表层变化不大；口外底层盐度差比表层低，盐度增幅普遍下降到1以下。鸡啼门与黄茅海的盐度降低与北风作用有利于增大对应口门的径流分流比有关，鸡啼门、虎跳门、崖门的分流比分别从2.33%、2.98%、7.34%增大到4.91%、5.81%、9.48%（表7.3）。而伶仃洋中的盐度升高则主要与风生环流有关，由于北风作用，表层余流指向下游，底层相应产生指向上游的补偿流，而盐度表层低，底层高，这种流与盐的垂向结构差异导致北风作用下伶仃洋盐度增大。小潮期间的盐度差的表、底层分布分别与大潮表、底层分布相似，但相比大潮，伶仃洋的盐度最大升幅区域略移向下游，且偏近东岸；磨刀门盐度增大更为明显；黄茅海与鸡啼门的盐度降低幅度也比大潮略大。

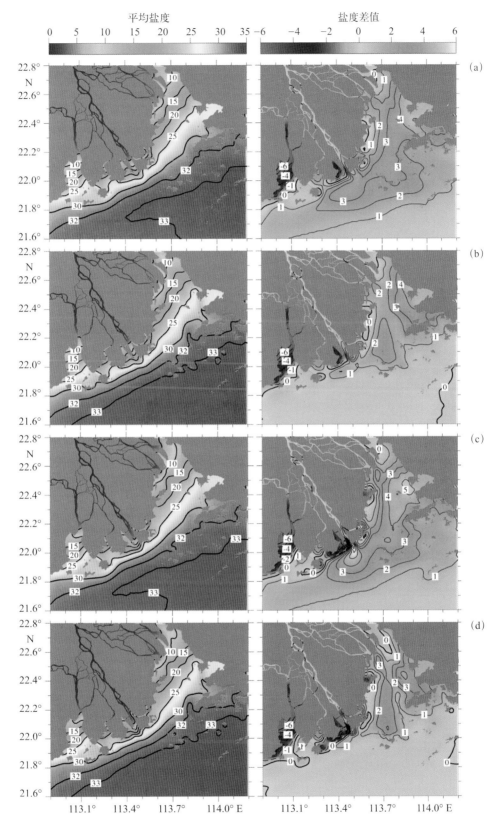

图7.15　东风情况下，大潮期间表（a）、底（b）层和小潮期间表（c）、底（d）层的潮周期
平均盐度分布（左）及其与无风试验的差异（右）

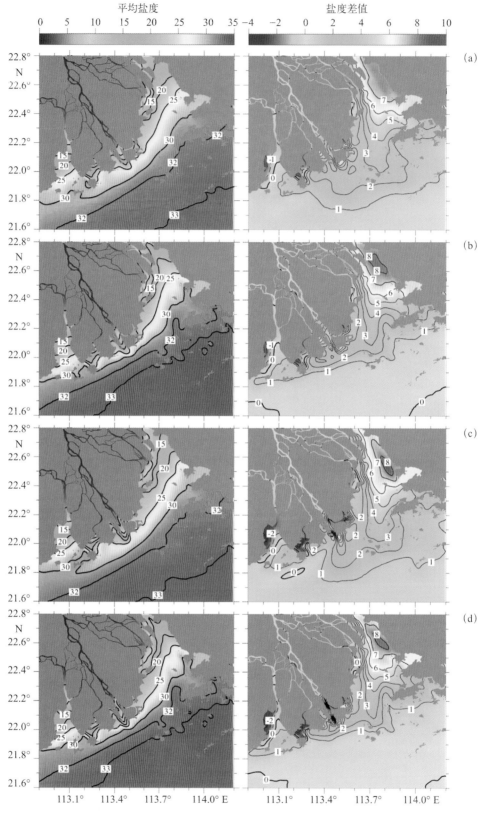

图7.16 北风情况下，大潮期间表（a）、底（b）层和小潮期间表（c）、底（d）层的潮周期
平均盐度分布（左）及其与无风试验的差异（右）

表7.3　不同风向试验与无风试验中八大口门的分流比统计（%）

试验	虎门	蕉门	洪奇门	横门	磨刀门	鸡啼门	虎跳门	崖门
无风	21.47	14.93	12.77	12.70	25.50	2.33	2.98	7.34
东风	22.03	14.31	8.94	9.72	23.51	1.89	7.60	12.01
北风	17.83	13.13	14.74	12.44	21.67	4.91	5.81	9.48
西南风	22.55	16.08	15.66	14.56	32.53	0.33	−2.09	0.39

　　西南风作用下的珠江口盐度分布与此前风况下的盐度分布差异较大。图7.17表明，在西南风作用下，无论大潮还是小潮，珠江口表、底层的等盐度线几乎都是沿东西方向分布，仅底层等盐度线在口外海域还保持了一定的西南西—东北东的沿岸走向。伶仃洋中盐度东高西低的特征消失，盐度总体较低，最大不超过30；黄茅海海域中盐度较高，即便表层也都大于30；而口外西南区域海域的盐度相对较高，表层盐度普遍大于32。从西南风与无风试验盐度差的空间分布可以看出，大潮期间，在珠江口的西部区域表层盐度增大明显（盐度差大于0），而东部区域盐度增幅逐渐减小甚至出现盐度降低，盐度差等值线（如1、2、3等值线）呈现向口外东南方向突出态势。其中，黄茅海、鸡啼门中盐度增幅较大，越往上游越明显；伶仃洋东西部盐度增减不同，东部水域盐度减小，最大降幅在东岸（约4），西部水域盐度增大，最大增幅在西岸（约4）。底层盐度差分布与表层较为一致，相对而言口外海域的底层盐度增幅减弱，大部分海域增幅不足1，仅近岸区域有1～3的增幅。盐度差的空间差异主要与西南风的作用在不同区域影响不同有关。西南风局地拖曳作用对河网的分汊河道分流比造成直接影响，使得西部口门下泄径流趋于减小，而东部口门下泄径流趋于增大。统计表明，西南风作用下，西四口门径流分流比之和仅为31.16%，而东四口门分流比增大至68.84%（表7.3）。此外，西南风将口外西南端的高盐水向岸输送，也一定程度上导致了黄茅海、鸡啼门等水域的盐度增高。东四口门的径流，尤其是虎门的下泄径流，在西南风作用下，主要沿伶仃洋东部下泄，从而造成了伶仃洋盐度东侧降低、西侧增大。小潮期间的表、底层盐度差的空间分布几乎分别与大潮期间的表、底层分布一致。相对而言，小潮期间的盐度变化幅度比大潮期间略大，如伶仃洋东侧小潮期间底层盐度降幅最大可达到6。

　　从以上风向敏感性试验结果分析可以看出，风对珠江口的盐度分布具有重要的影响，就磨刀门区域而言，北风、东北风试验结果与戚志明和包芸[117]、闻平等[118]北到东北风向的风有利于磨刀门盐水入侵的结论相一致。不同风向的风对珠江口不同区域的影响也不相同，这主要与风对表层水体的直接拖曳作用改变水体的平流输运有关。但同样存在一些区域（如口外近岸海域、磨刀门水域），在不同风向风，甚至风向几乎相反（如东风和西南风）的风作用下，盐度却表现出相同的变化趋势，这表明风的混合作用也是影响盐度的一个很重要方式。不同风向的风都能引起水体混合增强，有利于盐度增大，当混合作用占主导时，便会出现风向相反时盐度却出现相同的增大情况。由于风的混合、拖曳（平流）作用同时存在，而且相互影响，很难单独区分出二者对盐度变化的贡献，本小节也仅初步分析风对珠江口的盐度分布的影响，主要是对这个影响给出一个直观的定量的认识。

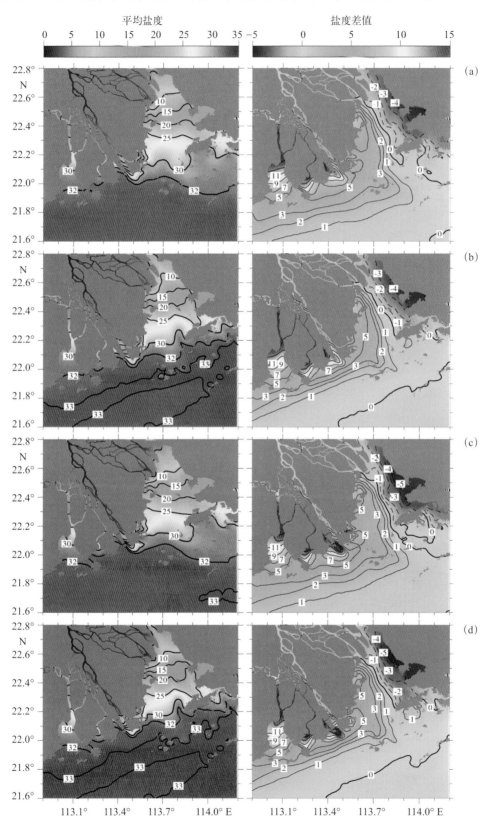

图7.17　西南风情况下，大潮期间表（a）、底（b）层和小潮期间表（c）、底（d）层的潮周期平均盐度分布（左）及其与无风试验的差异（右）

7.3.2 径流的影响

径流对河口盐度分布的影响是不言而喻的，枯季径流较低，盐水入侵发生频繁，而洪季径流巨大，几乎不会发生盐水入侵。本小节主要了解径流发生变化时相应能引起珠江口盐度分布发生多大的变化。为此，设置两个数值试验，分别模拟控制试验中径流上下波动50%（对应上游径流变化约1 270 m³/s）的情况，基于数值试验结果给出一个径流变化引起盐度变化的具体的定量认识。

从图7.18和图7.19中可以看出，在径流上下波动50%的情况下，珠江口的盐度分布态势与控制试验是相同的。当然径流增大时河口盐水入侵总体减弱（图7.18），相应的等盐度线下移，使得河口盐度梯度总体相对增大；而径流减小时，河口盐水入侵增强（图7.19），相应等盐度线上移，使得河口盐度梯度总体相对减小。径流越大，盐度分层越明显，相应斜压作用也增强，因而大径流试验中可以在伶仃洋深槽区看到较为明显的盐水入侵，而小径流试验中这种特征趋于减弱。

对于径流变化引起的盐度变化，从差值图中可以看出（图7.18），径流增大50%时，大潮期间，珠江口表层盐度最大降幅约为4，最大降幅主要发生在伶仃洋湾顶，磨刀门以及淇澳岛附近。伶仃洋总盐度降幅总体大于1，黄茅海中盐度降幅在2左右，口外海域盐度变化很小。底层的盐度差与表层相似，但总体盐度降幅略微减弱，如−1等值线较表层都有所向上游移动。此外，伶仃洋中的底层盐度差等值线在深槽区略有向上游凸出，表明盐度降幅相对较低，这是由于径流增大使得盐度分层明显，斜压效应增强，高盐水容易沿底层上溯，从而一定程度缓解了深槽区的盐度降低程度。小潮期间，盐度差分布略有变化。伶仃洋湾顶处表层盐度的降幅有所增大，在4～5之间，磨刀门区域的主河道下游段盐度降幅略有减弱，但洪湾水道汊道的盐度降幅则略有增强；黄茅海、鸡啼门海域盐度差大小潮变化不大。小潮期间底层盐度差相比表层依然略有减小，表明径流对表层盐度影响相对较大，对底层影响相对较小。总体上口门附近盐度受影响较为显著，越远离口门盐度所受影响相对越小。

径流减小50%时（图7.19），大潮期间表层盐度差分布态势与对应径流增大试验中情况较为相似，但可以看出减少相同径流量引起的盐度变化幅度要比增大相同径流量引起的盐度变化幅度大，但在口外区域，盐度增幅依然很小，1的等值线与增大试验中的−1等值线位置、形状几乎完全一致，表明径流增减对口外影响幅度相近，差异主要集中在河口内。径流减小引起的盐度变化较大区域同样位于虎门、横门以及磨刀门，其中横门出口处盐度最大增幅可达9。伶仃洋的盐度增幅明显西高东低，这与径流下泄口门主要位于西岸有关。底层盐度差分布与表层几乎一致，但口外区域的盐度增幅总体进一步减弱，1等值线略向岸移动，同时伶仃洋深水区域等值线向上游凸出，表明深水区域盐度增幅相对较小，这是因为径流减小使得盐度分层减弱，斜压减弱，不利于底层高盐水上溯，因而缓解了底层盐度增大。小潮期间的盐度差分布与大潮相似，但表、底层盐度增幅总体都较大潮略大。同样存在一定表、底层差异，如伶仃洋深槽区底层盐度差等值线向上游入侵等。

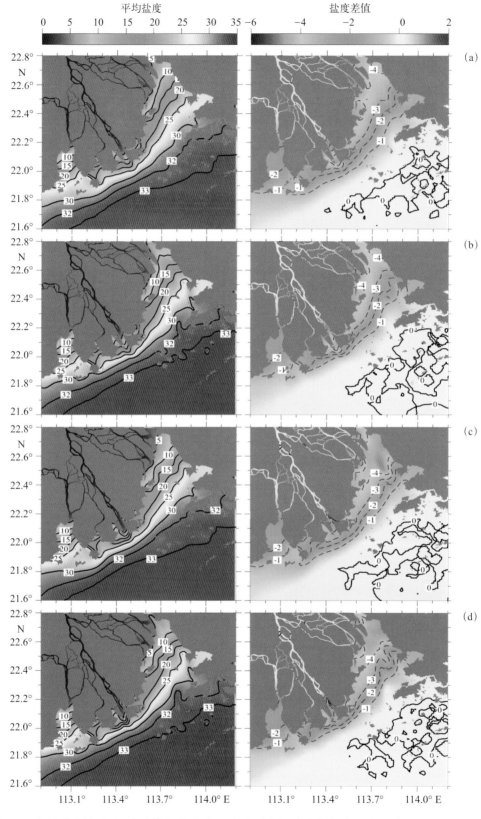

图7.18　径流增大情况下，大潮期间表（a）、底（b）层和小潮期间表（c）、底（d）层的潮周期
平均盐度分布（左）及其与控制试验的差异（右）

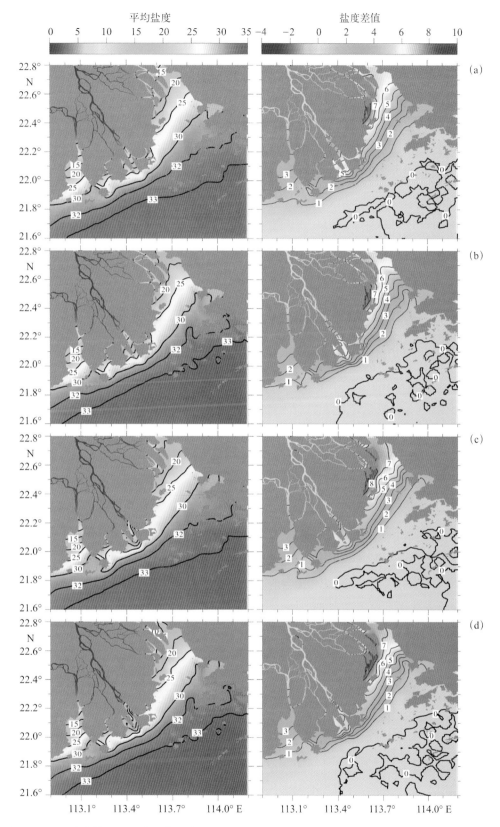

图7.19 径流减小情况下，大潮期间表（a）、底（b）层和小潮期间表（c）、底（d）层的潮周期平均盐度分布（左）及其与控制试验的差异（右）

径流敏感性试验表明，径流变化引起的盐度变化主要集中在各口门附近区域，越往口外，盐度变化幅度越小，口外近海区域盐度变化几乎为0，伶仃洋底层盐度在深槽区比浅水区的变化幅度要小。相对而言，径流减小情况下的盐度增大幅度（0~9）较径流增大情况下盐度减小幅度（0~4）要大，即河口盐度对径流减小的响应比径流增大的响应明显。

7.3.3 海平面变化的影响

对于珠江口相对海平面的上升，不少学者都作了预测，其中认为到2030年和2050年分别上升30 cm和50 cm的占较为多数[121-123]。本小节在控制试验的基础上，设置两个数值试验，分别模拟海平面上升30 cm和50 cm情况，分析海平面上升对珠江口盐水入侵的影响。

从图7.20和图7.21中潮周期平均盐度分布来看，无论是大潮还是小潮，无论是表层还是底层，他们都与图7.10中控制试验下对应的盐度分布一致，表明海平面变化对珠江口盐度分布的态势总体上影响不大；但从图7.20和图7.21中的盐度差分布看，虽然盐度差总体较小，但不同区域还是存在一定差异，表明珠江口不同海域对海平面变化的响应不同。

海平面升高30 cm情况下（图7.20），大潮期间表层盐度差在口外几乎为零，河口地区盐度略微升高，但幅度也几乎不超过1，仅磨刀门附近水域盐度升幅略微超过1；底层盐度差的分布与表层一致，但盐度差量值上略有升高，在磨刀门区域最高盐度略超过2，表明海平面上升对底层盐度影响相对较大。小潮期间，盐度差分布也与大潮一致，总体也是口外盐度几乎没有变化，河口地区盐度略有升高，而且底层盐度升高较表层盐度大。盐度最大升幅同样出现在磨刀门区域，其表、底层盐度升幅分别可超过2和3，在淇澳岛北面盐度升幅也相对较大，可超过1。

由于动力机制相同，海平面升高50 cm情况下的盐度差分布（图7.21）与海平面升高30 cm的盐度差分布（图7.20）一致。但因海平面升高幅度更大，引起的盐水入侵也相应更为明显，对应的盐度差在数值上比图7.20中的大。大潮期间，表层盐度差在珠江口口外海域几乎为0，在河口地区大部分介于0~1，但在淇澳岛北面、黄茅海北部，以及磨刀门水域盐度升幅超过1，其中磨刀门水域盐度升幅最大可超过3；底层盐度差在黄茅海和磨刀门水域进一步增大，黄茅海盐度差可超过2，而磨刀门水域盐度差超过3的区域面积也有所增大。小潮期间盐度差较大潮期间更为明显，在淇澳岛北面，表、底层盐度升幅均可超过2，而在磨刀门水域底层盐度差甚至超过4。

总体上看，海平面上升加强了珠江口的盐水入侵，这与文献[111]的研究结论相一致。海平面上升对磨刀门区域影响相对最为明显，而黄茅海湾顶及淇澳岛北面水域影响也相对较大；对底层影响比对表层影响大；小潮期间影响比大潮期间影响。但相比风、径流等动力因子而言，海平面变化引起的河口盐水入侵的变化是较小的。

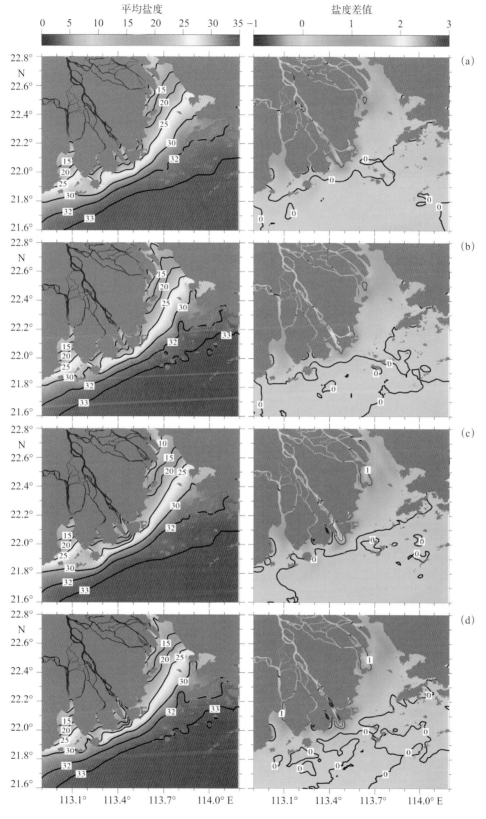

图7.20 海平面上升30 cm情况下，大潮期间表（a）、底（b）层和小潮期间表（c）、底（d）层的潮周期平均盐度分布（左）及其与控制试验的差异（右）

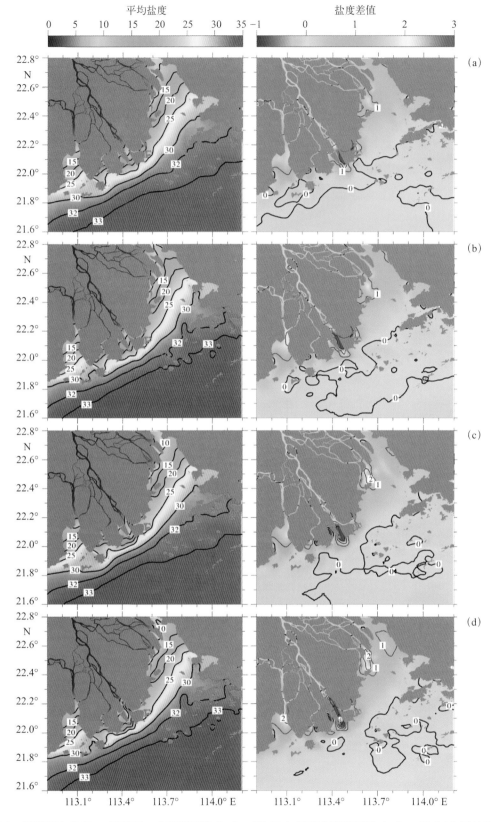

平均盐度

盐度差值

图7.21　海平面上升50 cm情况下，大潮期间表（a）、底（b）层和小潮期间表（c）、底（d）层的潮周期平均盐度分布（左）及其与控制试验的差异（右）

7.4 本章小结

为了对珠江口盐度的时空变化有更为具体的认识，以及了解珠江口盐水入侵对径流、风、海平面等动力因子的响应，本章对珠江口盐水入侵进行了数值模拟。基于模拟结果，分析了珠江口伶仃洋盐度的时空变化规律，定量给出了珠江口的盐度空间分布，并对其动力机制进行了初步的探讨分析。

控制试验表明，枯季珠江口（主要为伶仃洋海域）的盐度在一个大、小潮周期中盐度变化总体呈现为不规则半日周期变化，但在小潮后中潮期间出现较为明显的不规则全日周期变化。在一个涨、落潮周期内，表层盐度的涨落潮差异较大，底层相对较小。伶仃洋盐度在大小潮周期尺度上存在盐度–潮差相位差，盐度峰值提前于潮差峰值出现，越往东越明显。

枯季，因下泄径流受科氏力以及东北风的作用，珠江口等盐度线具有沿岸分布特征，即在伶仃洋内总体呈东北—西南走向，出伶仃洋后等盐度线沿西南西—东北东方向向西延伸。伶仃洋盐度东高西低，受地形影响，盐度分布存在一些细微的特征，即盐水入侵在东、西深槽区域较强，等盐度线存在双峰结构；落憩时，在东、西深槽都可观察到盐水楔状盐度分布结构，大潮比小潮明显。在一个大小潮周期中，深槽区的潮周期平均盐度垂向分层最强约出现在小潮后的中潮。

风速敏感性试验表明，东北风作用产生向岸的Ekman水体输运，总体上使得珠江口及其近海水域的盐水入侵增强；而河网区东北风的局地拖曳作用，改变了各大口门的分流比，使得珠江口各个口门附近水域的盐度变化不一致：黄茅海、鸡啼门附近区域盐水入侵趋于减弱，磨刀门、伶仃洋海域盐水入侵趋于增强，且伶仃洋东部增强较西部明显。此外，风的混合作用也会一定程度上增强盐水入侵，并对盐度垂向结构造成影响，减弱其表、底层差异。不同风向的风对珠江口不同区域的影响各不相同。相比无风试验，在口外海域，东风、北风、西南风总体上都能引起其盐度的增大，越近岸增幅越明显，而且表层比底层明显。但不同风向，盐度增幅存在空间差异，东风和北风引起的盐度增幅在口外中部区域较高，两侧较低，而西南风的盐度增幅主要出现在口外中西部海域。在伶仃洋海域，东风和北风作用下盐度总体都增大，且北风作用下的增幅更为显著，而西南风作用下伶仃洋东部和西部盐度分别发生降低和升高。在黄茅海海域，西南风导致其盐度明显升高，东风导致盐度出现较大幅度降低，而北风对其影响相对较弱。在西南风作用下，鸡啼门附近水域盐度增大明显，东风也能使其盐度略有增大，但北风则使其盐度趋于降低。磨刀门附近水域在三种风向下盐度总体上都趋于升高。总体上，由于小潮期间潮汐动力较弱，风的作用相对增强，相应引起的盐度变化也比大潮明显。

径流敏感性试验表明，径流引起的盐度变化主要集中在各口门附近区域，越往口外，盐度变化幅度越小，相对而言，径流对表层盐度的影响较底层略大。当枯季径流发生增大和减小时，相应的珠江口盐度发生降低和升高。相对而言，径流减小情况下的盐度增大幅度较径流增大情况下盐度减小幅度要大，即河口盐度对径流减小的响应比对径流增大的响应明显。对于伶仃洋深槽区，因径流变化使得斜压效应也发生变化，一定程度上缓解了盐度的变化幅度，使得深槽区的盐度变幅较浅水区相对较小。

珠江口的海平面上升会加剧珠江口的盐水入侵，但总体上海平面变化引起的盐度变化相对径流、风等动力因子引起的变化要小。海平面变化对磨刀门区域盐度变化影响最为明显，对黄茅海湾顶以及淇澳岛北面水域影响也较大，其他区域则要小得多。相对而言，海平面变化对底层盐度影响比对表层影响大，小潮期间影响比大潮期间影响大。在磨刀门水道，相对海平面上升30～50 cm能使得潮周期平均盐度升高最大达3～4。

从风、径流、海平面等动力因子变化对盐度分布的影响可以看出，珠江口的盐度分布对海区风力状况极为敏感，不同风况对河口盐度空间分布影响很大；枯季径流的小幅波动虽能引起盐度变化但总体不改变河口盐度的分布形态；相对而言，河口盐水入侵对海平面变化较不敏感，仅在局部区域盐度出现较为明显的变化。

第8章
磨刀门咸潮入侵动力
机制数值分析

　　磨刀门是珠江口八大口门中最为主要的径流下泄通道，其下泄径流约占上游西、北江来水量的31.85%，年均径流净泄量为883.93×10⁸ m³。[113] 由于自然冲淤演变以及人类围垦造陆等，磨刀门河势发展成一个宽约2 km的主槽磨刀门水道和一个宽约500 m的副槽洪湾水道（图8.1）。磨刀门水道淡水资源丰富，已成为江门、中山、珠海、澳门等城市重要的水源地。

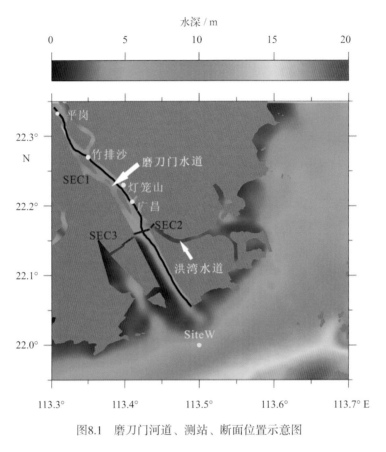

图8.1　磨刀门河道、测站、断面位置示意图

　　随着珠江三角洲地区经济及人口的进一步增长，磨刀门咸潮入侵对供水安全造成的危害也越来越严重。[3] 以往的观测发现磨刀门水道的盐度变化具有较为特殊的规律，盐水入侵最严重发生在小潮后的中潮，而不是在大潮。[116-117,122-123] 这与一般河口盐水入侵特征显著不同，存在异常特征。由于珠江河网的复杂性，以及缺乏较长的观测资料，人们对磨刀门特殊的咸潮运动规律的原因仍然知之甚少，背后的动力机制更是了解匮乏。

　　前文已对珠江口盐度的时空变化特征进行了总体的分析，但对与磨刀门区域的分析较少，本章针对磨刀门盐水入侵规律及其动力机制进行研究。为此，本章首先基于实测资料进一步分析磨刀门盐水入侵时空变化和异常特征。由于实测资料的局限性，基于实测资料分析往往无法揭示出盐水入侵的动力机制。为了揭示磨刀门盐水入侵的动力机制，本章还将借助三维数值模式，模拟磨刀门水道的盐水入侵过程，并基于数值试验结果对磨刀门盐水入侵的时空变化和异常特征进行动力分析，揭示其内在的动力机制。

8.1 磨刀门盐水入侵异常特征

河口盐水入侵主要受潮汐、径流、风等的影响。为了从实测资料中分析盐度变化规律，有必要结合相应的径流、潮汐、风等实测资料进行探讨。本节中涉及的盐度资料为平岗和广昌泵站取水口逐时盐度资料，其中平岗站位于磨刀门水道上游段，广昌站位于磨刀门与洪湾水道分汊口上游附近（图8.1）。径流资料为西江和北江的径流量之和，其中西江和北江径流量为分别来自高要和石角水文站，时间精度为每日一个。风况选用磨刀门附近CISL Research Data Archive中的资料（http://dss.ucar.edu/datasets/ds744.4/data/），时间间隔6 h，具体位置如图8.1中的SiteW站点所示。潮位资料为灯笼山潮位站的实测逐时潮位资料，位置见图8.1。

2005年1月4日至2月14日期间，西江和北江总径流量除了1月底至2月初出现一次较大流量过程，峰值达到3 500 m³/s，其余时段流量较为稳定，基本保持在2 000 m³/s左右 [图8.2(a)]。受东亚季风控制，珠江口冬季以东北风为主，观测期间平均风速7.3 m/s [图8.2(b)]。珠江口潮汐变化呈现出混合潮特征，小潮期间为不规则半日潮，大潮期间为不规则全日潮，灯笼山大潮潮差能超过2 m，而小潮则不足1 m [图8.2(c)]。平岗站的盐度除了日内涨落潮变化外，表现出明显的半月周期，45天内出现3次盐度峰值 [图8.2(d)]。第3个盐度峰值明显比前两个峰值小，这是因为其前期上游径流增大，导致盐水入侵减弱。对比盐度与潮位序列可以看出一个明显的特征，3次盐度峰值都发生在小潮后的中潮。对于充分混合型河口，盐水入侵往往在大潮最强[33,115]，而对于部分混合河口则往往小潮较强[22-24]。磨刀门水道盐水入侵最强既非在大潮，也非在小潮，而是发生在小潮后的中潮期间，即最大盐度与最大潮差之间存在明显相位差，这与一般河口盐水入侵规律明显不同，表明磨刀门盐水入侵存在异常特征。

2005年12月6日至翌年2月3日，西江和北江总径流量大致在2 000 m³/s上下波动[图8.3(a)]。观测期间风况为东北风为主，平均风速约10 m/s [图8.3(b)]。与灯笼山潮位变化比较 [图8.3(c)]，平岗站的盐度4次峰值同样发生在小潮后的中潮 [图8.3(d)]，再次呈现出磨刀门盐水入侵的异常特征。对应盐度谷值多发生在大潮后中潮。与2005年1月4日至2月14日观测值比较 [图8.2(d)]，尽管两次观测大部分期间的流量较为相近，约2 000 m³/s，但本次观测期间平岗站盐度明显比2005年1月、2月的观测值高，磨刀门盐水入侵更为严重。原因在于本次观测期间东北风相比上次观测要强，东北风产生局地拖曳、混合以及向陆的Ekman水体输运等作用，有利于增强磨刀门盐水入侵。

广昌站位于平岗站下游、洪湾水道分汊口上游。从2007年11月1日至12月20日，西江和北江总径流量大致在2 500 m³/s左右波动 [图8.4(a)]，观测期间风况同样为东北风，平均风速约7.1 m/s [图8.4(b)]。与灯笼山潮位变化比较 [图8.4(c)]，广昌站的盐度半月周期变化表明，盐度峰值多发生在小潮和小潮后中潮期间 [图8.4(d)]，时间上比平岗站略有提前。11月20日和28日均出现盐度高值，分别达到了15和17，而当时风况分别为东北风和北风，风速均超过了12 m/s，这也再次说明了风况是影响磨刀门盐水入侵的动力因子。28日的强北风还引起了潮位的异常升高。

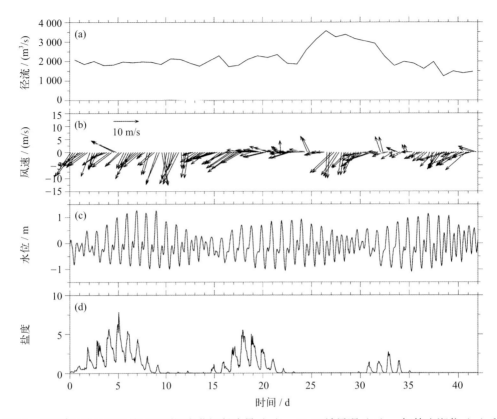

图8.2　2005年1月4日至2月14日西江和北江径流量（a）、SiteW站风况（b）、灯笼山潮位（c）和平岗站盐度（d）随时间变化

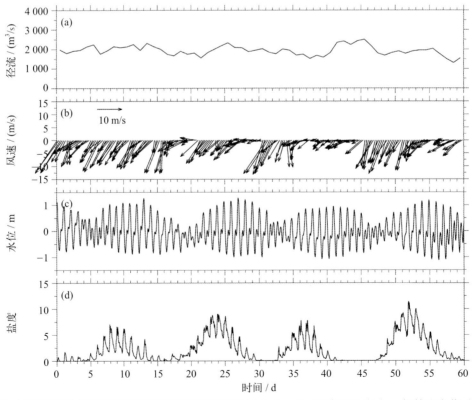

图8.3　2005年12月6日至翌年2月3日西江和北江径流量（a）、SiteW站风况（b）、灯笼山潮位（c）和平岗站盐度（d）随时间变化

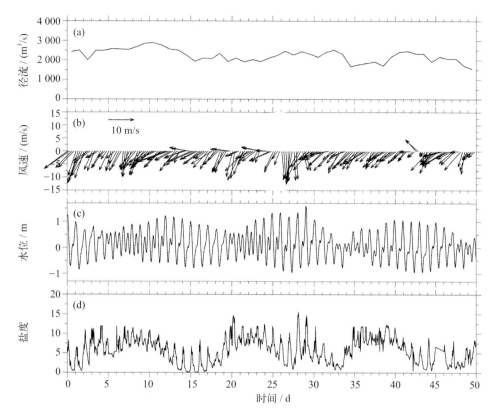

图8.4 2007年11月1日至12月20日西江和北江径流量（a）、SiteW站风况（b）、灯笼山潮位（c）和
广昌站盐度（d）随时间变化

以上3次长时间序列的观测资料分析表明，磨刀门水道盐水入侵存在异常特征，盐度最大值主要出现在小潮后的中潮。这个异常特征在以往的研究中也有涉及[122-124]，但对其动力成因尚未有共识。通过以上实测资料分析，仅能说明磨刀门水道的盐度变化除了受潮汐影响外，径流和风的影响也较为明显，但却也无法揭示出盐度变化的内在动力机制。为此，下文借助三维盐水入侵数值模式，通过数值模拟结果对磨刀门盐水入侵异常现象进行动力机制上的分析。

8.2 磨刀门盐水入侵数值模拟

本节基于第7章控制数值试验的计算结果，分析枯季的磨刀门水道的盐水入侵规律。

8.2.1 盐度的空间分布

图8.5给出了小潮、小潮后中潮、大潮、大潮后中潮4个不同潮形下涨急时刻（参照点灯笼山，下同）磨刀门水道垂向平均的流场和盐度场分布情况。

小潮涨急时刻[图8.5(a)]，在口外113.6°E以东、22.15°N以北海区涨潮流向北，22.15°N以南涨潮流向西，流速微小，量值约0.05 m/s。磨刀门口外近岸涨潮流向西南，量值约0.3 m/s。磨刀门水道涨急流速比口外大，在下游段（洪湾水道分汊口下游）最大流速略小于0.5 m/s，流速有明显的横向变化，东侧流速明显大于西侧，这主要是受河道地形影响。东侧水深较深，是潮流主要通道，流速相对较大，而西侧水深较浅，相对底部摩擦较大，减弱了涨潮流速。洪湾水道涨潮流较强，流速可达0.5 m/s。洪湾水道上段朝西北，下段朝东北，且呈喇叭口形状。这个特殊地形使得洪湾水道口门处有较大的纳潮量，涨潮流进入口内后辐合，使得洪湾水道涨潮流较强。此外，冬季盛行东北风风向与下段河槽走向一致，产生的风生流有利于增强涨潮流。洪湾水道涨潮流与磨刀门水道下游段的涨潮流汇合，使得磨刀门水道上游段（洪湾水道分汊口上游）的东侧出现一个涨潮流峰值，量值约0.8 m/s。在磨刀门水道下游段外海高盐水随涨潮流入侵磨刀门，在口门处形成盐度锋面，纵向上盐度等值线从25变化到5距离仅约7 km。横向盐度变化也明显，口门处东侧盐度大于25，西侧盐度仅15。盐度的这种分布显然与上述涨潮流分布相关。洪湾水道盐水入侵十分严重，整个汊道几乎全被高盐水占据，20等盐度线达到了上游分汊口附近。从磨刀门水道上游段盐度分布可明显看到高盐水来自洪湾水道，最高盐度约为15，盐水沿磨刀门水道东侧上溯，盐度为5的等值线可到达灯笼山附近。

与小潮涨急时刻相比，小潮后中潮涨急时刻磨刀门口外海区、口内河道和洪湾水道涨潮流均有所增大[图8.5(b)]。磨刀门水道下游段盐水入侵因涨潮流增强而增强，上游段来自洪湾水道的高盐水入侵也较小潮有所增强，但洪湾水道的盐度几乎无变化。

在大潮涨急时刻[图8.5(c)]，整个研究区域的流速都达到最大，其中口外流速最大约0.5 m/s，磨刀门水道流速最大超过1 m/s，洪湾水道最大流速约0.7 m/s。相比磨刀门水道，洪湾水道大潮潮流流速比小潮有所增，但增大的不多，这意味着潮汐动力在洪湾水道中可能并非占主导地位，而风可能起着更为重要的作用。总体上，磨刀门水道涨潮流比洪湾水道的涨潮流强，与贾良文等[113]的观测结果一致。从盐度分布上看，磨刀门水道下游段盐水入侵继续增强，25等盐度线可以入侵到22.1°N，但洪湾水道以及磨刀门水道上游段盐度等值线下移，盐水入侵减弱。这表明相比小潮，大潮期间来自洪湾水道的盐水入侵减弱。

在大潮后的中潮涨急时刻[图8.5(d)]，相比大潮涨急时刻，在磨刀门口外海区、口内河道和洪湾水道涨潮流都有所减小。磨刀门水道下游段盐水入侵也随着涨潮流减小而减弱，上游段盐水入侵也同样略有减弱，洪湾水道的盐度变化不大。

上述盐度平面分布表明，磨刀门水道上游段盐度变化受洪湾水道的汊道盐水入侵的影响明显。对于河口的汊道盐水入侵，国内的长江河口作为一个典型的分汊河口，也存在明显的汊道河口盐水入侵现象，即高盐水从北支倒灌入侵南支[76, 95, 171]。Xue等的机制分析认为，潮流、水位梯度、垂向混合等的相互作用形成了北支的上溯余流，从而导致了北支盐水倒灌。[172] 虽然同样都是汊道盐水入侵，但长江河口的北支倒灌往往在大潮时最为严重，而洪湾水道盐水入侵则是在小潮后中潮期间最强，这表明磨刀门盐水入侵与长江北支盐水倒灌在物理机制上有着本质的区别。磨刀门水道上游段盐度在小潮期间盐度较高，小潮后中潮盐度达到最大，大潮和大潮后中潮期盐水入侵减弱，这种变化规律与本章第1节实测资料中揭示的盐水入侵异常特征相一致，表明模式结果与实际情况较为吻合。

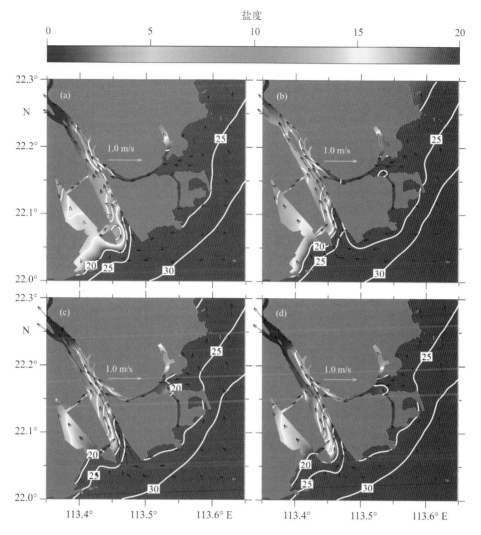

图8.5 灯笼山不同潮形下涨急时刻潮流、盐度平面分布
（a）小潮；（b）小潮后中潮；（c）大潮；（d）大潮后中潮；盐度等值线的间隔为5

河口盐度分布随涨落潮发生变化，为了了解磨刀门盐度在一个潮周期内的盐度变化规律，图8.6给出了磨刀门盐水入侵最为严重的小潮后中潮期间一天之中的盐水入侵变化过程。从表层盐度的日内变化可以看出，在第0到第12个小时，洪湾水道的高盐水持续入侵磨刀门水道，并沿着水道东侧上溯，约第12小时开始来自下游和洪湾水道的高盐水逐渐交汇，二者混合后共同上溯。第15小时左右，高盐水随着落潮开始逐渐退去。在24 h之中仅出现一次明显的涨落潮过程，涨潮历时明显较长，这与第四章中的磨刀门水道潮流变化的模拟结果以及文献[123]的资料分析结果相一致。在磨刀门水道下游段，盐度分布有明显的横向变化，涨潮期间，河道东侧盐度较高，落潮期间河道西侧盐度较高，这与潮流在东侧水深较深处流速较大有关。底层盐度变化规律与表层相似，0～15 h内为明显的涨潮过程，15～24 h则为落潮过程。磨刀门水道下游段的盐度横向差异底层与表层略有不同，主要体现在落潮期底层东侧盐度依然较高，这是因为，东侧由于水深较深，斜压作用相对较为明显，斜压作用下有利于驱动底层高盐水上溯，使得东侧盐度能在落潮期间保持较高值。

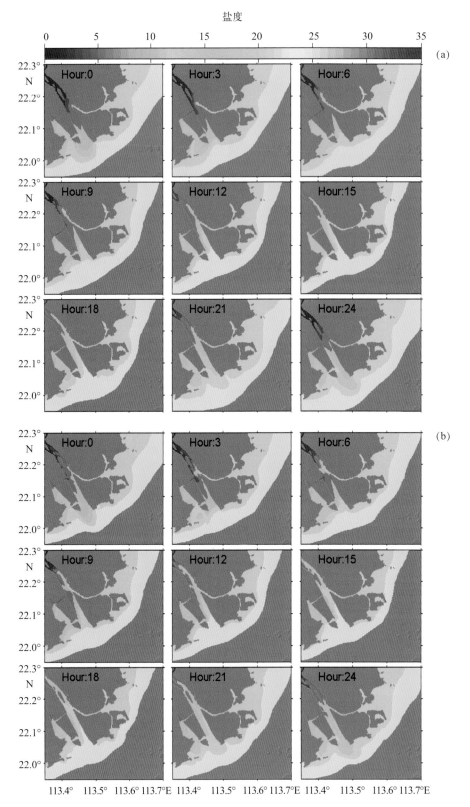

图8.6　磨刀门小潮后中潮期间盐水入侵的潮周期变化
（a）表层；（b）底层

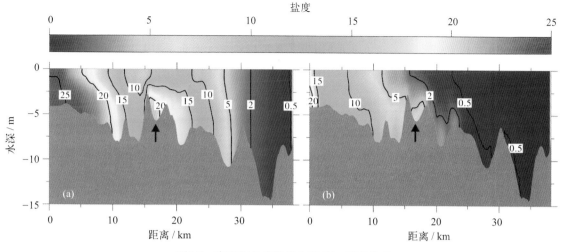

图8.7　磨刀门盐度沿纵向断面、剖面分布
（a）小潮后中潮涨憩；（b）落憩；
x轴向陆为正，箭头所指位置为洪湾水道分汊位置，下同

8.2.2　潮周期平均盐度

通过研究潮周期平均的余流、盐度，由于消除潮汐的涨落潮影响，可以帮助我们更好地理解磨刀门盐水入侵的动力机制。图8.8给出了磨刀门区域大潮和小潮期间的潮周期平均盐度、余流分布情况。

大潮期间，受东北风的作用，口外余流沿岸向西南流动，表层流速约0.5 m/s，底层流速减小，量值0.02～0.1 m/s。磨刀门水道，受下泄径流作用，表层余流明显向海，同时因地形差异东侧流速较西侧大，最大流速约0.4 m/s。底层受底摩擦和向陆的斜压力的作用，向海余流大为减弱，甚至在东侧流出现向陆余流。洪湾水道表层余流大体向海，量值很小，底层余流向陆，量值约0.05 m/s。磨刀门河道和洪湾水道的余流分布与以往观测结果较为接近。[113] 对于盐度分布，口外区域盐度表、底层分布总体上呈现一个沿岸分布的盐度锋面带，底层盐度在约6 km内从近岸的不到20变化到30。这个锋面的形成是径流、科氏力和风共同作用的结果。[102] 在磨刀门水道，盐度表、底层差异明显，底层明显比表层高。此外，盐度存在明显的横向差异，东高西低，这是因为东侧地形较深有利于高盐水入侵。洪湾水道的盐度总体在10左右，比相应主河道（磨刀门水道）的盐度要高，但洪湾水道高盐水向主河道的入侵不明显。

小潮期间，磨刀门水道表层余流有所减小，底层在口门处东侧向陆余流明显。洪湾水道的余流与大潮期间显著不同，表、底层均出现明显的向陆余流，表层流速约0.25 m/s，底层流速约0.15 m/s。小潮期间因潮汐动力减弱，风应力的作用相对更为显著。因风应力的局地直接拖曳作用和口外向岸的Ekman水体输运，导致洪湾水道形成向陆的风生流。盐度分布与大潮期相比，磨刀门水道下游段河段盐度等值线向下游移动，盐水入侵减弱。洪湾水道因向陆的余流向上游输运高盐水，使得大部分区域盐度高于20，远远高于相应的磨刀门水道的盐度。

在磨刀门水道的洪湾水道分汊口附近可以明显观测到来自洪湾水道的高盐水，水体盐度表层约10，底层约15。洪湾水道入侵的高盐水向磨刀门水道扩展，并显著影响到上游水域，底层5等盐度线几乎达到了灯笼山站位置。

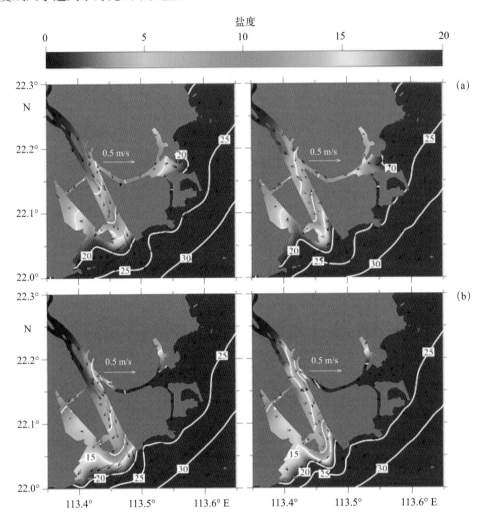

图8.8　磨刀门区域潮周期平均盐度、流速的平面分布
（a）大期间；（b）小潮期间；表层（左）；底层（右）；盐度等值线的间隔为5

从潮周期平均的盐度、余流分布可以看出，洪湾水道是高盐水入侵磨刀门水道的一个重要通道，小潮期间，洪湾水道盐水倒灌更为明显，其对磨刀门水道上游段的盐度变化影响也更明显。

8.2.3　盐度的时间变化

前文分析了磨刀门区域盐度的空间分布特征，本小节主要分析磨刀门水道上游段的盐度时间变化过程。图8.9给出了磨刀门水道上游段广昌站和竹排沙站的垂向平均盐度随时间变化过程。为说明盐度随大小潮潮形的变化，图中同时给出了灯笼山站的潮位过程，用于指示对应的潮形情况。

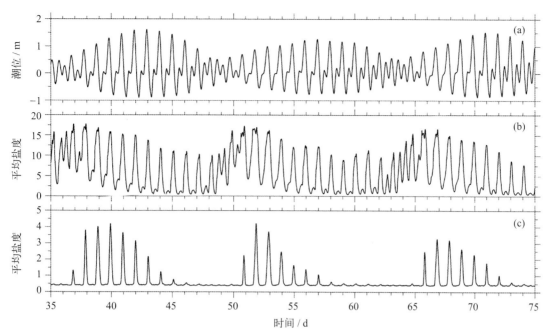

图8.9　控制数值试验中灯笼山站的潮位（a）、广昌站垂向平均盐度（b）和
竹排沙站垂向平均盐度（c）随时间变化

　　广昌站位于分汊口上游约4 km处，其盐度变化在0～18之间，对比潮位序列可以看出，在大小潮周期内，盐度峰值发生在小潮后1～2 d，在此期间的盐度最小值也明显大于相应大潮期间盐度值。竹排沙站位于广昌站上游约10 km处，其盐度最大值约4.5，最小值略小于0.5，而且盐度峰值发生在小潮后中潮期。

　　广昌站和竹排沙站的盐度随时间的变化过程表明，磨刀门水道上游段的盐水入侵最强发生在小潮后1～2 d或是小潮后中潮期，盐度峰值与潮差峰值存在明显的相位差。相对而言，上游测站盐度峰值出现时间比下游测站盐度峰值出现时间晚，竹排沙站的盐度峰值约比广昌站迟1～2 d。这些模拟特征与8.1节中的观测结果一致，说明模式能较好的模拟出磨刀门水道盐度变化的异常规律。

8.3　机制分析

　　前文分析表明，磨刀门水道盐水入侵与洪湾汊道密切相关，而实测资料又表明，磨刀门水道的盐水入侵受径流、风的影响明显。为进一步揭示磨刀门盐水入侵动力机制，本节针对径流、风应力、洪湾水道地形等动力因子进行敏感性试验（除地形敏感试验外，其他敏感试验结果均来自第7章中的数值试验），基于试验结果对磨刀门水道盐水入侵异常特征的动力成因进行分析。

8.3.1 径流的影响

对径流作用，设置径流量增大50%以及减小50%的数值试验。对图8.1中断面线进行试验小潮后中潮涨、落憩的纵断面盐度分布表明（图8.10），径流量增大时，盐水入侵减弱，涨憩时口门处盐度约23，分汊口处盐度最高在17左右；落憩时口门处盐度约15，分汊口处盐度仅2左右。径流减小时，盐水入侵增强，涨憩时口门处盐度约28.5，分汊口处盐度最高约25；落憩时口门处盐度约25，分汊口处盐度约10。

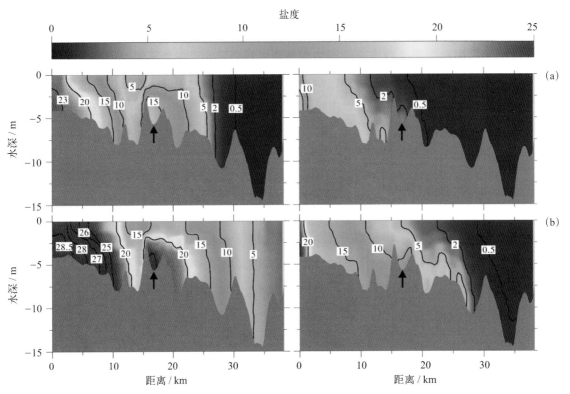

图8.10　径流增大（a）和减小（b）条件下，小潮后中潮期间涨憩时刻（左）和落憩时刻（右）沿断面1盐度纵向分布

广昌站、竹排沙站的盐度变化规律与控制试验基本相似（图8.11），盐度峰值依然出现在小潮后的中潮期间，但因径流变化，各站盐度的量值有所差别，流量增大时，广昌站、灯笼山站点盐度最大分别为15、1.2；流量减小时，二者最高盐度分别为22、11。

从潮周期平均的流速、盐度看（图8.12），对图8.1中断面线进行试验小潮后中潮期间，径流变化对余流结构影响不大，但总体上，径流增大试验中的余流相对较强。相比径流增大试验，径流减小时，盐度等值线明显向近岸、口内方向移动，径流增大时磨刀门口门处盐度15左右，而径流减小时口门处盐度在20～25之间。

径流试验表明，径流虽然对盐水入侵有明显压制作用，但径流大小并不改变磨刀门盐度的变化规律。

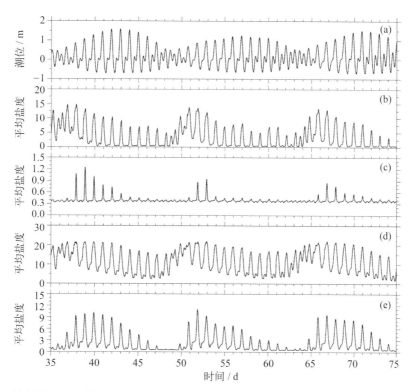

图8.11　(a)控制试验下灯笼山站潮位随时间变化；(b)径流增大时，广昌站垂向平均盐度随时间变化；
(c)径流增大时，竹排沙站垂向平均盐度随时间变化；(d)径流减小时，广昌站垂向平均盐度随时间变化；
(e)径流减小时，竹排沙站垂向平均盐度随时间变化

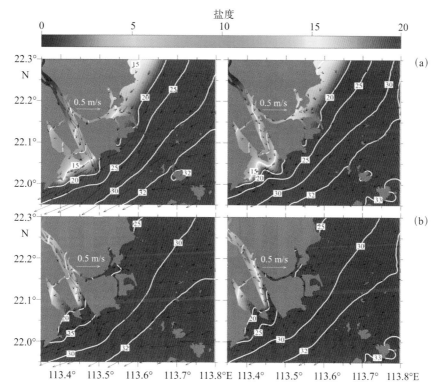

图8.12　径流增大（a）和减小（b）条件下，小潮后中潮期间潮周期平均的表（左）层和
底层（右）盐度、流速的平面分布

8.3.2 风的影响

对风应力影响，设置无风数值试验和强风（10 m/s、70°）的数值试验。在无风情况下小潮后中潮期间涨憩和落憩时刻沿纵断面盐度纵向分布表明，与控制数值试验（图8.7）相比等盐度线向海移动，盐水入侵减弱（图8.13）。涨憩时刻在分汊口附近，仍出现高盐水团，底层盐度约10，表层盐度接近4，但明显比控制试验盐度低，5的等盐度线仅能上溯到上游约20 km处。落憩时刻在分汊口附近无高盐水出现，分汊口附近盐度仅0.5左右。这表明没有风的推动，来自洪湾水道的盐水入侵大为减弱。在强风情况下，与控制数值试验相比盐水入侵显著增强，涨憩时在分汊口附近及上游水域盐度高达20的水体长度在底层达到约10 km，等盐度线5能上溯到上游34 km处。落憩时分汊口附近底层盐度超过10，约为控制试验的2倍。这表明随着东北风的增强，磨刀门外海盐水入侵加剧，同时，来自洪湾水道的盐水入侵也大幅增强。

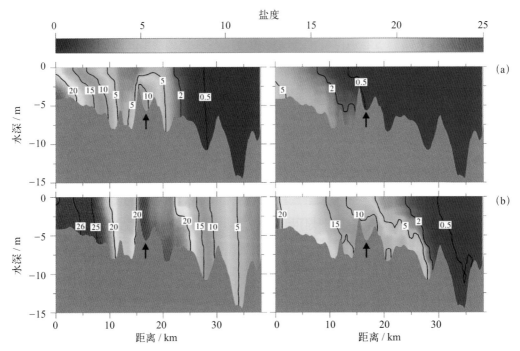

图8.13　无风（a）和强风（b）作用下，小潮后中潮期间涨憩时刻（左）和落憩时刻（右）沿断面1盐度纵向分布

从盐度的时间变化过程也可以看出（图8.14），相比控制试验，有风和无风作用下，广昌站和竹排沙站的盐度都发生较大变化。在无风情况下，广昌站的盐度峰值大为减小，最大仅能达到10左右，盐度峰值除了小潮后1～2 d内出现外，还会在大潮期间出现。小潮后出现的盐度峰值与汊道盐水入侵有关，因为无风时从洪湾水道盐水入侵仍然存在，这可以从涨憩时刻的盐度剖面分布（图8.13）中看出。大潮期间出现的盐度峰值则与大潮期间较强的磨刀门外海盐水入侵有关。对于竹排沙站，无风时盐度也大幅下降，盐度峰值出现时间有所延迟，主要出现在小潮后的中潮至大潮之间，这表明外海盐水入侵对磨刀门水道上游段的影响增大。在强风的情况下，广昌站盐度峰值发生在小潮和小潮后中潮；竹排沙站盐度峰值发

生在小潮后的中潮。由于风应力加大，盐度值相比控制试验都明显增大，广昌站的最大盐度超过25，竹排沙站的最大盐度达到15。不同风况下的盐度变化过程表明，风能显著改变了磨刀门盐水入侵的强度，但却不是造成磨刀门水道上游段盐度峰值与潮形之间相位差的根本原因。

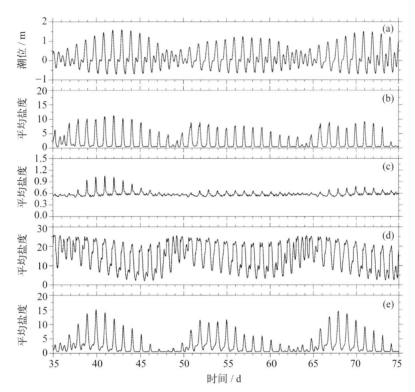

图8.14 （a）控制试验下灯笼山站潮位随时间变化；（b）无风下广昌站垂向平均盐度随时间变化；（c）无风下竹排沙站垂向平均盐度随时间变化；（d）强风下广昌站垂向平均盐度随时间变化；（e）强风下竹排沙站垂向平均盐度随时间变化

潮周期平均的余流分布表明（图8.15），无风作用下，口外沿岸西南流仅在表层依稀存在，这与伶仃洋下泄径流有关，而底层因斜压作用，余流略微指向东北。磨刀门水道和洪湾水道的余流情况相似，表层下泄明显，底层余流非常微弱。强风作用下，余流变化较大，口外海域的西南沿岸流较为强劲，洪湾水道表、底层均是明显的上溯流，磨刀门水道则以下泄流为主。盐度分布上，无风时，盐水入侵总体较弱，洪湾水道盐度平均约15，磨刀门水道下游段盐度明显小于20；而强风作用下，洪湾水道和磨刀门水道盐度都明显增大，洪湾水道盐度普遍超过20，而磨刀门水道下游段盐度也大都达到20，口门附近几乎达25。由于风的作用引起相应的Ekman水体输运、垂向混合变化以及局部拖曳力作用等，从而改变河口盐水入侵强度。在长江河口风应力主要是通过Ekman输运减小水位梯度力导致盐水入侵增强[172]。但对于磨刀门洪湾水道盐水入侵，因洪湾水道的特殊地形，即下段与枯季东北风方向一致，且呈喇叭口状，这使得风的局地拖曳作用变得更为重要；而磨刀门水道的外海盐水入侵则更多是受到Ekman输运以及垂向混合增强的影响。从图8.15中还可以看出，强风作用下，磨刀门水道上游段受洪湾水道的盐水入侵影响较大，而受外海的盐水入侵影响相对较小。

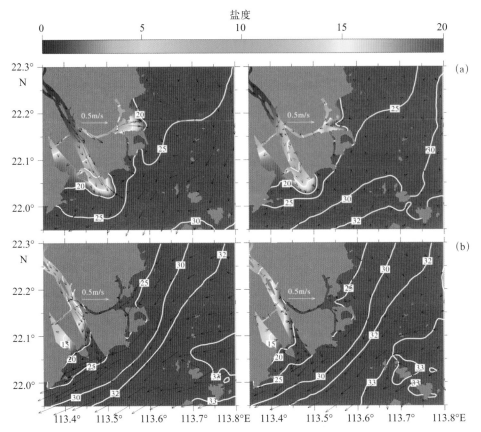

图8.15　无风（a）和强风（b）作用下，小潮后中潮期间潮周期平均的表（左）层和底层（右）盐度、流速的平面分布

8.3.3　地形的影响

对洪湾水道作用，设置洪湾水道上段封堵（封堵位置如图8.1中SEC2所示）和增深2 m的数值试验。若将洪湾水道封堵，小潮后中潮涨憩时刻，纵断面的盐度分布自下游往上游呈单调变化，分汊口附近不再出现高盐水团，盐水入侵仅来自磨刀门外海，2等盐度线仅能达到分汊口处，约距口门16 km [图8.16(a)]。落憩时刻盐度下降，5等盐度线在表层几乎下移到口门处。若洪湾水道增深2 m，从涨憩时刻盐度分布[图8.16(b)]可以看出，分汊口附近来自洪湾水道的盐水入侵明显增强，最高盐度超过20，高盐水向上游扩散范围增大，2等盐度线可达到上游34 km处。落憩时刻与封堵数值试验相比，磨刀门水道下游段盐度大幅度上升，表明洪湾水道进入磨刀门水道的高盐水部分随落潮流沿主槽下泄。

在洪湾水道封堵的情况下，广昌站盐度大幅度下降，最低盐度接近于0，最大值也不超过15，峰值出现在大潮期（图8.17）。竹排沙站的盐度最大值仅为0.6左右，峰值也出现在大潮期。由于不存在洪湾水道的高盐水输入，磨刀门上游段的盐度变化与潮形变化在相位上保持一致，不存在盐度峰值与潮差峰值之间的相位差。在洪湾水道增深的情况下，与控制数值试验相比，广昌站和竹排沙站盐度上升，最高盐度分别接近20和7，但盐度变化规律与控制试验相同，保持了盐水入侵异常特征，盐度峰值出现在小潮后的中潮。这表明洪湾水道的高盐水输入不仅影响磨刀门水道盐度大小，并且直接导致盐水入侵的异常特征。

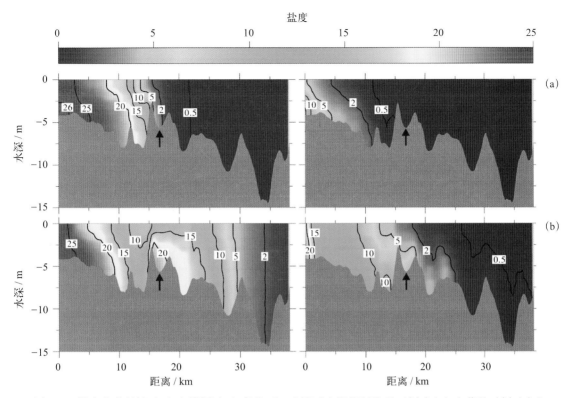

图8.16　洪湾水道封堵（a）和增深（b）条件下，小潮后中潮期间涨憩时刻（左）和落憩时刻（右）
沿断面1盐度纵向分布

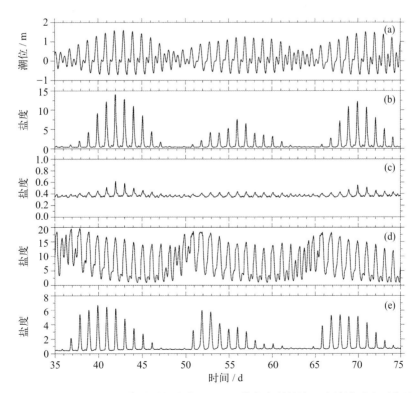

图8.17　（a）控制试验下灯笼山站潮位随时间变化；（b）洪湾水道封堵下广昌站垂向平均盐度随时间变化；
（c）洪湾水道封堵下竹排沙站垂向平均盐度随时间变化；（d）洪湾水道增深下广昌站垂向平均盐度
随时间变化；（e）洪湾水道增深下竹排沙站垂向平均盐度随时间变化

由于汊道封堵与加深仅是局地的地形发生变化，除了洪湾水道余流差异较大外，其余区域两个试验的余流分布基本相同：口外基本为下泄的西南沿岸流，磨刀门水道表层下泄流明显，底层余流不明显（图8.18）。因汊道封堵，洪湾水道余流基本为0；加深时，洪湾水道表层余流向海，底层余流向陆，呈现出重力环流特征。从图8.9的潮周期平均盐度分布可以看出，地形变化时，口内盐度差别明显，口外几乎没有变化，表明洪湾水道的地形对磨刀门水道盐度变化影响显著。汊道封堵时，洪湾水道没有下泄径流通过，汊道完全被外海高盐水占据，同时由于来自洪湾水道的盐水入侵消失，磨刀门水道上游段的盐度也明显降低；汊道加深时，洪湾水道盐度降低，但对于磨刀门水道而言，来自洪湾水道的盐水入侵作用明显增强，导致上游段盐度明显增大。

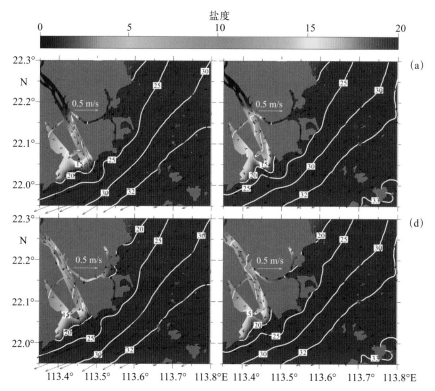

图8.18　洪湾水道封堵（a）和增深（b）条件下，小潮后中潮期间潮周期平均的表（左）层和底层（右）盐度、流速的平面分布

洪湾水道地形数值试验表明，洪湾水道的存在是磨刀门上游盐水入侵异常特征的根本原因。该分汊水道的高盐水随涨潮流入侵磨刀门，且在小潮期间入侵更为显著，使得磨刀门水道上游段盐度峰值正好出现在小潮后中潮期。

8.3.4　潮汐的影响

从上述针对径流、风、地形等动力因子的分析可知，洪湾水道的存在是磨刀门水道上游段盐水入侵规律异常的根本原因，枯季东北风也是影响盐度变化的一个重要因子，而径流对盐度变化规律的影响较小。由于洪湾水道的存在，使得洪湾水道的高盐水得以入侵磨刀门水道，改变了磨刀门水道的盐度变化规律。在枯季东北风作用下，洪湾水道余流整体向陆，使得高盐水入侵磨刀门水道的强度大为加强。

在一个大小潮周期过程中，小潮期间潮汐动力较弱，使得风应力的作用相对增强，最终影响到磨刀门盐度变化规律。潮汐动力的大小潮变化究竟如何影响磨刀门盐度变化？对于这个问题有必要对潮汐动力情况进行分析。为了了解洪湾水道中潮汐作用的大小潮变化情况，本小节设置了一个纯潮汐作用的数值试验，试验中不考虑径流、风和斜压作用。由于潮汐作用主要是正压梯度的作用，通过分析水位梯度力的变化可以反映出潮汐动力情况。基于纯潮试验结果，本小节计算了洪湾水道的潮位梯度［（上游潮位－下游潮位）/上下游距离］。图8.19给出了洪湾水道的潮周期平均的潮位梯度随大小潮的变化过程。从图中可以看出，洪湾水道潮周期平均的水位梯度一直为正，即正压梯度力保持着向海，同时水位梯度量值表现出明显的大小潮半月周期变化以及较为明显的月周期变化，相邻两个大潮的水位梯度大小相差接近一半。总体上，大潮期间水位梯度较大，最大可达0.009 m/km（约第42模式天），而小潮期间水位梯度大为减小，最小仅0.001 m/km左右（约第49模式天），几乎是最大值的1/10。正是因为洪湾水道的水位梯度随大小潮的这种变化情况，使得大潮期间指向下游的正压梯度力较大，较大程度地抵消了东北风指向上游的输运作用；而小潮期间正压梯度力大为减小使得对东北风的抵消作用相应减弱。表现出来便是小潮期间潮汐动力减弱，东北风作用相对增强，使得对应的向陆余流更为明显，相应的洪湾水道高盐水入侵主河道更为严重，最终形成了磨刀门水道盐度峰值出现在小潮后中潮的独特盐度变化规律。

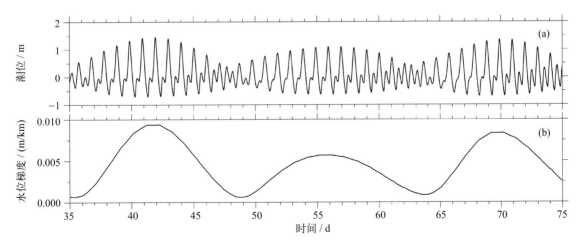

图8.19　纯潮汐作用下灯笼山站潮位（a）以及洪湾水道潮周期平均的水位梯度（b，梯度力向海为正）随时间变化

由于珠江口潮汐是不规则半日潮，潮流变化也具有不规则性，第四章中的潮流分析也指出，磨刀门河道的潮流也存在不规则变化特征，这种不规则性是否会对磨刀门水道盐水入侵造成影响？图8.20给出了单纯潮汐作用下磨刀门水道灯笼山站的垂向平均的潮流及其潮周期平均的余流变化过程。从图中可以看出，潮流变化较不规则，总体上体现为不规则半日潮，

但在小潮后中潮期间转变为不规则全日潮。大潮期间，一日之内的两次涨落潮过程强度不同，一次较强另一次则较弱，这个较弱的落潮过程在大潮之后强度逐渐增大，在大潮后中潮至小潮期间强度最大，此后迅速减弱，在小潮后的中潮期间，较弱的落潮过程甚至消失，使得潮流转变成不规则的全日潮。潮流的这种变化意味着落潮流总体上在大潮后的中潮较强，而涨潮流则在小潮后的中潮较强，这也可以从余流随大小潮变化上看出。潮周期平均余流在大潮后的中潮期间余流向海且强度较大，而在小潮后的中潮期间向海余流大为减弱甚至转为向陆。由于从小潮后的中潮期间，涨潮流相对增强，同时因为潮流转变成较不规则的全日潮，涨潮历时大为增大，这也有利于小潮后的中潮期间涨潮潮程迅速增大。基于灯笼山站垂向平均的流速时间序列估算的涨潮潮程表明，小潮、中潮、大潮期间的涨潮潮程分别约为：6.7 km、11.9 km、9.6 km，可知磨刀门水道涨潮潮程在小潮后中潮期间达到最大，这也有利于形成小潮后的中潮期间磨刀门水道盐水入侵较强。

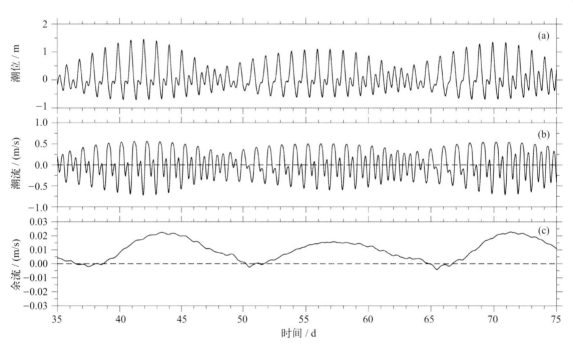

图8.20　纯潮汐作用下灯笼山站的潮位（a）、潮流（b，向海为正）以及
余流（c，向海为正）随时间变化

8.4　断面通量

以上机制分析表明，来自洪湾水道的盐水入侵是导致磨刀门水道上游段盐度变化出现异常特征的根本原因。为了进一步了解洪湾水道的盐度输运对主河道的贡献，本节统计了洪湾水道以及磨刀门水道在分汊口附近的水体、盐度的断面通量，并进行分析。断面位置如图8.1中SEC2、SEC3所示。

8.4.1 不同径流

径流变化时的断面水体通量如图8.21所示。对于洪湾水道的SEC2断面，由于断面瞬时通量较大，径流量的改变不足以导致瞬时水体通量发生明显变化，各试验的通量过程线几乎重叠，总体上，最大落潮通量比最大涨潮通量大，二者分别为3.2×10^3 m³/s和2.2×10^3 m³/s。相对而言，径流减小50%试验中的瞬时涨潮通量比径流增大50%试验中的瞬时涨潮通量略大，这是径流量减小使得对涨潮流的抑制作用减弱导致。由于涨潮历时总体上较长，使得各试验中洪湾水道的潮周期平均水体净通量几乎都为涨潮方向，即水体发生向陆净输运。从3组试验可以看出，径流量越大，向陆的净输运越小，这同样是径流对涨潮流的抑制作用所致。小径流试验中的最大向陆净输运接近0.5×10^3 m³/s，而大径流试验中仅为0.3×10^3 m³/s。潮周期平均通量具有明显的大小潮周期变化，小潮时向陆输运量较大，而大潮时则较小，在径流量增大试验中的大潮期间甚至出现略微的向海净输运。净输运的这种大小潮变化规律与上节分析的洪湾水道的正压梯度力变化相一致，大潮时向海的正压梯度力较大，从而抵消了向陆

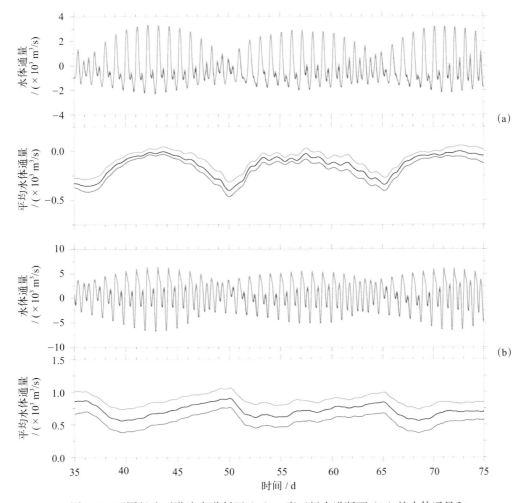

图8.21　不同径流下洪湾水道断面（a）、磨刀门水道断面（b）的水体通量和
潮周期平均的水体通量随时间变化过程

红线：径流减小试验；黑线：控制试验；绿线：径流增大试验。通量向海为正，下同

的水体净输运。对于磨刀门水道，3组试验的瞬时通量也非常接近，其中瞬时涨潮通量最大可达7×10^3 m³/s，略大于相应的潮落通量。但由于落差历时较长，统计的潮周期平均水体净输运是向海的，与径流最终下泄入海一致。径流量越大，净向海输运越大，大径流试验中最大净输运可超过1×10^3 m³/s，而控制试验和小径流试验的最大净通量则约0.85×10^3 m³/s和0.7×10^3 m³/s。净通量同样具有大小潮周期变化，但相对洪湾水道，大小潮变化较不对称，在一个大小潮周期中，约在小潮期间净向海输运最大，然后迅速减小，并在小潮后中潮期间达到最小，此后缓慢增大直至下一个小潮。磨刀门水道的向海最大输运发生在小潮期间，时间上与洪湾水道的最大向陆输运一致，表明来自洪湾水道的倒灌水体也部分通过磨刀门水道下泄导致。

对于盐度输运，从图8.22中可以看出，径流量越大，瞬时盐通量的振幅越小，大径流试验中的盐度振幅约为小径流试验的一半。这是因为随着径流量增大，导致河口整体盐度降低，瞬时盐通量的振幅也相应减小。在洪湾水道中，小径流、控制试验、大径流试验3

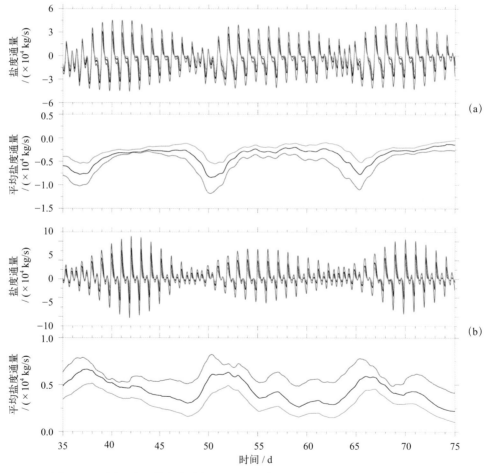

图8.22　不同径流下洪湾水道断面（a）、磨刀门水道断面（b）的盐度通量和
潮周期平均的盐度通量随时间变化过程
红线：径流减小试验；黑线：控制试验；绿线：径流增大试验

组试验的瞬时盐通量振幅分别约为4.5×10^4 kg/s、3×10^4 kg/s、2×10^4 kg/s。潮周期平均盐通量表明，洪湾水道盐度净输运方向向陆，即盐度的净输运是从洪湾水道向磨刀门水道输运。随着径流量增大，洪湾水道的向陆输运趋于减小，这一方面与河口盐度总体降低有关，另一方面也与向陆余流强度因径流增大而减弱有关。此外，盐度净输运同样存在着大小潮变化，约在小潮、小潮之后1天净输运最大。在小径流试验中，径流较小，向上游的盐度净输运最强，净输运最大可超过1.2×10^4 kg/s，而控制试验和大径流试验对应的最大净输运分别为0.8×10^4 kg/s和0.5×10^4 kg/s。在主河道中，瞬时盐通量变化规律与洪湾水道相似，径流量越大，盐通量振幅越小，但由于磨刀门水道是主河道，盐通量的振幅相对较大，3组试验的瞬时盐通量振幅分别为11×10^4 kg/s、7.5×10^4 kg/s、5×10^4 kg/s。3组试验中主河道潮周期平均的盐度净通量均为正，即向海输运，且径流越大向海净输运越小。小径流、控制试验、大径流试验中最大向海净通量分别约为0.8×10^4 kg/s、0.65×10^4 kg/s、0.5×10^4 kg/s，且最大值大多出现在小潮后中潮期间。对比两条河道，可以发现，小潮期间洪湾水道的倒灌盐量总体上比主河道的下泄盐量大，表明小潮期间磨刀门水道的总盐量增多。从盐通量收支的角度也可以解释，为何磨刀门水道上游段形成盐度峰值出现在小潮后的中潮的独特变化规律。

8.4.2　不同风况

图8.23给出了风况不同时，洪湾水道与主河道的水体通量变化情况。从图中看出，无风试验中洪湾水道的落潮盐通量整体上比强风试验大，这因为东北风的局地拖曳以及Ekman输运作用等有利于促进水体的涨潮方向输运，抑制水体的落潮方向输运。这一特征在小潮更为明显，是因为小潮潮汐动力减弱，风的这种效应相对增强。水体的净输运在有风时（控制试验、强风试验）明显向陆，而在无风时（无风试验）明显向海。无风试验中的最大向海净输运发生在大潮期间，约0.2×10^3 m³/s；控制试验和强风试验中的最大向陆净输运发生在小潮期间，最大值分别为0.4×10^3 m³/s和1.0×10^3 m³/s。在磨刀门水道中，风对瞬时水通量影响相对较小，但也可以看出，总体上，大风试验无风试验的落潮通量略大，涨潮通量略小。由于东北风走向近乎与河道的西北走向相垂直，风力的局地拖曳作用相对较低，因而通量的这种差异更多是由于洪湾水道的倒灌水体导致。从水体净输运可以更为明显地看出，风力越大则向海净输运越大，3组试验中的最大下泄通量分别为0.6×10^3 m³/s、0.85×10^3 m³/s、1.3×10^3 m³/s。由于3组试验中上游径流相同，因而磨刀门水道的下泄水量的差异主要是不同汊道间的水体输运导致。洪湾水道的水体输运分析指出，大风作用下倒灌水量较大，正好有利于增大主槽的下泄水量。

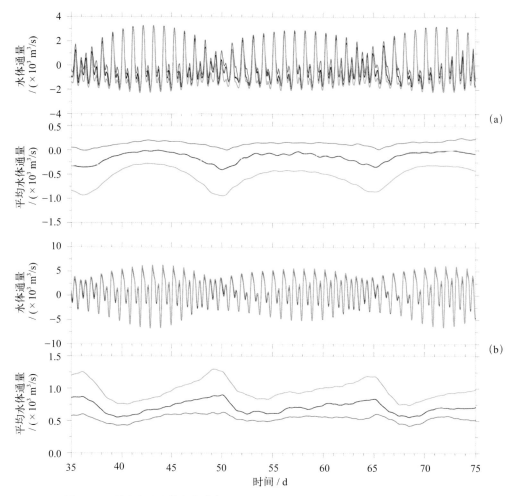

图8.23　不同风况下洪湾水道断面（a）、磨刀门水道断面（b）的水体通量和
潮周期平均的水体通量随时间变化过程
红线：无风试验；黑线：控制试验；绿线：强风试验

　　图8.24表明，风对洪湾水道的盐度通量影响显著，而且随着风力增强，风对通量的影响也非线性增强。风速从0增大到6.5 m/s时，最大瞬时盐度通量约从2×10^4 kg/s增大到3×10^4 kg/s，而风速增大到10 m/s时，最大盐通量接近6×10^4 kg/s。强风作用下，洪湾水道的瞬时盐通量在小潮期间几乎一直保持着向陆输运。从盐度净输运过程看，即便无风作用，洪湾水道的盐度输运也是以向陆为主，但输运量很小，约0.1×10^4 kg/s，而风力在6.5 m/s和10 m/s时的最大盐度净输运分别为0.8×10^4 kg/s和2.4×10^4 kg/s，主要出现在小潮期间。在磨刀门水道，瞬时盐通量也是风力越大，振幅越大，强风作用下最大落潮盐通量接近12×10^4 kg/s，最大涨潮通量相对略小，约8×10^4 kg/s。不同风力下的盐度净输运均为向海，但在大风试验中盐度净通量的峰值出现时间较控制试验和无风试验早，表明风对磨刀门水道的盐度收支不仅在大小上有影响，在相位上也有一定影响。

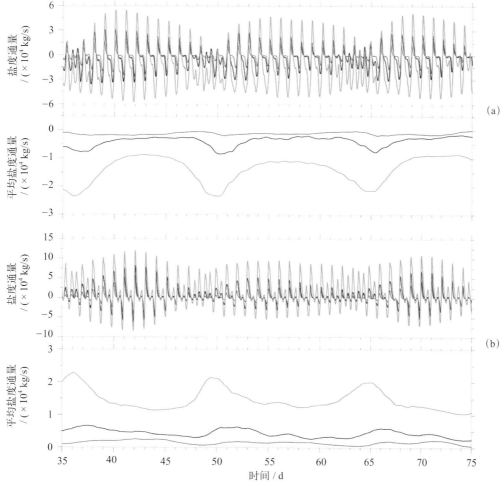

图8.24　不同风况下洪湾水道断面（a）、磨刀门水道断面（b）的盐度通量和
潮周期平均的盐度通量随时间变化过程
红线：无风试验；黑线：控制试验；绿线：强风试验

8.4.3　不同地形

洪湾水道地形变化对河道水体涨落潮通量影响易于理解，封堵后通量自然为零，而随着水道地形加深，过水断面面积增大，相应的瞬时通量也增大（图8.25）。挖深试验中的最大涨、落潮通量分别可达 $3 \times 10^3 \, m^3/s$、$5 \times 10^3 \, m^3/s$，而控制试验中相应分别为 $2.2 \times 10^3 \, m^3/s$、$3.2 \times 10^3 \, m^3/s$。水体净通量在控制试验和加深试验中变化规律一致，水体保持向陆输运，大潮最小，小潮最大；量值上加深试验中净通量略大于控制试验。在磨刀门水道，地形变化对水体通量影响与洪湾水道相反，水体通量振幅由大到小分别为封堵试验、控制试验和加深试验。这是因为涨潮期间，洪湾水道倒灌的水体抬高了磨刀门水道分汊口处的水位，从而抑制了磨刀门水道的外海水体的涨潮强度；而落潮期间，磨刀门水道部分水体从洪湾水道下泄，一定程度上降低了主河道分汊口处的潮位，使得下游段的落潮动力相对减弱。在洪湾水道的这种作用下，自然是汊道越深，主槽的通量振幅越小。对于主槽的水体净通量，可以明显看

出，汊道封堵与否直接改变了磨刀门水道的水体净输运的大小潮周期变化规律。在汊道存在情况下（控制试验和加深试验），主槽向海的净输运保持着小潮期间最大，此后迅速减小，在小潮后中潮达到最小，此后缓慢增大直至下一个小潮，净输运的增减过程极不对称。但在汊道封堵情况下，净输运的增大和减小过程相对较为对称，最大值多出现在大潮后的中潮，最小值多出现在小潮后的中潮，这与珠江口的潮流变化有关。

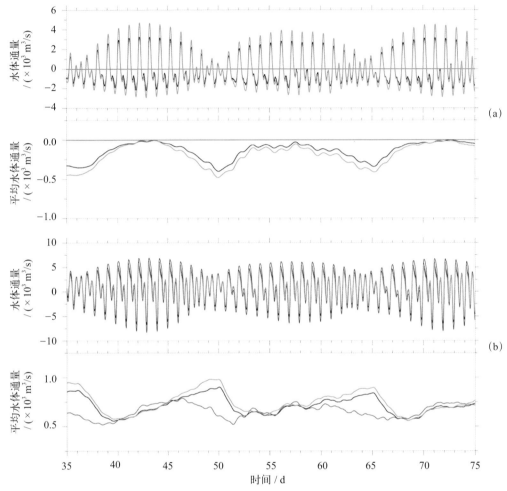

图8.25　不同地形下洪湾水道断面（a）、磨刀门水道断面（b）的水体通量和
潮周期平均的水体通量随时间变化过程
红线：封堵试验；黑线：控制试验；绿线：加深试验

盐度通量变化表明（图8.26），洪湾水道的瞬时盐通量随着地形加深，振幅增大，加深试验中盐通量振幅可接近5×10^4 kg/s，而控制试验中约3×10^4 kg/s。潮周期平均盐通量最大值在两个试验中分别为1.0×10^4 kg/s和0.8×10^4 kg/s。对于磨刀门河道，汊道加深试验的涨潮盐通量明显比汊道封堵试验小，这与汊道减小了主槽的涨潮水体通量有关。但加深试验的落潮盐通量相比封堵试验中并未减小，这是因为虽然汊道作用使得主槽落潮水通量也减小，但同时汊道倒灌的高盐水在落潮时部分随主槽下泄，从而会增大落潮盐通量。对于潮周期平均盐通量，汊道封堵情况下，盐通量的大小潮周期变化相对较不明显，略微呈现出大潮前1~2 d盐通量相对较低，大潮后中潮下泄盐通量较大的变化特征。汊道加深与控制试验的盐量净输

运的大小潮变化规律相同，都是在小潮期间较小，小潮后中潮期间较大。主槽与洪湾水道的盐度输运大小潮变化总体上符合盐度的物质守恒。

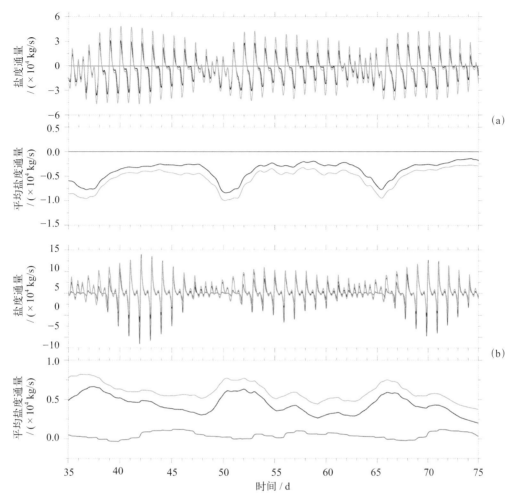

图8.26 不同地形下洪湾水道断面（a）、磨刀门水道断面（b）的盐度通量和
潮周期平均的盐度通量随时间变化过程
红线：封堵试验；黑线：控制试验；绿线：加深试验

8.5 不同动力条件下的咸潮上溯距离

饮用水的含氯度标准一般要求不超过250 mg/L，约为0.46的盐度值。以0.5的盐度值为咸潮上界，则2010年强咸潮观测期间磨刀门河道的咸界最大能上溯到大敖附近（图8.27），而模式模拟结果对应的咸界上溯距离较短，仅能上溯到竹银上游附近，但计算的0.25盐度线却能上溯到大敖上游附近，这表明上游盐度很低，且分布较为均匀。尽管模拟的0.5盐度线与实测的咸界上溯距离有一定差距，但模拟的盐度值差别并不大。通过典型控制实验模拟分析表明：与前面分析相一致（图8.28～图8.34），径流增大能压制咸潮上溯，而径流减小则利于咸潮上溯。同时，东北风也是有利于咸潮上溯的，无风情况下，咸界只能到达竹排沙附近，而在10 m/s东北风下，咸界能上溯到大敖。地形的加深也能使咸界入侵到大敖附近。

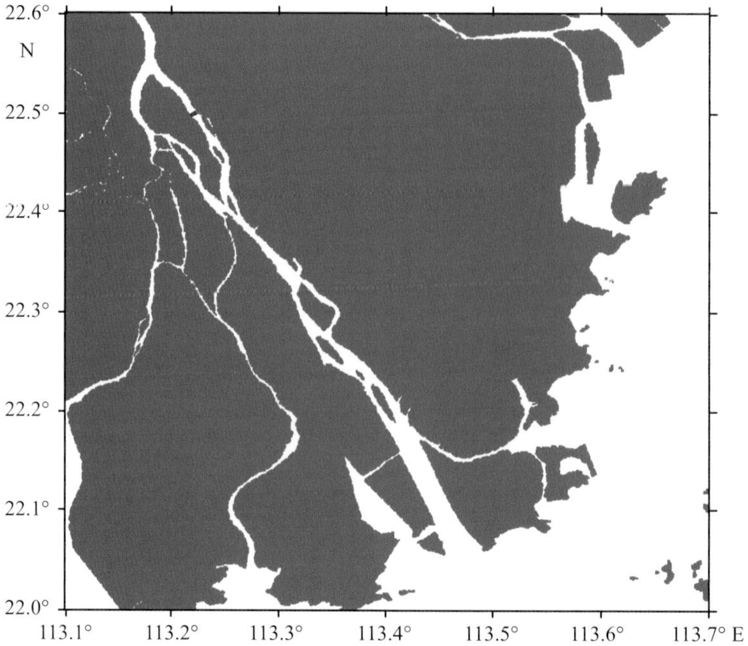

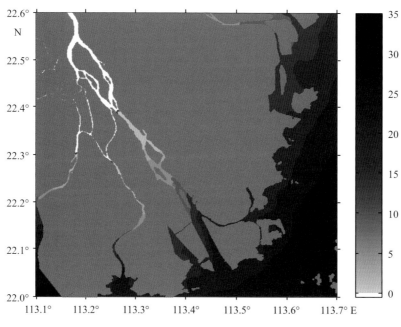

图8.27 观测期间0.5咸界最大上溯距离（红线位置处）

图8.28 模拟实际情况下0.5咸界最大上溯距离

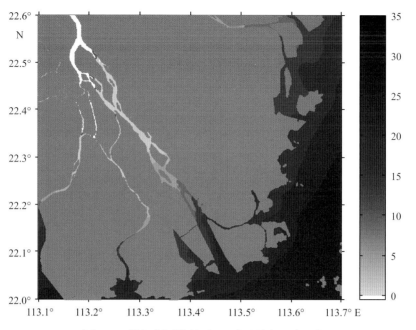

图8.29 模拟实际情况下0.25咸界最大上溯距离

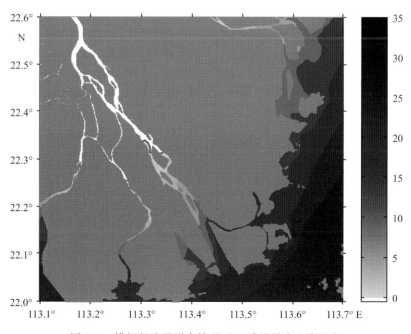

图8.30 模拟径流量增大情况下0.5咸界最大上溯距离

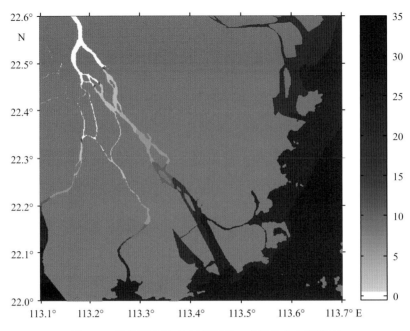

图8.31 模拟径流量减小情况下0.5咸界最大上溯距离

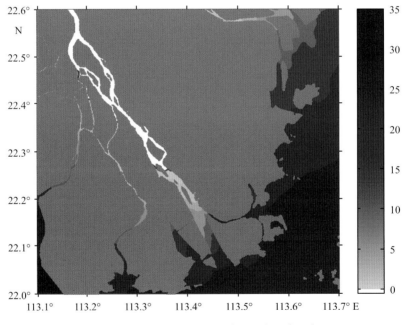

图8.32 模拟无风情况下0.5咸界最大上溯距离

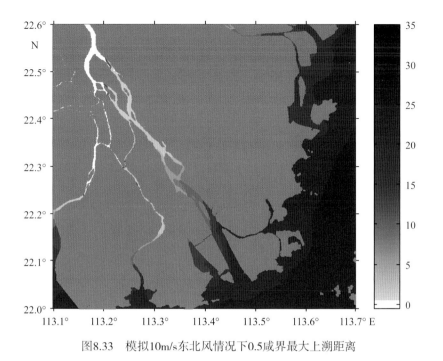

图8.33　模拟10m/s东北风情况下0.5咸界最大上溯距离

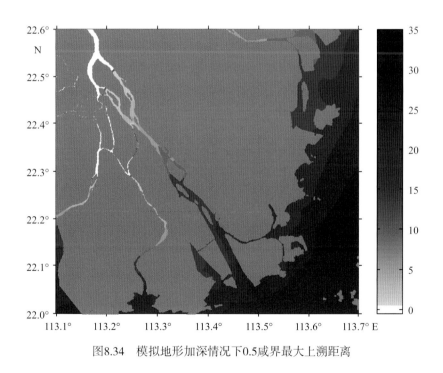

图8.34　模拟地形加深情况下0.5咸界最大上溯距离

　　总的来说，珠江口的流场、盐度场的时空变化相当复杂，影响因子包括径流、潮流、风、地形等。本节基于三维数值模式的模拟结果，给出了珠江口的流场、盐度场的空间分布，及盐度的潮周期过程，并从动力学上进行简要分析。同时对径流、风、地形等动力因子进行敏感性试验，初步分析了这些因子对珠江口的盐水入侵的影响。认为径流对磨刀门河道盐度影响明显，径流越大盐水入侵越弱，径流越小盐水入侵越强。东北风作用下，有利于磨刀门河道的盐水入侵，且其对口外盐度分布影响明显。而口门区域水深加深也是有利于河口的咸潮上溯。本节只是初步分析了这些因子对咸潮的影响，但要从动力机制上搞清楚珠江口环流模式、咸潮入侵规律及机制，还需要后续更深入的研究。

8.6 本章小结

2005年1月至2月、2005年12月至2006年2月磨刀门上游平岗站的观测资料表明盐度峰值都发生在小潮后的中潮。2007年11月至12月广昌站盐度观测资料表明盐度峰值发生在小潮和小潮后中潮，时间上比平岗站要早，这是因为广昌站位于平岗站下游，相应的盐度峰值出现时间会有所提前。平岗、广昌站的盐度变化情况表明，磨刀门水道上游段的盐度峰值与潮差峰值之间存在明显的相位差，盐度最大值主要出现在小潮后的中潮，盐水入侵存在异常特征。磨刀门水道的盐度变化除了受潮汐影响外，径流和风的影响也较为明显。

为研究珠江口磨刀门盐水入侵的异常特征，本章基于三维数值模式模拟结果分析枯季磨刀门的盐水入侵时空变化，结果表明因洪湾水道下段朝东北与枯季盛行东北风方向基本一致且呈喇叭口形状，这个特殊地形有利于增强涨潮流；风应力的局地直接拖曳作用和口外向岸的Ekman水体输运，导致在洪湾水道形成向陆的风生流，加剧洪湾水道和磨刀门水道上游段盐水入侵。磨刀门水道下游段盐水入侵大潮期间比小潮期间严重，洪湾水道和磨刀门水道上游段盐水入侵小潮期间比大潮期间严重。小潮期间，潮汐动力减弱，风应力作用相对增强，使得小潮期间洪湾水道向陆的余流比大潮期间强，相应的洪湾水道倒灌的高盐水量较大。数值试验结果再现了磨刀门水道盐水入侵的异常特征，表明磨刀门水道的盐水入侵与风和洪湾水道关系密切。

通过数值试验，对径流、风、地形等动力因子进行了敏感性分析。结果分析表明，随着径流增大，盐水入侵强度减弱，但径流变化并不改变磨刀门水道盐度与潮差之间存在相位差的独特变化规律；风显著改变了磨刀门盐水入侵的强度，东北风增强，盐水入侵明显增强，但风作用也不是造成磨刀门水道上游段盐度峰值与潮形之间相位差的根本原因；洪湾水道作为高盐水向磨刀门水道输运的一个重要通道，小潮期间高盐水倒灌较强，高盐水随磨刀门水道涨潮流向上游入侵，使得磨刀门水道上游段的盐度峰值最终出现在小潮后的中潮期间，这是磨刀门上游盐水入侵异常的根本所在。此外，潮汐、潮流的不规则变化也一定程度上促进了磨刀门水道盐度异常变化规律的形成。

磨刀门水道和洪湾水道的断面通量分析表明，洪湾水道中水体和盐分的净通量都保持向陆，径流越小，东北风越强，汉道越深，洪湾水道向主槽倒灌水量和盐量都越大，且随大小潮变化，在小潮期间倒灌水量、盐量较大，大潮期间倒灌量较少。磨刀门水道的水体、盐分净通量保持向海，但受洪湾水道的倒灌影响显著，洪湾水道存在时，下泄水量、盐量总体上小潮期间比大潮期间大；而洪湾水道不存在时（即汉道封堵时），磨刀门水道的水体、盐分的净输运总体上依然向海，但盐分净输运量大为减小，大小潮变化也不明显，略微在大潮后中潮输运量较大。

洪湾水道、风应力和潮汐的相互作用，是磨刀门水道盐水入侵异常特征的动力成因。

第9章
珠江口咸潮数值预报数据的可视化

珠江口地区河网错综复杂，除包括了东江、西江、北江外，还覆盖主要的珠江入海八大口门及珠江口外海区域，故采用基于非结构化网格的咸潮数值预报模型作为该区域的三维咸潮数值预报模型。该模型计算网格水平方向包括53 844个计算节点，84 487个计算单元。为更加简便、直观地展示其预报结果，更加有效地识读咸潮数值预报产品，基于GIS技术和Oracle数据库建立了C/S架构的珠江口三维咸潮数值预报可视化系统。

9.1　系统集成与开发技术条件

系统集成与开发所需要的模型组件与开发技术应满足以下条件。

1）开发与运行环境

本系统开发语言：C#，开发环境为Visual Studio 2008；GIS平台：ArcGIS Engine 9.3；运行环境：windows XP、2000，数据库采用Oracle 10g+ArcSDE9.3 for Oracle 10gR2。

2）系统功能设计

（1）对进行可视化的空间数据具有放大、缩小、漫游，属性查询，距离、面积查询等基本功能。

（2）基础地图数据的可视化：主要的基础底图数据包括岸线、河流、居民地、DEM等，以及比例尺、指北针等基本地图要素。

（3）研究区水深网格信息的可视化：根据提供的水深文本数据以三角格网的形式进行水下地形的空间表达，每个格网的属性信息为水深值。

（4）站点数据的时空可视化表达：每个观测站均有多期逐时观测数据，选择功能菜单后，可利用鼠标点击选取站点和时间节点，选取后以图表的形式显示每个站点在选择的时间范围内观测盐度或潮位随着时间的变化规律。

（5）标量场数据的可视化：有多期的盐度场和潮位场数据，盐度场数据为多层（初定5层），实现两种场数据的空间表达，以颜色区分属性的差异，并配有图例信息。要求与基础地图等空间数据准确叠加，并可进行缩放、漫游等基本功能。

（6）矢量海流数据的可视化：海流数据的（5层）可视化，要求利用箭头的长度和方向进行每个点流向和流速的描述，要求与基础地图等空间数据准确叠加，并可进行缩放、漫游等基本功能。

（7）盐度剖面数据的可视化：要求利用提供的剖面数据进行插值，以颜色或等值线来描述剖面上盐度的空间分布。

3）系统性能要求与约束

（1）正确性：不出现主要功能错误，使用前要严格测试；

（2）易用性：提供统一美观的界面、智能化的提示、简便的操作；

（3）可靠性：保证良好的运行效率，系统的交互及时响应；

（4）可扩展性：能满足未来的业务管理需要。

4）出于对系统的性能、可维护性以及兼容性等方面的考虑

（1）GIS开发平台是基于ESRI的ArcGIS平台下ArcGIS Engine 9.3 DevKit平台，其中空间数据库采用ArcSDE9.3空间数据引擎；

（2）空间数据库和属性数据库采用Oracle10gR2版进行存储和管理；

（3）系统的开发工具采用Visual Studio .Net 2008，主要采用C#语言。

9.2 系统总体业务流程

珠江口咸潮数值预报过程需要对接大气模型，为咸潮模型提供上边界强迫条件。本系统考虑珠江河网内潮水和径流的相互作用情况变化复杂。涨潮波从外海进入河口后，在其传播过程中受上游径流顶托和河床阻力的影响，能量逐渐损耗。同时也考虑咸淡水在河口及河道内的混合作用还需要实时耦合径流预报模型。外海的动力强迫和温、盐初始条件由国家海洋环境预报中心业务化的区域海洋模型提供。

咸潮预报计算过程中涉及海洋环境场变化的三维计算，故需要存储大量的海洋环境及海洋动力多要素的计算数据，用于咸潮活动特征的分析。因此，需要建立专门的咸潮数值预报产品数据库系统，用于支撑咸潮预报产品可视化服务。本部分为了提高数据库访问效率，建立了独立的数据入库标准。预报数据均采用netcdf数据格式标准。

本系统集成的珠江口咸潮数值预报模型是基于河海一体化的三维咸潮数值预报模型（FVCOM）开发的，模型采用MPI并行加速架构，依托神威3000A高性能计算系统，可有效保障珠江口区域120 h咸潮预报的计算时效。可视化系统采用C#语言开发，充分利用其组件模块化开发优势，并对软件系统进行标准化封装，以便用更加有效的方式进行系统移植及推广。系统业务流程如图9.1所示。

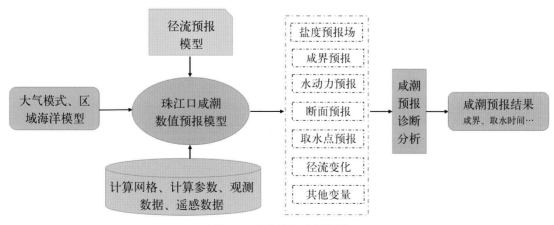

图9.1 系统业务流程设计

9.3 系统架构设计

系统总体架构可用图9.2来表示，为了减小功能界面和逻辑实现的耦合，并最大程度地实现代码的共用和统一维护，两个子系统采用分层设计和实现的原则。

图 9.2 系统架构设计

最低层为数据库层，包括原始数据、衍生专题矢量数据以及背景数据。在数据层之上为基于Oracle 10g和ArcSDE 9.3的数据访问层，包括数据的存储、查询和更新等基本模块。

中间层为开发平台层，在Visual Studio.net 2008的平台上，结合ArcGIS Engine 9.3进行功能模块和应用系统的开发。

再上一层为功能逻辑实现层，主要实现各应用系统功能所需的功能逻辑实现代码，并以动态链接库的方式供各应用系统的功能界面调用。逻辑实现层根据功能的需求采用了ArcGIS Engine API的功能模块。

整个体系架构最上层为功能界面意义上的各应用模块，各模块通过功能界面，将功能逻辑层、数据库层统一，并输入各功能所需的参数，将结果进行展示，最终完成所有功能需求。

9.4 数据库设计

本设计中，数据库的设计按照确定实体、确定表之间的关系、细化行为、制定规则和约定的技术流程实施。在技术上采用"数据库管理系统（Oracle）＋空间数据库引擎（ArcSDE）"的模式来设计数据库、组织系统数据，即采用面向对象空间数据模型

GeoDatabase的多用户版本——MultiUser GeoDatabase模型组织复杂的空间数据，用二维关系型表格组织空间以及非空间数据，统一存储在本次项目选定的商业数据库Oracle中，通过内部关联码来关联这两种数据，建立一个开放的、灵活的珠江口咸潮综合数据库（图9.3）。MultiUser GeoDatabase模型是建立在标准关系型DBMS之上的统一的、智能化的空间数据库。它在统一模型框架下对GIS通常所处理和表达的地理空间要素，如：矢量、栅格、三维要素、网络及要素间的关系和拓扑规则等，进行统一的描述。Multiuser Geodatabase没有存储容量的限制，而且还支持多用户在线编辑、工作流、版本管理等高级特性。

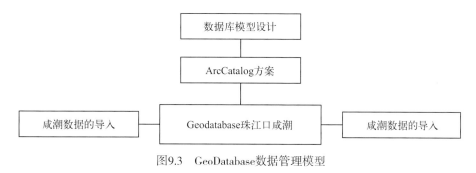

图9.3　GeoDatabase数据管理模型

9.4.1　数据库内容

珠江口咸潮综合数据库中主要包括咸潮、潮位、水深等场预报数据。此外，还包括站点的时间序列数据以及背景数据。

（1）珠江口河网区域海水温度预报数据、海水盐度预报数据、水位预报数据、海流预报数据、典型断面盐度剖面、典型取水口含氯度等预报数据。

（2）背景地理信息数据：为了可视化展示研究区域的地理信息，比如行政区划、地形、水系等，需要提供研究区的基础地理数据和地形数据。其中基础地理数据有中等比例尺的广东省行政区划矢量地图、水系图，地形数据为美国NASA的SRTM数据以及hillshade等衍生数据。此外为了更好地展示海水背景信息，还需要提供相应的水陆分界栅格数据。该部分数据主要以ArcGIS数据格式进行入库管理。

（3）历史数据：历史观测水文数据具有一定的规律性，可以利用历史规律辅助珠江口咸潮的数值预报，因此数据库需要管理咸潮预报相关的历史水文数据，以便进行可视化分析。该数据类型主要以文本形式进行管理。

（4）实时观察数据：利用站点以及航测的方式获取珠江口的海水不同深度的盐度以及潮位观测数据，以及模型运算结果数据等。该数据的原始形式为文本结构，需要对其进行预处理为ArcGIS格式的空间场数据，在数据库中分别以两种形式进行管理，以便满足不同形式的可视化需求。

（5）其他数据：主要报告相关政策法规、研究报告等文本数据，以及多媒体数据，同时还包括一些辅助数据，如表格数据等。

9.4.2　空间数据组织

大地基准面是利用特定椭球体对特定地区地球表面的逼近，因此每个国家或地区均有各自的基准面，我们通常称谓的北京54坐标系和西安80坐标系实际上指的是我国的两个大地基准面。我国参照苏联从1953年起采用克拉索夫斯基（Krassovsky）椭球体建立了我国的北京54坐标系，1978年采用国际大地测量协会推荐的1975地球椭球体建立了我国新的大地坐标系——西安80坐标系。本数据集成与分析系统将采用北京54坐标系。通常1∶100万以下标准分幅图投影采用高斯–克里格投影，高斯–克里格投影是一种横切等角切椭圆柱投影。中央经线上无变形，同一条纬线上离中央经线越远变形越大，同一经线上纬度越低变形越大。高斯–克里格投影采用6°分带和3°分带两种，珠江口空间范围较小，需要较为精细的投影方式，本研究采用3°分带方式，具体参数为中央经线：114°；东移：500 km。

观测数据包括站点观测数据，现场航次观测数据、浮标观测数据及其他观测数据。这些数据大都是多维数据，在二维空间、深度及时间维上都有属性信息，基于此，现场航次观测数据及浮标观测数据可以将所有观测空间位置上的所有剖面信息存于一个数据表中，不同的空间位置为一条记录，而统一空间位置上，不同的深度层上的属性信息为不同的字段。而对于站点观测数据，不同的时间观测的所有剖面信息可以存储于一个数据表中，每一个时刻为一条记录，每一时刻观察的属性信息为记录中的字段。主要报告相关政策法规、研究报告等文本数据，以及多媒体数据，同时还包括一些辅助数据，如表格数据等。此类数据的组织，可以借用全数据库模式，把数据作为数据库表中的一个block字段，也可以采用文件–数据库的方式组织，只在数据库中存储数据的索引，即路径信息。

9.5　系统应用分析

咸潮数值预报可视化系统主要面向咸潮预报研究人员和预报员使用，其目的是尽可能摆脱或减轻预报数据分析和处理计算中所产生的大量数据的任务。借助可视化工具，用直观的图形、图表代替数值数据，可以更加方便地洞察计算结果的主要变化特征和内在规律，对于许多抽象、难以理解的原理和规律变得容易理解了，许多冗繁枯燥的预报数据变得生动形象，从而更容易获得对被研究对象更深刻的理解与认识。

该系统可以提供自2009年以来枯水季时段的珠江口河网区的咸潮入侵预报数据及其可视化产品。以下以2009年枯水季节咸潮数值预报为例进行系统应用展示说明。

点击"在地图中查看"按钮，数据可视化在地图视图窗口中，如图9.4所示。具体水深信息可以从图层管理区的图例中读取也可以用工具条中属性查询工具进行具体查询。另外可以对网格信息进行设置，当放大到一定比例尺的时候，网格上以label点的形式显示每个网格的属性信息。

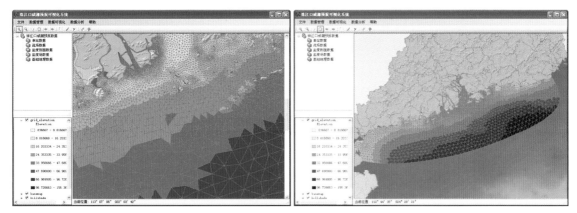

图9.4　计算网格信息可视化界面

选择“数据可视化”——“三维流场数据”弹出如图数据选择窗口，在数据列表中可以根据时间选取需要可视化的流场，右侧有两个按钮，点击“原始数据”出现如图9.5所示的数据原始表格，包括流场中每个点的空间位置信息、流速信息、流向信息等。点击“在地图中查看”按钮，则数据可视化在地图视图窗口中，如图9.6所示。

x	y	u1	v1	s1	a1	u2
240084.810000	2255605.000000	0.373570	-0.053856	0.377432	98.209528	0.3
225240.000000	2255613.200000	-0.350943	0.411521	0.540843	319.544648	-0.
217713.020000	2255904.000000	-0.427975	0.294373	0.519440	304.522156	-0.
252383.330000	2256100.000000	0.293930	-0.941028	0.985864	162.654990	0.2
206653.020000	2256580.800000	-0.181592	-0.854500	0.873583	191.998102	-0.
266189.810000	2256604.000000	-0.502926	0.150272	0.524897	286.639647	-0.
279978.500000	2257312.500000	0.046129	-0.136480	0.144065	161.338686	0.0
192770.000000	2257646.800000	0.337372	-0.251778	0.420966	126.733803	0.3
293601.500000	2258721.800000	-0.439611	-0.113568	0.454044	255.510787	-0.
182100.000000	2258723.200000	0.302389	0.225003	0.376916	53.348996	0.3
236548.140000	2259188.500000	0.250974	0.239832	0.347142	46.307256	0.2
229160.000000	2259196.800000	0.114155	0.030332	0.118116	75.140429	0.0
248161.480000	2259428.500000	0.179611	-0.184344	0.257377	135.739970	0.2
214189.690000	2259590.800000	-0.929220	0.143388	0.940218	278.773035	-0.
261413.120000	2260090.500000	-1.163707	-0.690814	1.353306	239.305624	-0.
306844.530000	2260304.200000	-0.047442	-0.431367	0.433968	186.270212	-0.
171796.660000	2260376.800000	-0.093633	0.373010	0.384582	345.913167	-0.
203210.000000	2260426.800000	-0.120216	-0.231656	0.260991	207.419123	-0.

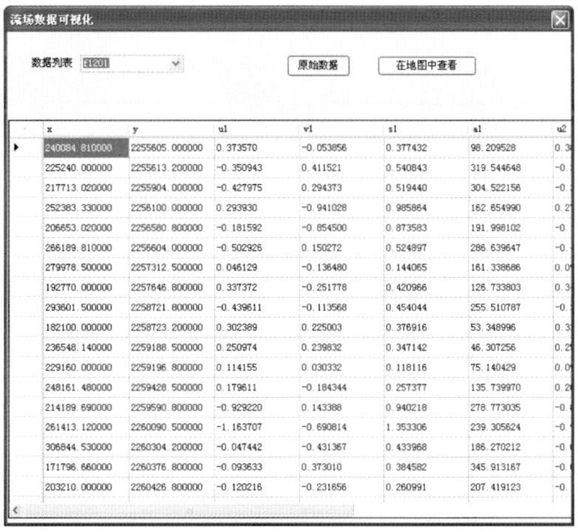

图9.5　三维流场原始数据

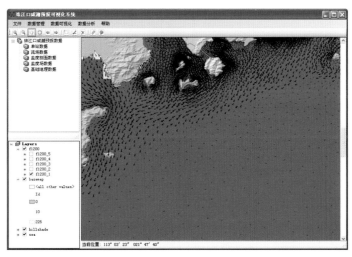

图9.6　三维流场可视化

菜单栏中选择"数据可视化"——"盐度场数据"弹出数据选择窗口，数据列表中可以根据时间选取需要可视化的盐度场，右侧有两个按钮功能与流场一致，点击"原始数据"出现如图9.7所示的数据原始表格，包括流场中每个点的空间位置信息、潮位信息、五层盐度信息。点击"在地图中查看"按钮，则盐度场数据可视化在地图视图窗口中，如图9.8所示。具体盐度信息可以从图层管理区的图例中读取也可以用工具条中属性查询工具进行查询。

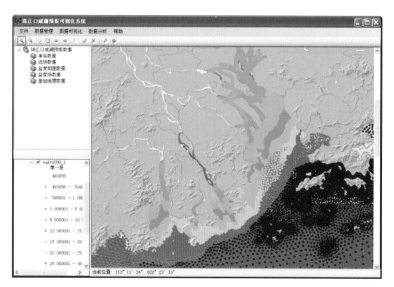

图9.7　盐度场原始数据表

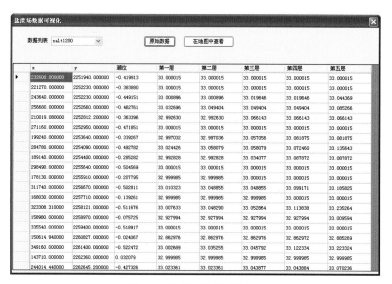

图9.8　盐度场原始数据表

同样，我们可以进行潮位数据的报表查询及数据的空间可视化。

除了可以进行空间场数据的查询及可视化，系统可以提供定点海洋温度、盐度、潮位及海流等数据的查询和显示。以盐度为例，选择"数据分析"——"盐度数据分析"弹出盐度数据选择窗口，窗口中提供了站点选取下拉菜单，可以通过下拉菜单选取需要图形显示盐度信息的观测站点，下拉菜单下方相应显示所选取站点的空间位置信息，在"起始时间"和

“终止时间”文本框中可以输入需要图像化显示的时间节点，参数设置完毕点击“画图”按钮则在图形显示区的坐标轴上显示出相应的时间序列图形曲线，图9.9为选取不同时间长度的盐度曲线图。与潮位站点窗体相同，在窗体左上角有个“曲线图”和“源数据”的切换按钮，可以用来进行图形和数据表格的切换，图9.10为源数据的显示结果，从中可以读出该站点每个时间节点5个不同深度上所对应的盐度数值，窗体的右侧为图例信息。由于站点盐度数据描述的是5个不同深度上的立体盐度信息，所以对应图形为5条曲线，不同层可以通过右侧图例进行区分。

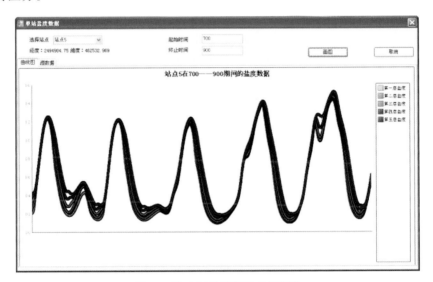

图9.9　取水口盐度信息的图形化

date	第一层盐度	第二层盐度	第三层盐度	第四层盐度	第五层盐度
1000	6.38882	6.42168	6.55061	6.76455	6.98951
1000.0416898...	6.30231	6.33847	6.47961	6.70904	6.94647
1000.0833101...	6.21336	6.25313	6.40718	6.65268	6.90278
1000.125	6.12209	6.16585	6.33336	6.59537	6.85841
1000.1666898...	6.02877	6.07691	6.25835	6.53707	6.81332
1000.2083101...	5.93364	5.98651	6.18235	6.47776	6.76746
1000.25	5.83676	5.89471	6.10542	6.4174	6.72072
1000.2916898...	5.73818	5.80162	6.02753	6.35595	6.67299
1000.3333101...	5.63791	5.70734	5.94876	6.29344	6.62425
1000.375	5.53617	5.61213	5.86943	6.23024	6.57487
1000.4166898...	5.4328	5.51584	5.7894	6.1663	6.52478
1000.4583101...	5.32768	5.41839	5.70837	6.10118	6.47359
1000.5	5.22171	5.3207	5.62691	6.03516	6.42149
1000.5416898...	5.11591	5.224	5.54591	5.96902	6.36892
1000.5833101...	5.01103	5.12935	5.46608	5.90323	6.31602
1000.625	4.90758	5.03706	5.38729	5.83754	6.26255
1000.6666898...	4.80572	4.94696	5.30919	5.77151	6.2081
1000.7083101...	4.70575	4.85921	5.2319	5.70525	6.15257
1000.75	4.60826	4.77401	5.15586	5.63906	6.09618

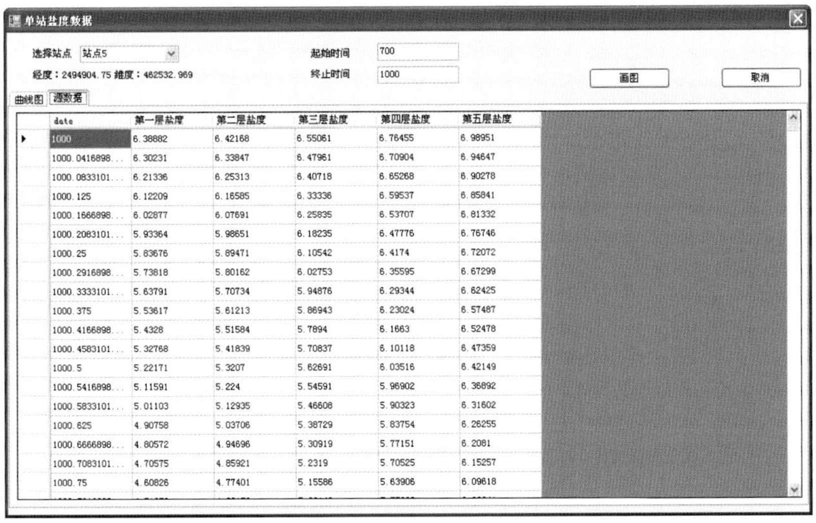

图9.10　盐度场原始数据表

断面数据是在研究区中选取断面的垂向盐度信息，该功能模块采用二维剖面+时间维+属性维的四维可视化方法进行了断面盐度信息可视化。选择“数据分析”——“断面数据分析”弹出数据选择窗口，窗口中提供了站点选取下拉菜单，可以通过下拉菜单选取需要图形显示的断面名称，并选择不同断面的剖面文件，该窗口可以显示出该断面不同时间上盐度变化，也可以通过对复选框的选择确定需要进行动态显示的各时间节点，如图9.11所示。

除此以外，系统还提供了诸如数据选取、数据属性查询、空间测距、面积测量等预报业务中常用的辅助决策工具，帮助预报业务人员和研究人员分析咸潮预报数据。

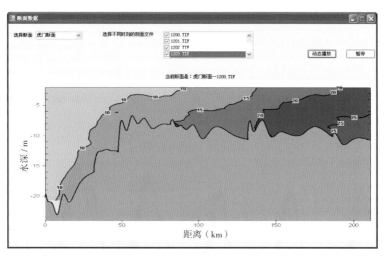

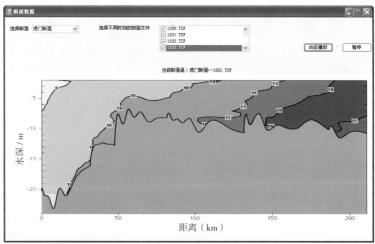

图9.11　珠江口虎门断面咸潮入侵

9.6　本章小结

咸潮数值预报计算结果的可视化可以把科学计算中产生的数字信息转变为公众、预报业务人员或决策者更加容易解读的随时空变化的量化信息。同时还可以大幅度提高计算数据处理的速度，使得咸潮数值预报每天产生的海量数据得到有效利用。集成开发数值预报信息化系统，可以实时跟踪咸潮数值预报业务流程、实现对模型计算过程的控制、并能通过交互手段调整模型参数化方案、实现计算方案的最优控制。因此，对于珠江河网地区的咸潮数值预报结果的可视化是一个值得深入研究的课题，很多的技术难点需要多学科的交叉融合与探索，最终实现计算大数据与科学应用的统一，解决咸潮数值预报产品"最后一公里"问题。

第10章
结论与展望

本书研究依托海洋公益性行业专项项目（项目名称：珠江口咸潮数值预报技术研究；项目编号：200705019），通过现场观测与调查、资料分析以及数值模拟等方法对珠江口咸潮入侵进行了全面系统的研究。通过对现场观测与调查数据的分析，研究了珠江口历史咸潮活动规律，建立了咸潮活动历史数据库；利用取水口测站长时间序列数据资料，建立了珠江口盐度预报统计模型；基于高精度、高分辨率水深地形及岸线数据，建立了覆盖珠江口及外海区域的三维河网一体化的咸潮入侵数值预报模型，利用该模型研究分析了潮汐潮流、河口环流以及盐水入侵特征及动力机制；在以上研究基础上，重点讨论了磨刀门水道盐水入侵的异常变化的动力机制。最后，为了更加直观、方便地反映珠江口咸潮入侵的基本特征，针对三维咸潮数值预报结果开展了可视化研究。

现就本专著所取得的主要成果进行简要总结，并对今后的工作进行展望，提出建议。

10.1　结论

10.1.1　统计模型有效

河口盐水入侵强度一般主要决定于径流量和潮差，基于这个物理机制，对珠江口磨刀门水道平岗泵站的盐度、潮位以及上游径流量资料进行了处理、分析，建立了平岗泵站日平均盐度与潮差和径流量的经验统计模型，包括一个盐度-潮差模型和一个盐度-流量模型。统计模型中考虑了盐度与潮差之间约3.5 d的相位差，同时通过对前期15 d流量进行平均的方式考虑了径流对盐水入侵影响的累积效应。通过潮形标准化以及模型预估修正，提高了模型精度，总体上模型能较为真实地反映出盐度随潮差、径流的变化关系。

分离短时间尺度潮差变化和长时间尺度径流量变化对盐水入侵的不同影响，按潮汐、径流影响的主次逐步回归建立模型，物理背景十分清晰，模型中的潮形标准化以及模型修正等都有着明确的物理意义。建立盐度统计模型的方法较为新颖，更加符合河口动力过程的物理机制，对今后河口盐水入侵的资料分析研究具有一定的借鉴意义。

10.1.2　珠江口三维盐水入侵数值模式完整

基于无结构网格FVCOM模式，在珠江口建立了一个完全三维的盐水入侵数值模式，模式计算区域包括了整个珠江河网、河口以及近岸海域，使得模式能真实体现河网、河口的整体性。模式中较为完整地考虑了径流、潮汐、风以及斜压等各种动力因子作用。对模式进行了潮位、潮通量、潮流、盐度验证，验证结果总体较好，表明模式能较为真实地反映珠江口水动力、盐水入侵过程。

10.1.3　珠江口的潮汐、潮流、河口环流数据准确

基于三维数值模式，模拟分析了枯季珠江口的潮汐、潮流、河口环流特征及其动力机制。潮汐调和分析表明，口外浅海陆架海域各个分潮总体上都是自东向西传播，传播过程中

振幅均有所增大，且半日分潮比全日分潮增大的多。各分潮的等振幅线大体呈东北—西南走向，等位相线则是东南—西北走向，其中半日分潮因两股分支的汇合，等位相线在计算区域东侧有明显的汇聚。K_1和O_1分潮的振幅较大，在近岸海域均可达到$30 \sim 45$ cm，而M_2分潮振幅则在$12 \sim 56$ cm。进入河口区域，潮波从向西传播，逐渐转为向北，等位相线从东南—西北走向变化到西南—东北走向，其中半日分潮等位相线更加接近东西方向分布。河口区域M_2分潮振幅最大，$42 \sim 55$ cm，其次为全日分潮K_1和O_1，二者振幅相近，$36 \sim 40$ cm。在伶仃洋中，大多数分潮的等振幅线呈马鞍状分布，东北角振幅较大。

珠江口潮汐类型为混合潮类型，以半日潮为主，潮型系数为$0.8 \sim 1.5$。浅水分潮成分较小，M_4、MS_4、M_6分潮总振幅最大不超过5 cm。珠江口区域大潮期间潮差为$2.2 \sim 3.1$ m，而小潮期间为$0.6 \sim 1.1$ m。其中伶仃洋区域的平均潮差在大潮和小潮分别约为3.0 m和0.9 m。

珠江口的潮流总体上为不规则半日潮，在小潮后的中潮期间会转变成不规则全日潮，此时对应涨潮历时远大于落潮历时，相应的涨落潮流速差异也为最大。口外邻近海域潮流较弱，受风的影响较强，导致涨潮期间向西潮流得到增强，其中荷包岛南面局部海区的涨急流速较大；而落潮期间潮流受东北风的阻挡，即便落急时刻，潮流也仅是偏南（大潮）甚至依然偏西（小潮）。

伶仃洋海域潮流较强，且基本为往复流，越往上游，潮流流速越大，其中虎门附近落急流速最大可达200 cm/s。潮流存在涨落潮差异，且表层差异较大，底层差异较小，总体落潮流较大。总体上，东部潮流较强，西部较弱，在涨潮期间相对更为明显。

余流平面分布分析表明，受下泄径流、科氏力、锋面斜压以及风等作用，珠江口口外近岸海域出伶仃洋向西有一股较强的西向沿岸流，这股强流在底层迅速减弱，表层流速在荷包岛南面较大。受东北风驱动，口外近海海域表层余流总体为西北向，而底层总体为西南向。伶仃洋海域表层下泄余流较强，底层余流总体较弱。受东北风作用，伶仃洋存在一个表层向西、底层向东的横向环流。在东西两条深槽，因潮流和盐度分层的大小潮周期变化，余流垂向结构具有较为独特的大小潮变化特征：重力环流在小潮期间较为明显，但在小潮后的中潮期间最强；大潮期间向海余流开始增强（或向陆余流减弱），在大潮后的中潮期间向海余流达到最强。

10.1.4　初步掌握了伶仃洋海域盐度时空变化规律

珠江口（主要为伶仃洋海域）的盐度随时间变化较不规则，在一个大小潮周期中盐度变化总体呈现为不规则半日周期变化，但在小潮后中潮期间会出现较为明显的不规则全日周期变化。伶仃洋盐度在大小潮周期尺度上存在盐度–潮差相位差，盐度峰值提前于潮差峰值出现，越往东越明显。

枯季因下泄径流受科氏力以及东北风的作用，珠江口等盐度线具有沿岸分布特征，即在伶仃洋内总体呈东北—西南走向，出伶仃洋后等盐度线沿西南西—东北东方向向西延伸。伶仃洋中，盐度分布受深槽等地形影响存在一些细微的特征，等盐度线呈现双峰结构。两深槽の盐度剖面分布表明，大、小潮落憩时刻，东西深槽都可观察到明显的盐度分层结构；其潮周期平均盐度的垂向分层最强约出现在小潮后的中潮期间。

枯季东北风对珠江口盐水入侵有较为明显的影响。一方面，东北风作用产生向岸的Ekman水体输运，使得珠江口及其近海水域的盐水入侵总体增强；另一方面，东北风的局地拖曳作用，改变了各大口门的分流比，使得各个口门附近水域的盐度发生变化，黄茅海、鸡啼门附近区域盐水入侵趋于减弱，磨刀门、伶仃洋海域盐水入侵趋于增强，且伶仃洋东部增强较西部明显。此外，风的混合作用会对盐度垂向结构造成影响，使得盐度表、底层差异减弱。总体上，风对盐水入侵的影响在小潮期间更为显著。

不同风向的风对珠江口盐水入侵的影响各不相同，这主要是因为不同风向的风对河网分流比的改变作用不同。相比无风试验，在伶仃洋海域，东风和北风作用下盐度总体都增大，且北风作用下的增幅更为显著，而西南风作用下在伶仃洋东部和西部分别发生盐度降低和升高。在黄茅海海域，西南风导致其盐度明显升高，东风导致盐度出现较大幅度降低，而北风对其影响相对较弱。在鸡啼门附近水域，西南风引起盐度明显增大，东风仅使其盐度略有增大，而北风则使其盐度趋于降低。口外近海水域及磨刀门附近水域在三种风向的风作用下盐度总体均增大。

径流变化引起的盐度变化主要集中在各口门附近区域，越往口外，盐度变化幅度越小。相对而言，径流对表层盐度的影响比底层略大。径流增大和减小时，相应的河口盐度发生降低和升高，但径流减小情况下的盐度增大幅度较径流增大情况下盐度减小幅度要大，表明枯季河口盐度对径流减小的响应比对径流增大的响应明显。在伶仃洋深槽区，因径流变化使得盐度分层、斜压效应也发生变化，能一定程度上缓和盐度的变化幅度，使得深槽区的盐度变幅较浅水区要小。

海平面上升会加剧珠江口的盐水入侵，但总体上海平面变化引起的盐度变化相对径流、风等动力因子引起的变化要小，而且影响较为局部，其中磨刀门区域盐度影响最为明显，其次为黄茅海湾顶以及洪澳岛北面水域，其他区域影响较小。在磨刀门区域，相对海平面上升30~50 cm能使得潮周期平均盐度最大升高3~4。

10.1.5　磨刀门盐水入侵获重大进展

长时间序列的盐度、径流、潮位、风等资料分析表明，磨刀门水道上游段盐水入侵存在异常特征，即盐度峰值与潮差峰值之间存在明显的相位差，盐度峰值主要出现在小潮后的中潮；磨刀门水道的盐度变化除了受潮汐影响外，径流和风的影响也较为明显。

数值模拟结果分析表明，磨刀门水道下游段盐水入侵大潮期间比小潮期间严重，洪湾水道和磨刀门水道上游段盐水入侵小潮期间比大潮期间严重。小潮期间，潮汐动力减弱，风应力作用相对增强，使得小潮期间洪湾水道向陆的余流比大潮期间强，相应的洪湾水道倒灌的高盐水量较大。数值试验结果再现了磨刀门水道盐水入侵的异常特征，表明磨刀门水道的盐水入侵与风和洪湾水道关系密切。

径流、风、地形等动力因子敏感试验结果分析表明，径流、尤其是风会改变磨刀门盐水入侵的强度，但不是造成磨刀门水道上游段盐度峰值与潮形之间相位差的根本原因；洪湾水道作为高盐水向磨刀门水道输运的一个重要通道，小潮期间高盐水倒灌较强，高盐水随磨刀门水道涨潮流向上游入侵，使得磨刀门水道上游段的盐度峰值最终出现在小潮后的中潮期间，这是磨刀门上游盐水入侵异常的根本所在。此外，潮汐、潮流的不规则变化也一定程度上促进了磨刀门水道盐度异常变化规律的形成。

断面通量分析表明，洪湾水道中水体和盐分的净通量都保持向陆，径流越小，东北风越强，汊道越深，洪湾水道向主槽倒灌水量和盐量都越大，且随大小潮变化，在小潮期间倒灌水量、盐量较大，大潮期间倒灌量较少。磨刀门水道的水体、盐分净通量保持向海，但受洪湾水道的倒灌影响显著，洪湾水道存在时，下泄水量、盐量总体上小潮期间比大潮期间大；而洪湾水道不存在时（即汊道封堵时），磨刀门水道的水体、盐分的净输运总体上依然向海，但盐分净输运量大为减小，大小潮变化也不明显，略微在大潮后中潮输运量较大。

洪湾水道、风应力和潮汐的相互作用，是磨刀门水道盐水入侵异常特征的动力成因。

10.2 创新与展望

10.2.1 珠江口咸潮研究的不足之处

由于珠江口口门较多，可用于研究的大面资料有限，本书研究未能对各口门区域的盐水入侵问题展开全面、深入研究，仅重点分析了磨刀门水道盐水入侵的动力机制。此外，本书建立的模式也还存在不足，在今后的工作中，还需在以下几个方面继续改进：

（1）河口地区的地形演变较快，水文观测资料相对较少。而模式中的地形资料相对较旧，这对模式精度有所影响，尤其是局部地区的模拟结果影响较大。对于一个复杂的河口区域，现有的资料验证还是不够的，还需要收集更多的资料对模式进行率定、验证，尤其是不同动力条件下的观测资料，如枯季、洪季、大风天气等。

（2）珠江三角洲河网区域因受城市建筑物、山丘等干扰风况与开阔海域差别较大，模式中如实给出河网区域风场较为困难，会在一定程度上影响模式精度。

（3）珠江三角洲面积较广，区域降水会对河口盐度产生一定影响，模式中尚未考虑这种三角洲区域的降水影响，这对模式今后的预报应用有一定影响。

10.2.2 珠江口咸潮研究及预报技术创新之处

虽然珠江口咸潮研究及预报技术还存在不足，但本研究建立的三维数值模式较珠江口现有数值模式而言，是较为先进的。相比以往研究，具有以下两点创新：

（1）应用无结构网格模型，在珠江口建立了高分辨率三维盐水入侵数值模式，将珠江河网、八大口门、伶仃洋、黄茅海和南海北部陆架作为整体进行考虑。相比以往的河口模式、河网河口连接模式，所建立的三维数值模式更能真实反映出河网、河口的整体性，更为符合物理实际。

（2）基于实测资料和数值计算结果分析，该研究揭示了磨刀门水道盐度最大值发生在小潮后中潮这一特异现象的动力机制。

10.2.3　对珠江口咸潮研究及预报技术的展望

由于考虑的动力因子较为完整，本研究建立的模式能较好地模拟出珠江口的水动力过程，这对后期开展泥沙、营养盐、污染物等的输运扩散研究是一个很好的基础和平台。无结构网格可以对局部感兴趣区域进行任意加密，使得模式可以方便模拟人类工程建设（如大桥、港口、码头等）对河口环境的影响，为这些重大工程项目提供决策依据。

相信本研究建立的珠江口三维数值模式将来能为珠江三角洲地区的水资源调度、河口资源开发利用、生态环境保护及城市发展建设等提供服务，产生一定的社会经济效益和生态效益。

参考文献

[1] 刘宁. 我国河口治理现状与展望[J]. 中国水利. 2007(1):34−38.

[2] 宋志尧, 茅丽华. 长江口盐水入侵研究[J]. 水资源保护. 2002(3):27−30.

[3] 胥加仕，罗承平. 近年来珠江三角洲咸潮活动特点及重点研究领域探讨[J]. 人民珠江. 2005(02): 21−23.

[4] 姚章民, 王永勇, 李爱鸣. 珠江三角洲主要河道水量分配比变化初步分析[J]. 人民珠江. 2009(2): 43−51.

[5] Pritchard D W. Estuarine hydrography [J]. Advan Geophys. 1952(1):243−280.

[6] Pritchard D W. A Study of the salt balance of a coastal plain estuary [J]. Marine Research. 1954(13):133−144.

[7] Pritchard D W. The dynamic structure of a coastal plain estuary [J]. J Marine Res. 1956(15):33−42.

[8] Bowden K F. The mixing processes in a tidal estuary [J]. International Journal of Air and Water Pollution. 1963(7):344−356.

[9] Bowden K F. The Circulation, Salinity and river discharge in the Mersey Estuary [J]. Geophysical Journal of the Royal Astrophysical Society. 1966(10):383−400.

[10] Bowden K F. Circulation and diffusion. Estuaries [J], Published by American Association for the Advancement of Science. (1967):15−36.

[11] Hansen D V, Rattray M. Gravitational circulation in straits and estuaries [J]. Journal of Marine Research. 1965(23):104−122.

[12] Hansen D V, Rattray M. New dimensions in estuary classification [J]. Limnology and Oceanography. 1966(11):319−325.

[13] Chatwin P C. Some remarks on the maintenance of the salinity distribution in estuaries [J]. Estuarine and Coastal Marine Science. 1976(4):555−566.

[14] MacCready P. Toward a Unified Theory of Tidally-Averaged Estuarine Salinity Structure [J]. Estuaries. 2004, 27(4):561−570.

[15] Paulson R. The Longitudinal Diffusion Coefficient in the Delaware River Estuary as Determined From a Steady - State Model [J]. Water Resour Res. 1969, 5(1): 59−67.

[16] Prandle D. Salinity intrusion in estuaries [J]. Journal of Physical Oceanography. 1981, 11, 1311−1324.

[17] Savenije H H G. A one-dimensional model for salinity intrusion in alluvial estuaries [J]. Journal of Hydrology. 1986(85):87−109.

[18] Ippen A T and Harleman D R F. One-dimentional analysis of salinity intrusion in estuaries. 1961. Technical Bulletin number 5, Committee on Tidal Hydraulics, U.S. Army Corps of Engineers.

[19] Fischer H B. Discussion of 'Minimum length of salt intrusion in estuaries' by B.P. Rigter, 1973. Journal Hydraul Div Proc. 1974(100):708−712.

[20] Savenije H H G. Predictive model for salt intrusion in estuaries. Journal of Hydrology. 1993(148): 203−218.

[21] Savenije H H G. Salinity and tides in alluvial estuaries. Elsevier, Amsterdam. 2005, 197.

[22] Bowen M M, Geyer W R. Salt transport and the time-dependent salt balance of a partially stratified

estuary [J]. Journal of Geophysical Research. 2003, 108(C5), doi:10.1029/2001JC001231.

[23] Lerczak J A, Geyer W R, Chant R J. Mechanisms driving the time-dependent salt flux in a partially stratified estuary [J]. Journal of Physical Oceanography. 2006(36):2296−2311.

[24] Banas N S, Hickey B M, MacCready P, Newton J A. Dynamics of Willapa Bay, Washington: A highly unsteady partially mixed estuary [J]. Journal of Physical Oceanography. 2004(34):2413−2427.

[25] MacCready P. Estuarine adjustment [J]. Journal of Physical Oceanography. 2007(37):2133−2145.

[26] Hansen D V, Rattray M. Gravitational circulation in straits and estuaries [J]. Journal of Marine Research. 1965(23):104−122.

[27] Taylor G. The dispersion of matter in turbulent flow through a pipe. Philosophical Proceedings of the Royal Society of London. 1954, A223:446.

[28] Uncles R J and Radford P J. Seasonal and spring-neap tidal dependence of axial dispersion coefficients in the Severn-a wide, vertically mixed estuary, Journal of Fluid Mechanics. 1980(98): 703−726.

[29] Fischer H B. Mass transport mechanisms in partially stratified estuaries [J]. Journal of Fluid Mechanics. 1972(53):671−687.

[30] Nunes R A, Simpson J H. Axial convergence in an well-mixed estuary. Estuarine, Coastal, and Shelf Science. 1985(20):637−649.

[31] Nepf H M, Geyer W R. Intratidal variations in stratification and mixing in the Hudson estuary. Journal of Geophysical Research. 1996, 101(C5): 12079−12086.

[32] Nunes R A. The Dynamics of Small Scale Fronts in Estuaries. PhD Thesis, University College of North Wales, U. K. 1982.

[33] Turrell W R, Brown J, Simpson J H. Salt Intrusion and Secondary Flow in a Shallow, Well-mixed Estuary [J]. Estuarine, Coastal and Shelf Science. 1996(42):153−169.

[34] Valle-Levinson A, Li C, Royer T C, Atkinson L P. Flow patterns at the Chesapeake Bay entrance. Continental Shelf Research. 1998(18):1157−1177.

[35] Valle-Levinson A, Wong K, Lwiza K M M. Fortnightly variability in the transverse dynamics of a coastal plain estuary. Journal of Geophysical Research. 2000, 105(C2):3413−3424.

[36] Valle-Levinson A, Reyes C, Sanay R. Effects of bathymetry, friction, and rotation on estuary-ocean exchange. Journal of Physical Oceanography. 2003(33):2375−2393.

[37] Valle-Levinson A. Density-driven exchange flow in terms of the Kelvin and Ekman numbers. Journal of Geophysical Research. 2008,113, C04001, doi:10.1029/2007JC004144.

[38] Fischer H B. Mixing and dispersion in estuaries. Annu. Rev Fluid Mech. 1976(8):107−133.

[39] Smith R. Buoyancy effects upon longitudinal dispersion in wide well-mixed estuaries. Proceedings of the Royal Society (London). 1980 , A296, 467−496.

[40] Dyer K R. The salt balance in stratified estuaries. Estuarine and Coastal Marine Science. 1974(2):273−281.

[41] Hughes F, Rattray J. Salt flux and mixing in the Columbia River Estuary. Estuarine Coastal Mar Sci. 1980, 10(5):479−493.

[42] Geyer W R, Smith J D. Shear instability in a highly stratified estuary [J]. J Phys Ocean. 1987(17): 1668−1679.

[43] Geyer W R. The advance of a salt wedge front: observations and dynamical model . In: Physical

processes in estuaries [M]. Germany, Springer-Verlag Berlin Heidelberg: Job Dronkers and Wim van Leussen Eds, 1988, 181−195.

[44] MacCready P, Geyer W R. Estuarine salt flux through an isohaline surface [J]. Journal of Geophysical Research. 2001(106):629−637.

[45] Kjerfve B. Circulation and salt flux in a well mixed estuary. In Physics of Shallow Estuaries and Bays, J. van de Kreeke, Ed. [M]. Springer-Verlag. 1986, 22−29.

[46] Nunes R A, Simpson J H. Axial convergence in an well-mixed estuary. Estuarine, Coastal, and Shelf Science. 1985(20):637−649.

[47] Van de Kreeke J, Zimmerman J T F. Gravitational circulation in well-mixed and partially-mixed estuaries. Ocean Engineering Science: The Sea. 1990, 9(A):495-522.

[48] Winterwerp J C. The decomposition of mass transport in narrow estuaries. Estuarine, Coastal and Shelf Science. 1983(16):627−639.

[49] Park J K, James A. Mass flux estimation and mass transport mechanism in estuaries. Limnology and Oceanography. 1990, 35(6):1301−1313.

[50] Jay D A, Geyer W R, Uncles R J et al. A Review of Recent Developments, in Estuarine Scalar Flux Estimation [J]. Estuaries. 1997, 20(2):262−280.

[51] Mellor G L, Yamada T. Development of a turbulence closure model for geophysical fluid problem [J]. Rev Geophys Space Phys. 1982(20):851−875.

[52] Baptista A M. Solution of advection-dominated transport by Eulerian-Lagrangian methods using the backwards method of characteristics [D]. PhD Thesis, MIT, Cambridge, MA, 1987.

[53] Celia M A, Russell T F, Herrera I, Ewing R E. An Eulerian-Lagrangian localized adjoint method for the advection-diffusion equation [J]. Adv Water Resour. 1990, 13(4):187−206.

[54] Van Leer, B.Towards the ultimate conservative difference scheme II. Monotonicity and conservation combined in a second order scheme[J], J. Comp. Phys., 1974, 14 (4): 361−370

[55] Harten A. High resolution schemes for hyperbolic conservation laws [J]. J. Comput. Phys. 1983(49): 357−393.

[56] Sweby P K. High resolution schemes using flux limiters for hyperbolic conservation laws [J]. SIAM J. Numer. Anal., 1984(21):995−1011.

[57] Smolarkiewicz P K. A simple positive definite advection scheme with small implicit diffusion [J]. Monthly Weather Review. 1983(111):479−486.

[58] Colella P, Woodward P R. The piece wise parabolic method (PPM) for gas dynamical simulations [J]. J. Comput. Phys., 1984(54):174−201.

[59] Blumberg A F, Mellor G L. A description of a three-dimensional coastal ocean circulation model [C]. In: Heaps, N. (Ed.), Three-Dimensional Coastal Ocean Models. In: Coastal and Estuarine Studies, AGU, Washington, DC, 1987(4):1−16.

[60] Shchepetkin A F, McWilliams J C. The regional oceanic modeling system (ROMS): a split-explicit, free-surface, topography-following- coordinate, oceanic model [J]. Ocean Modelling. 2005(9):347−404.

[61] Casulli V, Cheng R T. Semi-implicit finite difference methods for three-dimensional shallow water flow [J]. Int J Numer Methods Fluids. 1992(15):629−648.

[62] Chen C, Liu H, Beardsley R C. An unstructured, finite-volume, three-dimensional, primitive equation

ocean model: application to coastal ocean and estuaries [J]. J Atmos Ocean Tech, 2003(20):159−186.

[63] Zhang Y L, Baptista A M, Myers E P. A cross-scale model for 3D baroclinic circulation in estuary-plume-shelf systems: I. Formulation and skill assessment [J]. Cont Shelf Res. 2004(24):2187−2214.

[64] Fringer O B, Gerritsen M, Strect R L. An unstructured-grid, finite volume, nonhydrostatic, parallel coastal ocean simulator [J]. Ocean Modeling. 2006(14):139−278.

[65] Casulli V, Walters R A. An unstructured grid, three-dimensional model based on the shallow water equations [J]. Int J Numer Methods Fluids. 2000(32):331−348.

[66] Uncles R J. Estuarine Physical Processes Research: Some Recent Studies and Progress [J]. Estuarine, Coastal and Shelf Science. 2002(55):829−856.

[67] MacCready P, Geyer W R. Advances in Estuarine Physics [J]. Annual Review of Marine Science. 2010(2):35−58.

[68] 沈焕庭, 茅志昌, 谷国传, 等. 长江口盐水入侵的初步研究——兼谈南水北调[J]. 人民长江. 1980(3):20−26.

[69] 黄昌筑. 长江口盐水入侵及其对河口拦门沙的作用. 河海大学. 硕士学位论文. 1982.

[70] 韩乃斌. 南水北调对长江口盐水入侵影响的预测[J]. 地理研究, 1983, 2(02): 99−107.

[71] 韩乃斌. 长江口南支河段氯度变化分析[J]. 水利水运科学研究. 1983(1):74−81.

[72] 韩乃斌, 卢中一. 长江口北支演变及治理的探讨[J]. 人民长江. 1984(3):40−45.

[73] 茅志昌, 沈焕庭. 潮汐分汊河口盐水入侵类型探讨——以长江口为例[J]. 华东师范大学学报(自然科学版). 1995(2):27−35.

[74] 茅志昌, 沈焕庭, 徐彭令. 长江河口咸潮入侵规律及淡水资源利用[J]. 地理学报. 2000, 55(2): 243−250.

[75] 孔亚珍, 贺松林, 丁平兴, 等. 长江口盐度的时空变化特征及其指示意义[J]. 海洋学报. 2004, 26(5):9−18.

[76] 肖成猷, 沈焕庭. 长江河口盐水入侵影响因子分析[J]. 华东师范大学学报(自然科学版). 1998(3):74-80.

[77] 顾玉亮, 吴守培, 乐勤. 北支盐水入侵对长江口水源地影响研究[J]. 人民长江. 2003, 4:1−3, 16, 48.

[78] 茅志昌, 沈焕庭, 姚运达. 长江口南支南岸水域盐水入侵来源分析[J]. 海洋通报. 1993, 12(3):17−25.

[79] 徐建益, 袁建忠. 长江口南支河段盐水入侵规律的研究[J]. 水文. 1994, 83(5):1−6.

[80] 朱建荣, 刘新成, 沈焕庭, 等. 1996年3月长江河口水文观测资料分析[J]. 华东师范大学学报. 2003(4):87−93.

[81] 贺松林, 丁平兴, 孔亚珍. 长江口南支河段枯季盐度变异与北支咸水倒灌[J]. 自然科学进展. 2006, 16(05):584−589.

[82] 罗小峰, 陈志昌. 长江口水流盐度数值模拟[J]. 水利水运工程学报. 2004 (2):29−33.

[83] 李提来, 李谊纯, 高祥宇, 等. 长江口整治工程对盐水入侵影响研究[J]. 海洋工程. 2005, 23(3): 31−38.

[84] 肖成猷, 朱建荣, 沈焕庭. 长江口北支盐水倒灌的数值模型研究[J]. 海洋学报. 2000, 22(5):124−132.

[85] 匡翠萍. 长江口盐水入侵三维数值模拟[J]. 河海大学学报. 1997, 25 (4):54−60.

[86] 史峰岩, 朱首贤, 朱建荣, 等. 杭州湾、长江口余流及其物质输运作用的模拟研究 I. 杭州湾、长江口三维联合模型[J]. 海洋学报. 2000, 22(5):1−12.

[87] 朱建荣, 朱首贤. ECOM模式的改进及在长江河口、杭州湾及邻近海区的应用[J]. 海洋与湖沼. 2003, 34(4):364−388.

[88] 吴辉. 长江河口盐水入侵研究——北支倒灌、深水航道工程和冬季季风的影响. 华东师范大学. 博士学位论文. 2006

[89] 曹晶晶, 朱宇新. 长江口盐水入侵三维数值研究[J].信阳师范学院学报(自然科学版). 2009(2): 239-245.

[90] 朱建荣, 杨陇慧, 朱首贤. 预估修正法对河口海岸海洋模式稳定性的提高[J]. 海洋与湖沼. 2002, 33(1):15-22.

[91] 陈晓睿, 朱建荣, 戚定满. 采用质点跟踪方法对物质输运方程平流项数值格式的改进[J]. 海洋与湖沼. 2008, 39(5):439-445.

[92] Wu H, Zhu J, Choi B H. Links between saltwater intrusion and subtidal circulation in the Changjiang estuary: A model - guided study [J]. Cont Shelf Res. 2010a, 30, 1891-1905.

[93] 朱建荣, 傅利辉, 吴辉. 风应力和科氏力对长江河口没冒沙淡水带的影响[J]. 华东师范大学学报(自然科学版). 2008(6):1-8.

[94] Wu H, Zhu J. Advection scheme with 3rd high-order spatial interpolation at the middle temporal level and its application to saltwater intrusion in the Changjiang estuary[J]. Ocean Modelling. 2010b(33):33-51.

[95] 沈焕庭, 茅志昌, 朱建荣. 长江河口盐水入侵[M]. 北京: 海洋出版社. 2003.

[96] 莫如筠, 阎连河. 伶仃洋的水文特性[C]. 珠江口海岸带和海涂资源整合调查研究文集(四), 广州: 广东科技出版社, 1986.

[97] 徐君亮. 伶仃洋的盐水入侵[C]. 珠江口海岸带和海涂资源整合调查研究文集(四), 广州: 广东科技出版社, 1986.

[98] 应秩甫, 陈世光. 珠江口伶仃洋的咸淡水混合特征[J]. 海洋学报. 1983(5):1-10.

[99] 李素琼, 李毕生. 磨刀门咸水楔活动若干问题的探讨[C]. 珠江口海岸带和滩涂资源综合调查研究文集(四), 广州: 广东科技出版社, 1986.

[100] 喻丰华, 李春初. 河口盐淡水混合的几个认识和概念问题[J]. 海洋通报. 1998, 17(3):8-14.

[101] 李春初. 中国南方河口过程与演变规律[M]. 科学出版社, 2004.

[102] Wong L A, Chen J C, Dong L X. A model of the plume front of the Pearl River Estuary, China and adjacent coastal waters in the winter dry season [J]. Continental Shelf Research. 2004, 24(16):1779-1795.

[103] Dong L, Su J, Wong L A, Cao Z, Chen J C. Seasonal variation and dynamics of the Pearl River plume [J]. Continental Shelf Research. 2004(24):1761-1777.

[104] Mao Q, Shi P, Yin K, Gan J, Qi Y. Tides and tidal currents in the Pearl River Estuary [J]. Continental Shelf Research. 2004(24):1797-1808.

[105] Yin K, Zhang J, Qian P et al.. Effect of wind events on phytoplankton blooms in the Pearl River estuary during summer [J]. Continental Shelf Research. 2004(24):1909-1923.

[106] Ou S, Zhang H, Wang D. Dynamics of the buoyant plume off the Pearl River Estuary in summer [J]. Environ Fluid Mech. 2009(9):471-492.

[107] 庞海龙. 珠江冲淡水扩散路径分析. 硕士学位论文. 中国海洋大学. 2006.

[108] Zhang X, Deng J. Affecting Factors of Salinity Intrusion in Pearl River Estuary and Sustainable Utilization of Water Resources in Pearl River Delta [C]. Springer: Sustainability in Food and Water: An Asian Perspective, 2010, 11-17.

[109] Douglas B C, Sea level change in the Era of the recording tide gauges. In: B. C. Douglas, M. S. Kearney, S. P. Leatherman (Eds.), Sea-Level Rise: History and Consequences [M]. in: Int Geophys Ser. Academic Press, San Diego, CA, 2001(75):37−64.

[110] Cazenave A, Lombard A, Llovel W. Present-day sea level rise: a synthesis [J]. C. R. Geosciences. 2008, doi:10.1016/j-crte-2008.07.008.

[111] 李素琼, 放大光. 海平面上升与珠江口咸潮变化[J]. 人民珠江. 2000(6):42−44.

[112] 周文浩. 海平面上升对珠江三角洲咸潮入侵的影响[J]. 热带地理. 1998, 18(3):266−285.

[113] 贾良文, 吴超羽, 任杰, 等. 珠江口磨刀门枯季水文特征及河口动力过程[J]. 水科学进展. 2006, 17(1):82−88.

[114] 杨干然. 珠江口的动力特征与河口发展[C]. 珠江口海岸带和海涂资源整合调查研究文集(四), 广州: 广东科技出版社, 1986.

[115] Uncles R J, Stephens J A. Salt intrusion in the Tweed Estuary [J]. Estuarine, Coastal and Shelf Science. 1996(43):271−293.

[116] 吕爱琴, 杜文印. 磨刀门水道咸潮上溯成因分析[J]. 广东水利水电. 2006(5):50−53.

[117] 闻平, 陈晓宏, 刘斌, 等. 磨刀门水道咸潮入侵及其变异分析[J]. 水文. 2007, 27(3):65−67.

[118] 戚志明, 包芸. 珠三角咸水入侵变化趋势及其动力因素影响分析[J]. 广东广播电视大学学报. 2009, 18(3):43−47.

[119] 黄新华, 曾水泉, 易绍桢, 等. 西江三角洲的咸害问题[J]. 地理学报. 1962, 28(2):137−148.

[120] 刘雪峰, 魏晓宇, 蔡兵, 等. 2009年秋季珠江口咸潮与风场变化的关系[J]. 广东气象. 2010, 32(2):11−13.

[121] 时小军, 陈特固, 余克服. 近40年来珠江口的海平面变化[J]. 海洋地质与第四纪地质. 2008(1):127−134.

[122] 黄镇国, 张伟强, 吴厚水, 等. 珠江三角洲2030年海平面上升幅度预测及防御方略[J]. 中国科学(D辑). 2000(2):202−208.

[123] 吴涛, 康建成, 李卫江, 等. 中国近海海平面变化研究进展[J]. 海洋地质与第四纪地质. 2007(4):123−130.

[124] 陈水森, 方立刚, 李宏丽, 等. 珠江口咸潮入侵分析与经验模型——以磨刀门水道为例[J]. 水科学进展. 2007, 18(5):751−755.

[125] 刘杰斌, 包芸. 磨刀门水道枯季盐水入侵咸界运动规律研究[J]. 中山大学学报(自然科学版). 2008, 47(2):122−125.

[126] 包芸, 刘杰斌, 任杰, 等. 磨刀门水道盐水强烈上溯规律和动力机制研究[J]. 中国科学G辑: 物理学力学天文学. 2009, 39(10):1527−1534.

[127] Gong W, Shen J, The response of salt intrusion to changes in river discharge and tidal mixing during the dry season in the Modaomen Estuary, China [J]. Continental Shelf Research. doi:10.1016/j.csr. 2011.01.011.

[128] 李毓湘, 逄勇. 珠江三角洲地区河网水动力学模型研究[J]. 水动力学研究与进展. 2001(2):143−155.

[129] 诸裕良, 严以新, 贾良文, 等. 一维河网非恒定流及悬沙数学模型的节点控制方法[J]. 水动力学研究与进展. 2001(12):399−406.

[130] 龙江, 李适宇. 珠江三角洲河网一维水动力模拟的有限元法[J]. 热带海洋学报. 2008(2):7−11.

[131] 包芸, 任杰. 采用改进的盐度场数值格式模拟珠江口盐度分层现象[J]. 热带海洋学报. 2001,

20(4):28−34.

[132] 包芸, 任杰. 珠江口西南风强迫下潮流场的数值模拟[J]. 海洋通报. 2003(4):8−14.

[133] Wong L A, Chen J C, Xue H, et al. A model study of the circulation in the Pearl River Estuary (PRE) and its adjacent coastal waters:1. Simulations and comparison with observations [J]. Journal of Geophysical Research. 2003, 108(C5), doi:10.1029/2002JC001451.

[134] Wong L A, Chen J C, Xue H, et al. A model study of the circulation in the Pearl River Estuary (PRE) and its adjacent coastal waters:2. Sensitivity experiments [J]. Journal of Geophysical Research. 2003, 108(C5), doi:10.1029/2002JC001452.

[135] 徐峰俊, 朱士康, 刘俊勇. 珠江口区水环境整体数学模型研究[J]. 人民珠江. 2003(5):12−18.

[136] 逢勇, 黄智华. 珠江三角州河网与伶仃洋一、三维水动力学模型联解研究[J]. 河海大学学报(自然科学版). 2004(1):10−13.

[137] 包芸, 来志刚, 刘欢. 珠江口一维河网、三维河口湾水动力连接计算[J]. 热带海洋学报. 2005(4):67−72.

[138] Hu J, Li J. Modeling the mass fluxes and transformations of nutrients in the Pearl River Delta, China [J]. Journal of Marine Systems. 2009(78):146−167.

[139] Tang L, Sheng J, Ji X, Cao W, Liu D. Investigation of three-dimensional circulation and hydrography over the Pearl River Estuary of China using a nested-grid coastal circulation model [J]. Ocean Dynamics. 2009(59):899−919.

[140] 王崇浩, 韦永康. 三维水动力泥沙输移模型及其在珠江口的应用[J]. 中国水利水电科学研究院学报. 2006(4):246−252.

[141] 胡嘉镗, 李适宇. 珠江三角洲河网与河口夏季水沙通量的模拟[J]. 水利学报. 2009(11):1290−1298.

[142] 管卫兵, 王丽娅, 许东峰. 珠江口氮和磷循环及溶解氧的数值模拟Ⅰ. 模式建立[J]. 海洋学报. 2003(1):52−60.

[143] Zhang H, Li S. Effects of physical and biochemical processes on the dissolved oxygen budget for the Pearl River Estuary during summer [J]. J Mar Syst. 2009, doi:10.1016/ j.jmarsys.2009.07.002.

[144] Larson M, Bellanca R, Jonsson L, Chen C, Shi P. A model of the 3D circulation, salinity distribution, and transport pattern in the pearl river estuary, China [J]. Journal of Coastal Research. 2005, 21(5):896−908.

[145] 王现方, 谢宇峰, 黄胜伟. 珠江口水沙治理应用研究[M]. 北京: 科学出版社, 2006.

[146] 沈焕庭, 朱建荣, 吴华林. 长江河口陆海相互作用界面[M]. 北京: 海洋出版社, 2009.

[147] 朱建荣, 胡松, 等. 河口环流和盐水入侵Ⅰ——模式及控制数值试验[J]. 青岛海洋大学学报. 2003, 33(2): 180−184.

[148] 朱建荣. 海洋数值计算方法和数值模式[M]. 北京: 海洋出版社, 2003.

[149] 胡松, 朱建, 傅德健, 等. 河口环流和盐水入侵Ⅱ: 径流量和海平面上升的影响[J]. 青岛海洋大学学报. 2003, 33(3): 337−342.

[150] Wu H, Zhu J, Chen B, et al. Quantitative relationship of runoff and tide to saltwater spilling over from the North Branch in the Changjiang Estuary: A numerical study[J]. Estuarine, Coastal and Shelf Science. 2006, 69(1−2): 125−132.

[151] 项印玉, 朱建荣, 吴辉. 冬季陆架环流对长江河口盐水入侵的影响[J]. 自然科学进展. 2009, 19(2): 192−202.

[152] 徐峰俊, 朱士康, 刘俊勇. 珠江口区水环境整体数学模型研究[J]. 人民珠江. 2003(05): 12-18.

[153] 龙江, 李适宇. 珠江口水动力一维、二维联解的有限元计算方法[J]. 水动力学研究与进展A辑. 2007(04): 512-519.

[154] Chen C, Cowles G, Beardsley R C. An unstructured grid, finite-volume coastal ocean model: FVCOM user manual[Z]. 2nd ed. ed. Sch. For Mar. Sci., Univ. of Mass., Dartmouth, Mass.: Tech. Rep., 2006315.

[155] Galperin B, Kantha L H, Hassid S, et al. Λ quasi-equilibrium turbulent energy model for geophysical flows[J]. J. Atmos. Sci. 1988(45): 55-62.

[156] Darwish M S, Moukalled F. TVD schemes for unstructured grids[J]. International Journal of Heat and Mass Transfer. 2003(46): 599-611.

[157] Feng S, Cheng R T, and Pangen X. On tide-induced Lagrangian residual current and residual transport: 2. Residual transport with application in south San Francisco Bay, California. Water Resour Res. 1986, 22(12):1635-1646.

[158] 应秩甫. 伶仃洋横向动力平衡[C]. 珠江口海岸带和海涂资源整合调查研究文集(四), 广州: 广东科技出版社, 1986.

[159] 韩保新, 郭振仁, 冼开康, 等. 珠江口海区潮流的数值模拟. 海洋与湖沼. 1992, 23(5): 475-484.

[160] 王建美, 俞光耀, 陈宗墉. 珠江口伶仃洋海区的潮流数值模拟[J]. 海洋学报. 1992, 14, 26-34.

[161] 沈汉堃, 陈丽棠, 黄希敏, 等. 伶仃洋潮流动力与湾口型态关系研究[J]. 人民珠江. 2005(增刊2): 24-27.

[162] 李孟国. 伶仃洋三维流场数值模拟[J]. 水动力学研究与进展. 1996, 11, 342-351.

[163] 陈宗镛. 潮汐学[M]. 北京: 科学出版社, 1980.

[164] Fang G, Kwok Y, Yu K, et al. Numerical simulation of principal tidal constituents in the South China Sea, Gulf of Tonkin and Gulf of Thailand [J]. Cont Shelf Res, 1999, 19(7): 845-869.

[165] 朱佳, 胡建宇, 张文舟, 等. 台湾海峡及其邻近海域潮汐数值计算[J]. 台湾海峡. 2007, 26(2): 165-176.

[166] Zu T, Gan J, Erofeeva S Y. Numerical study of the tide and tidal dynamics in the South China Sea [J]. Deep-Sea Res Pt Ⅰ. 2008, 55(2): 137-154.

[167] 赵焕庭. 珠江口演变[M]. 北京: 海洋出版社, 1990.

[168] 曹德明, 方国洪. 南海北部潮汐潮流的数值模型[J]. 热带海洋. 1990, 9(2): 63-70.

[169] 唐兆民, 倪培桐, 任杰, 等. 珠江口虎门的地貌动力学研究[J]. 热带海洋学报. 2007, 26(2):34-37.

[170] Li C, O'Donnell J. Tidally driven residual circulation in shallow estuaries with lateral depth variation [J]. Journal of Geophysical Research. 1997, 102(C13): 27915-27929.

[171] Li M, Zhong L. Flood-ebb and spring-neap variations of mixing, stratification and circulation in Chesapeake Bay [J]. Continental Shelf Research. 2009(29):4-14.

[172] Ribeiro C H A, Waniek J J, Sharples, J. Observations of the spring-neap modulation of the gravitational circulation in a partially mixed estuary [J]. Ocean Dynamics. 2004(54):299-306.

[173] 侯卫东, 陈晓宏, 江涛, 等. 西北江三角洲网河径流分配的时间变化分析[J]. 中山大学学报(自然科学版). 2004(增刊):204-207.

[174] 吴辉, 朱建荣. 长江河口北支倒灌盐水输送机制分析[J]. 海洋学报. 2007, 29(1):17-25.

[175] Xue P, Chen C, Ding P, et al. Saltwater intrusion into the Changjiang River: A model-guided mechanism study [J]. J Geophys Res. 2009, 114, doi:10.1029/2008JC004831.